トランジスタ技術 SPECIAL

2013 Autumn No.124

色判定から暗視/防犯まで ディジタル処理自由自在

カメラ・モジュールの動かし方と応用製作

CQ出版社

CONTENTS
トランジスタ技術 SPECIAL

特集　カメラ・モジュールの動かし方と応用製作

第1部　実験&研究 CMOSカメラ・モジュール活用法

Introduction　万能センサ「カメラ」で何ができるのか？　編集部 …………… 4

第1章　OV7670カメラ・モジュールを例に
小型カメラ・モジュールのしくみと操作法　エンヤ ヒロカズ …………… 13
- カメラ・モジュールをばらしてみる　■ 動かし方の基本　■ 一歩進んだ使い方
- **コラム** イメージ・センサ OV7670 を搭載したカメラ・モジュールはほかにもある

Appendix A　ビギナ向けマイコン・ボードArduinoを改造！
カメラのレジスタを設定するUSB書き込み器の製作　エンヤ ヒロカズ …… 27
- Arduino の改造　■ 書き込み器（Arduino）のソフトウェア
- **コラム** Arduino の電源電圧は動作周波数に依存する

第2章　撮影感覚でお手軽測定！輝度分布も取れちゃう
明るさ検出器の製作実験　漆谷 正義 …………… 31
- 測定方法　■ ハードウェア
- **コラム** カメラAのピントを合わせる方法　**コラム** カメラなら複数個所の明るさを一度に測定できる

第3章　8ビットPICマイコンと組み合わせてリンゴの品質を判定
色合い自動検査装置の製作にTRY　漆谷 正義 …………… 37
- 色合い自動検査装置のハードウェア　■ ソフトウェアの要点
- **コラム** モニタ用ディスプレイのハードウェア

Appendix B　1個から買えるお手軽モジュールを調査
市販カメラ・モジュールのいろいろ　エンヤ ヒロカズ …………… 46

第4章　焦電型赤外線センサの弱点を克服！
高性能 侵入者発見センサとしての応用例　漆谷 正義/藤岡 洋一 …………… 50
- レベル1　水平1ラインの変化を検出　■ レベル2　空間周波数の変化を検出　■ レベル3　エリアごとの輝度の総和の変化を検出　**コラム** 8ビット・マイコンやFPGAで小数点演算を楽に行うには

第5章　設置が簡単でターゲットが複数あっても狙いを定めることができる
移動量&スピード検出器の製作実験　田中電工 …………… 63
- 実験1　測定ターゲットが特定のライン上を移動している場合　■ 実験2　測定ターゲットが複数の場合
- **コラム** カメラのピントや画角の確認方法

第6章　これぞカメラ・センサならでは！バーコードとナンバープレートの数字認識に挑戦
画像認識装置の製作研究　大野 俊治 …………… 72
- 製作研究その1　バーコード・リーダ　■ 製作研究その2　ナンバープレート自動認識装置
- **コラム** カメラの動作電圧について

CONTENTS

2013 Autumn
No.124

表紙・扉デザイン　ナカヤ デザインスタジオ(柴田 幸男)

Appendix C 暗やみの中でも確実にキャッチ
可視光カメラを赤外線暗視カメラに改造　　大野 俊治 …………………… 89
■ 暗闇でも確実に撮影する方法　コラム カメラがもつ特殊効果

Appendix D ターゲットを視認しながら確実に測定できる
距離センサへの応用　　大野 俊治 …………………………………………… 92

第2部　イメージ・センサとカメラの基礎と最新動向

第7章 歴史，原理から最新の技術トレンドまで
CMOSイメージ・センサのしくみと最新技術　　エンヤ ヒロカズ ………… 96
■ イメージ・センサの歴史 ■ CMOSの登場と発展 ■ 新しいイメージ・センサ

第8章 超薄型携帯端末の内蔵カメラはこうやって作られている
樹脂上に回路が作り込まれた小型デバイス MID　　井上 浩／小林 充 …… 108
■ MID とは ■ 応用が期待されている分野 ■ すでに身近な製品に使われている ■ 今後の応用が期待される分野 ■ MID の作り方 ■ MID の製造技術 1ショット・レーザ法 ■ セラミックスへのパターン形成も可能に ■ 今後の展開

第9章 構造と仕様，調整と評価，入手方法など
少数生産でも入手可能なCMOSカメラ・モジュールRNMS03D2V　　岩澤 高広 ……… 118
■ 小型カメラ・モジュールではCMOSイメージ・センサを利用 ■ CMOSカメラ・モジュールの仕様と構造 ■ CMOSカメラ・モジュールを動かすための環境 ■ CMOSカメラ・モジュールを動かすための設定 ■ CMOSカメラ・モジュールの画質調整

第3部　続・実験＆研究　CMOSカメラ・モジュール活用法

第10章 イメージ・センサで照度と色温度を測定！数千円で実用に迫る
CMOSカメラとArduinoで作る　お手軽色彩＆照度計　　エンヤ ヒロカズ ……… 122
■ OV7670の照度／色温度センサとしての性能をチェック ■ 基礎…照度と色温度 ■ カメラ・モジュールのレジスタ ■ ハードウェアの構成 ■ ソフトウェアの構成

第11章 CMOSカメラOV7670を改造して作る
赤外線暗視カメラの製作　　エンヤ ヒロカズ ……………………………… 133
■ 暗闇でも見えるしくみ ■ OV7670の感度 ■ カメラ・モジュールの加工 ■ IR補助光の製作 ■ 画像取り出し環境　コラム 軍用の暗視スコープ　コラム SVI-03について　コラム 暗視カメラで通常風景を夜間撮影してみると

本書の執筆担当一覧…141，索引…142

▶ 本書は，トランジスタ技術2012年3月号特集「はじめよう！チョコっとカメラ」を中心に加筆・修正を行い同誌の過去の関連記事から好評だったものを選び，また書き下ろし記事を追加して再構成したものです．流用元は各記事の末尾に記載してあります．

第1部 実験&研究 CMOSカメラ・モジュール活用法

Introduction
万能センサ「カメラ」で何ができるのか？

本書で使うカメラ・モジュール（カメラAとB）は，プロセッサを内蔵しておりとても多機能です（Appendix CのColumn）．簡単なコマンドを書き込むことで，必要なだけの画像データを取り出すこともできます．第1部では，そんな手軽さ満点のカメラ・モジュールを使って，明るさや速度を検出する実験にTRYします．

明るさを測る実験（第2章）

カメラA／PICマイコン

ターゲットにカメラを向けてカシャッ！と気楽に撮影するだけで明るさが測れる照度計を作りました．

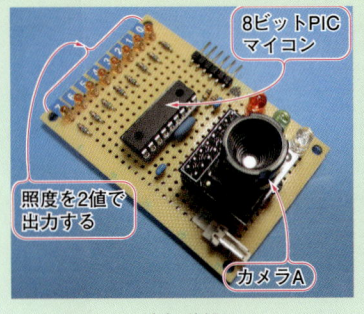

- 8ビットPICマイコン
- 照度を2値で出力する
- カメラA
- この辺りの照度を求めたい
- 330ルクス！
- 明るさの変化に対し直線的に値を取得できた

（a）外観 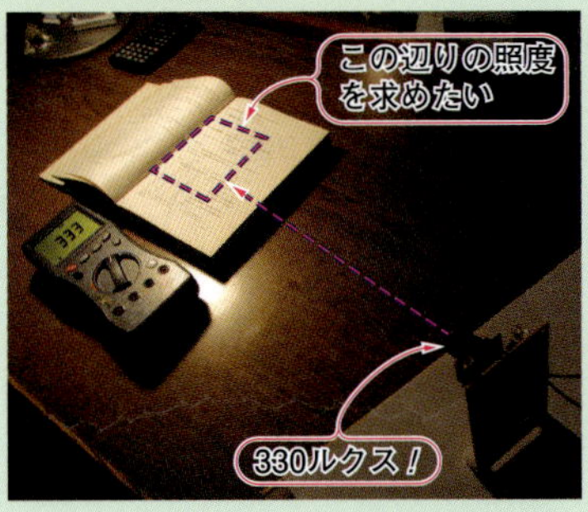　　（b）測定中のようす　　図1 製作した照度計の性能

写真1　3～800ルクスを測定できる照度計を製作

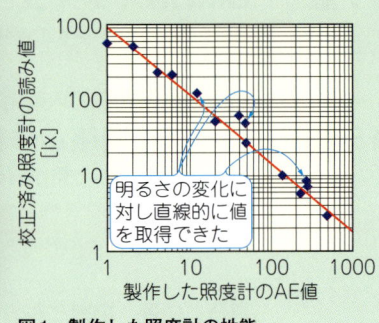

色を測る実験（第3章）

カメラA／PICマイコン／小型液晶ディスプレイ

カメラはもともと各画素の赤，緑，青の割合をディジタル値で取得しています．この特徴を利用して果物の選別に使える色検査器を作りました．

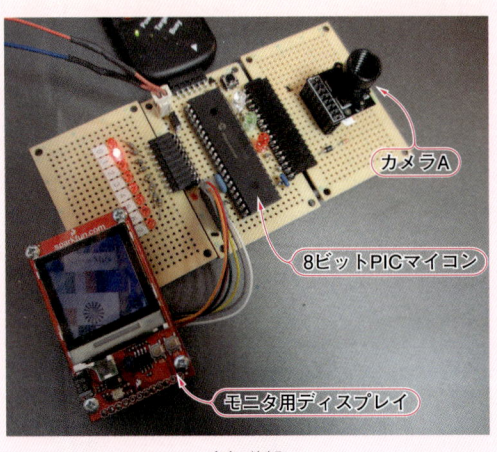

- カメラA
- 8ビットPICマイコン
- モニタ用ディスプレイ
- 液晶ディスプレイをリンゴの位置合わせに使う

（a）外観 　　（b）測定中のようす

写真2　リンゴの自動良否判定器を製作

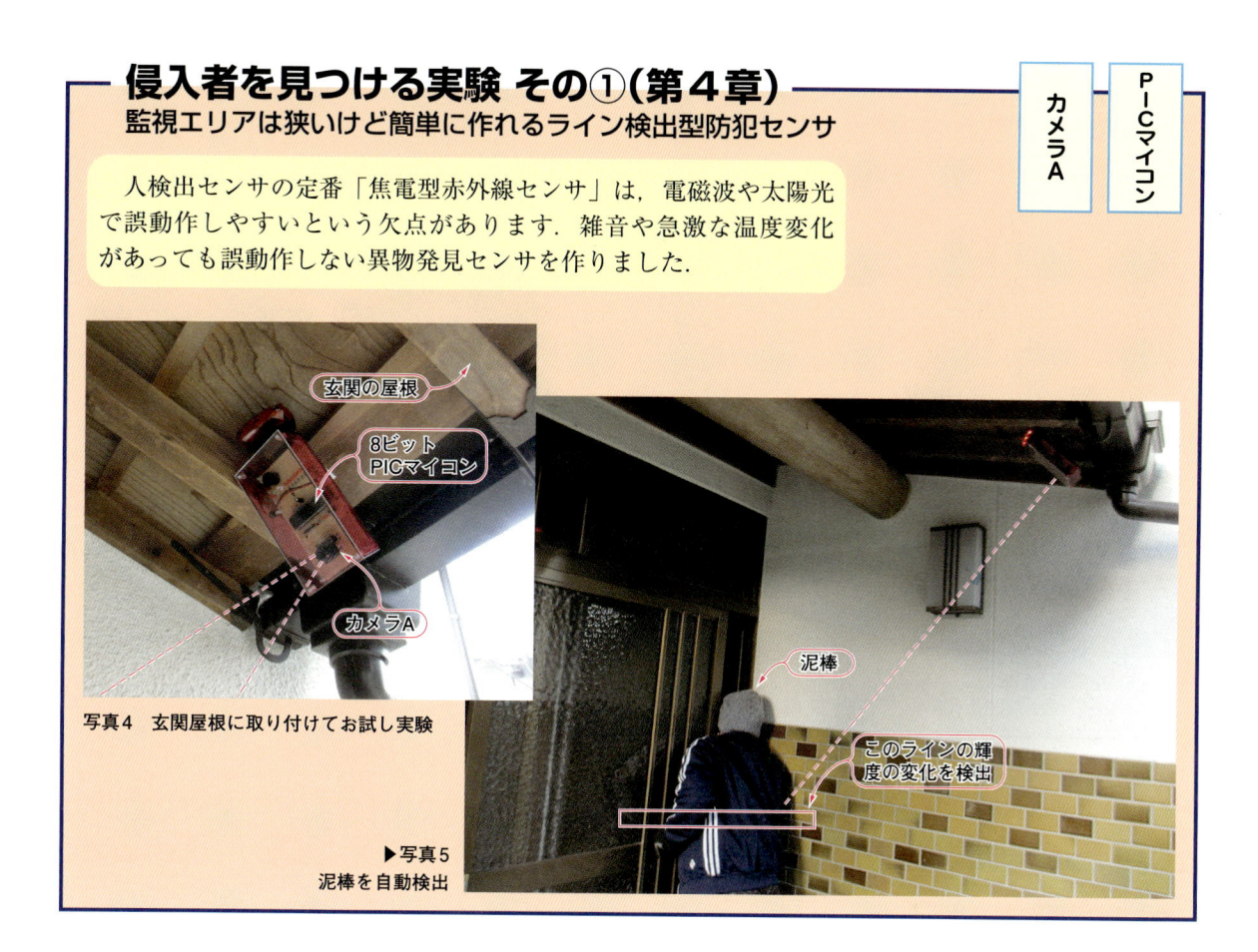

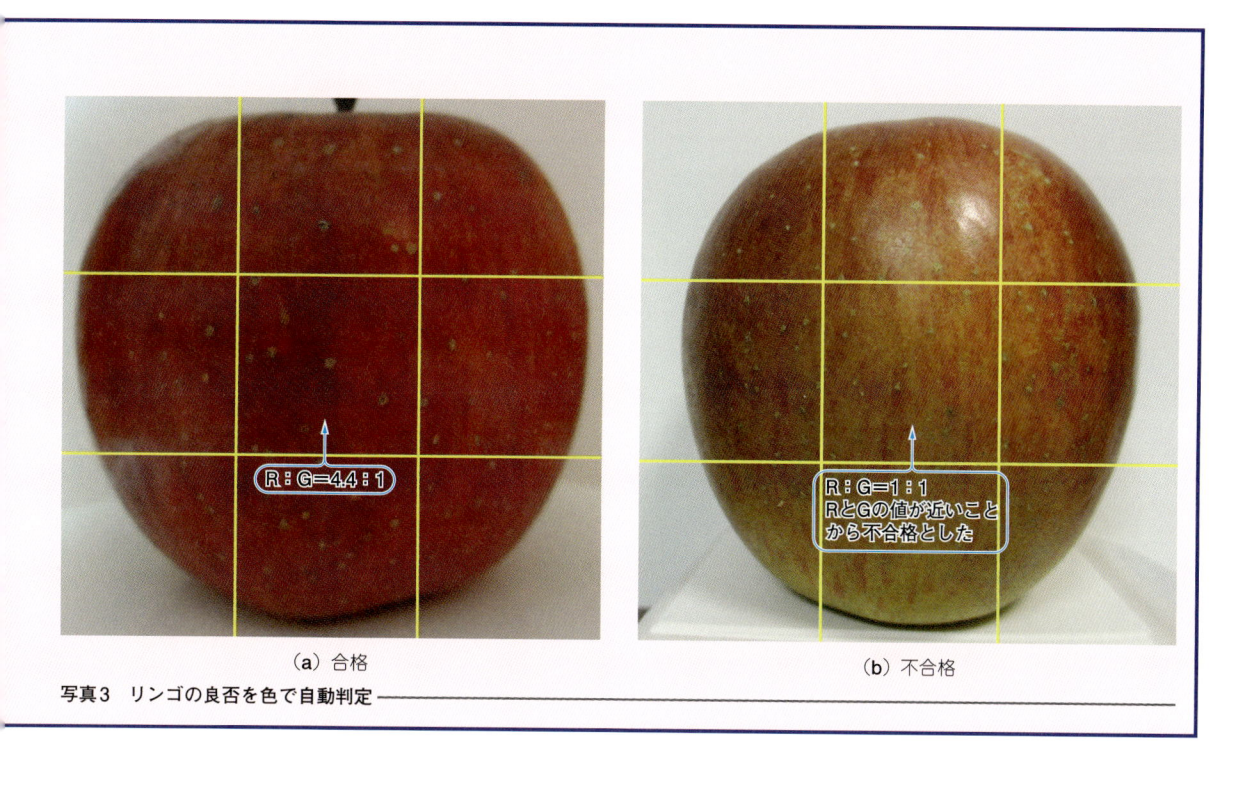

侵入者を見つける実験 その①(第4章)
監視エリアは狭いけど簡単に作れるライン検出型防犯センサ

カメラA / PICマイコン

人検出センサの定番「焦電型赤外線センサ」は，電磁波や太陽光で誤動作しやすいという欠点があります．雑音や急激な温度変化があっても誤動作しない異物発見センサを作りました．

- 玄関の屋根
- 8ビットPICマイコン
- カメラA
- 泥棒
- このラインの輝度の変化を検出

写真4 玄関屋根に取り付けてお試し実験

▶写真5 泥棒を自動検出

R：G＝4.4：1

R：G＝1：1
RとGの値が近いことから不合格とした

(a) 合格　　　(b) 不合格

写真3 リンゴの良否を色で自動判定

Introduction　万能センサ「カメラ」で何ができるのか？

侵入者を見つける実験 その②(第4章)
監視エリアが広く画面端の小動物も捕らえられるエリア検出型防犯センサ

カメラA　PICマイコン

空間周波数：高　空間周波数：低

このエリアの空間周波数の変化を検出中

泥棒？

(a) ピントが合っている　(b) ピントが合っていない

写真7 空間周波数を検出するとカメラのピント合わせも可能になる
ピントが合っていると画像の空間周波数は高くなる.

写真6 小動物を検出！
画面全体の周波数変化(画像のきめ細かさ)をモニタして小さな進入物も発見.

第1部の実験に使用したカメラ・モジュールの詳細　Column

カメラA　画像メモリ非搭載品

品名：OV7670カメラ・モジュール
商社名：日昇テクノロジー
URL：http://www.csun.co.jp/SHOP/2011082301.html

価格：1,980円(5%の税込み，送料別)
　価格は消費税の改定などで変更になることがありますので，購入時に販売元にご確認ください．
＊発送は10日前後遅れることがあります．

　イメージ・センサはオムニビジョン・テクノロジーズのOV7670です．
　画像サイズはVGA(640×480)，サイズは2.1×2.2 cm，動作電圧は2.5〜3.0 V，動作電力は60 mW(15 fps，VGA YUVフォーマット)です．
　マイコンとは標準SCCB(Serial Camera Control Bus)で接続します．I^2Cと互換性があります．
　ビデオ・データの出力フォーマットは，Raw RGB，RGB(GRB4：2：2)，RGB(565/555/444)，YUV(4：2：2)，YCbCr(4：2：2)です．
　解像度はVGA，CIF，CIF〜40×30画素の任意です．データ読み出しクロックは10 M〜48 MHzの範囲から選択できます．VGA，30フレーム/sで読み出すときは24 MHzです．外部への接続コネクタはピン・ヘッダで，2.54 mmピッチ，2列の16ピンです．

基板上にあるのはレンズ，イメージ・センサ，ピン・ヘッダのみ

写真A カメラA…カメラの基本機能が全部入っているスタンダード版「OV7670カメラ・モジュール」

侵入者を見つける実験 その③（第4章）

ドロボーがどこから侵入してどこから脱出していったのか，一部始終をトレースできるエリア分割型防犯センサ

カメラB／PICマイコン／小型液晶ディスプレイ

カメラB ／ **8ビットPICマイコン** ／ **モニタ**

写真8 1画面を16エリアに分割，侵入者の動きのパターンも捕らえることができる

16分割したエリアごとの輝度の経時変化を検出．侵入者を発見したエリアの色を変える

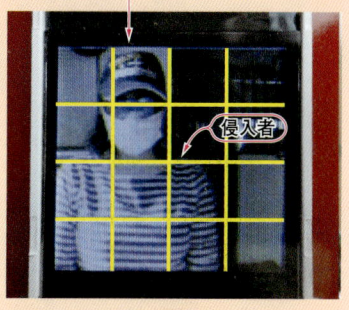

侵入者

写真9 侵入者を検知したところ

カメラB　画像メモリ搭載品

品名：OV7670＋FIFOカメラ・モジュール
商社名：日昇テクノロジー
URL：http://www.csun.co.jp/SHOP/2011102801.html

価格：2,980円（5％の税込み，送料別）
　価格は消費税の改定などで変更になることがありますので，購入時に販売元にご確認ください．
＊発送は10日前後遅れることがあります．

　イメージ・センサは左記と同じものを搭載しているので，カメラ・モジュールとしての基本性能は同じです．動作電圧は3.3Vです．
　380Kバイト（3Mビット）のFIFO（First In First Out）メモリAL422Bを搭載しており，処理速度が遅いマイコンでも，任意の読み出しクロックで画像を取り込めます．1フィールドの画像（640×480または720×480バイト）が余裕をもって入ります．アクセス・タイムも15nsと高速です．24MHzの水晶発振器を搭載しているので，VGA画像のリアルタイム処理にも使えます．
　サイズは3×3cmと小型です．
　AL422Bは，DRAMコントローラが内蔵されているので，リフレッシュのようなDRAMの複雑な操作は必要ありません．FIFOなので，ライト・アドレスは，ライト・アドレス128サイクル後から有効となります．このメモリには，カメラからPCLK，HREF，VSYNCを入れてやるだけで書き込みができ

380KバイトFIFOメモリ

基板上にあるのはレンズ，イメージ・センサ，ピン・ヘッダ，FIFOメモリのみ

写真B　カメラB…約1フレーム分の画像を貯めて好きなタイミングで取り出せる高機能版「OV7670＋FIFOカメラ・モジュール」

ます．読み出しは，基本的にはマイコンから任意の周期のクロックをRCKに入れてやるだけです．FIFOですからアドレス指定は不要で，画像の読み出しに適したメモリです．　〈漆谷 正義〉

Introduction　万能センサ「カメラ」で何ができるのか？

物体のスピードを測る実験 その①(第5章)
ターゲットが決められた直線上を移動するならコレ

カメラA / PICマイコン

撮影した現在と過去の画像の差分を抽出することで，物体の移動量を求める装置を作りました．

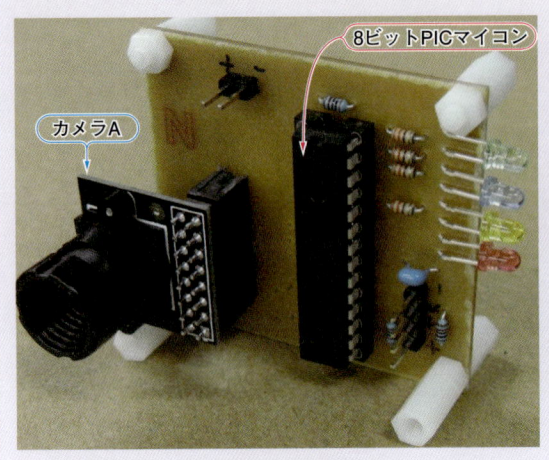

- 8ビットPICマイコン
- カメラA
- 画面上を左から右に移動する1本の線

(a) ハードウェア

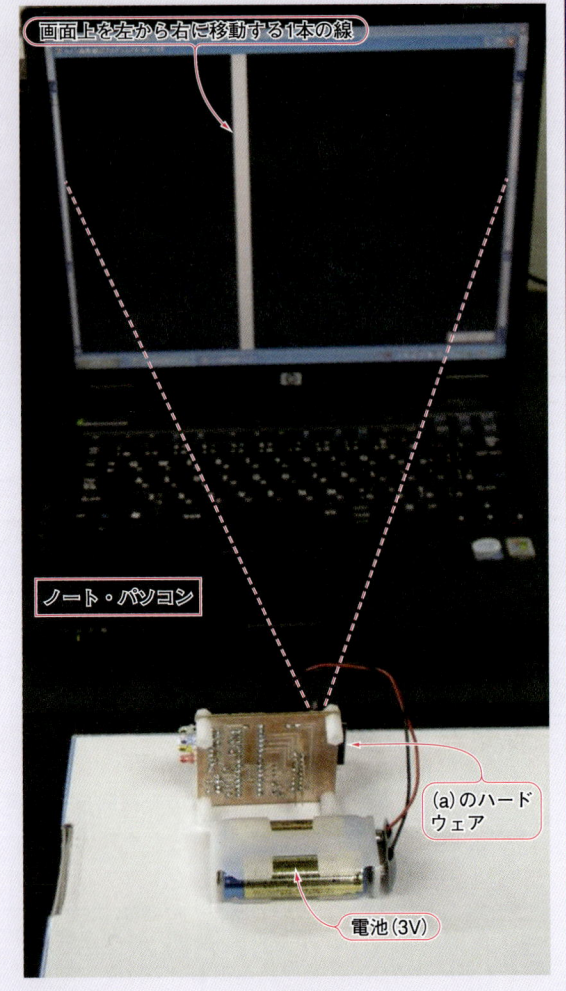

写真10 製作した白い太線の移動距離を検出する装置

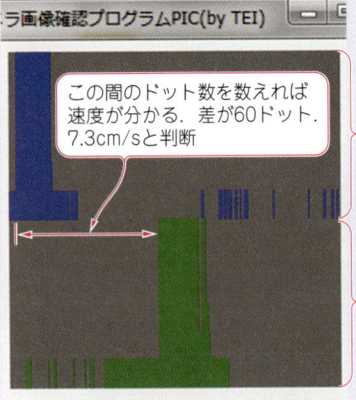

- この間のドット数を数えれば速度が分かる．差が60ドット．7.3cm/sと判断
- 1回目の測定データ
- 2回目(1秒後)の測定データ
- ノート・パソコン
- (a)のハードウェア
- 電池(3V)

(b) 測定中

図2 ディスプレイ上の白い輝線を捕らえて画像化したところ

(a) ピントが合っていない 　　(b) レンズ筒を手で回してピントを合わせた

図3 ▶ ピント合わせが重要
本装置にはモニタがない．そのため測定データをパソコンで取り込んでディスプレイに表示するソフトウェアを作った．

物体のスピードを測る実験 その②(第5章)
シルエットを捉えて複数のターゲットを丸ごと測定

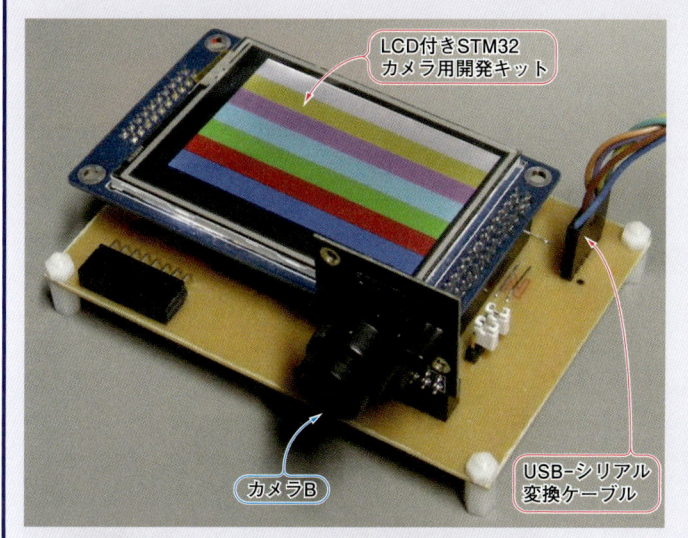

> カメラB / STM32マイコン / 小型液晶ディスプレイ

(a) ハードウェアの外観
- LCD付きSTM32カメラ用開発キット
- カメラB
- USB-シリアル変換ケーブル

(b) 測定中
- 画面上を左から右に移動する車
- ノート・パソコン
- (a)に示したハードウェア

(c) カメラBがどのくらいの幅の画像を撮影しているのかを知るために物差しをパソコン画面下に置く
- 差分を抽出しやすいように背景は白にした
- 車の画像
- 物差し

写真11 画面上を移動する車の映像の移動距離をカメラ検出する

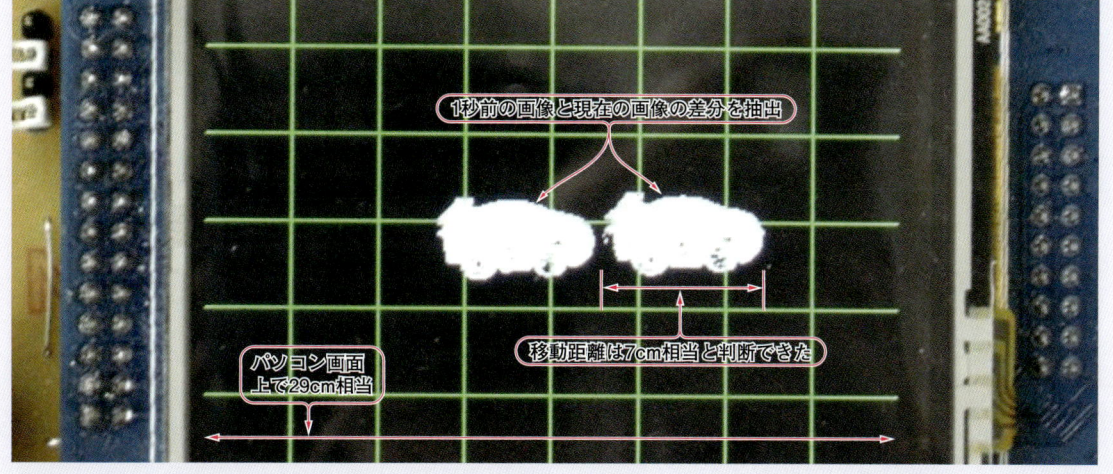

写真12 二つの自動車のシルエットをGET！
- 1秒前の画像と現在の画像の差分を抽出
- 移動距離は7cm相当と判断できた
- パソコン画面上で29cm相当

Introduction 万能センサ「カメラ」で何ができるのか？ 9

バーコードやナンバの読み取りの実験（第6章）

小型液晶ディスプレイ／32ビットARMマイコン／カメラA

> カメラとマイコンだけでバーコードやナンバープレートを読み取りました．

実験1…黒と白の輝度変化のパターンから符号を割り出す

カメラA／32ビット・マイコン搭載ボード

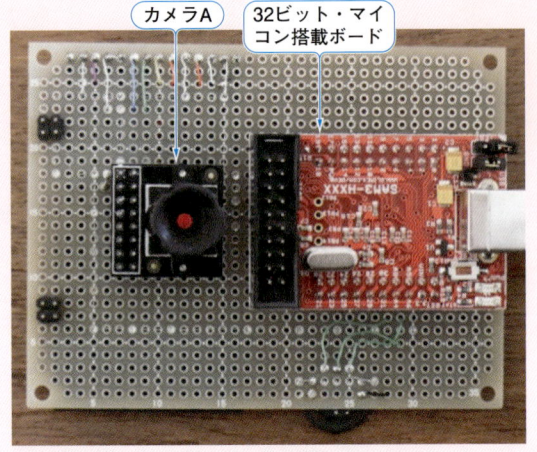

写真13　1ラインの輝度の変化を2値化し符号を抽出する装置

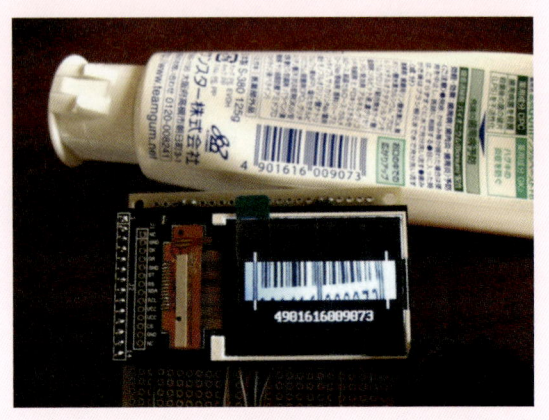

歯磨き粉

写真14　実際に試してみた

実験2…捕らえた数字画像の形状でパターン・マッチング

(a) プレビュー…カメラAからの画像をそのままモニタに表示する

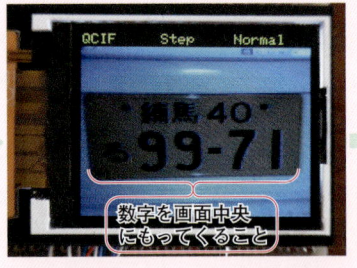

(b) 画像決定…スイッチを操作して，認識する画像を決定する
　数字を画面中央にもってくること

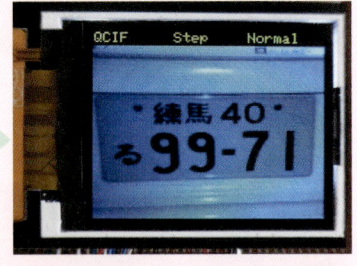

(c) グレー・スケール変換…RGBの値から輝度(Y)を算出する

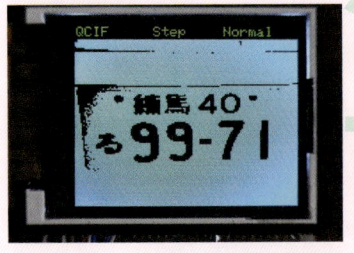

(d) 2値変換…背景色と文字色を区別し，背景を白，文字を黒とする

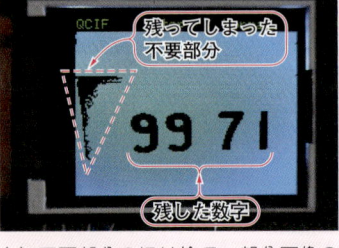

(e) 不要部分の切り捨て…部分画像の位置やサイズから不要部分を判断
　残ってしまった不要部分
　残した数字

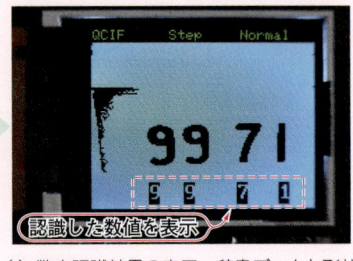

(f) 数字認識結果の表示…辞書データと形状を比較して差分の少ない値を認識結果とする
　認識した数値を表示

写真15　マイコンで画像を加工して数字らしき図形を抜き取り，参照用の数値画像と比較・照合する

10　Introduction　万能センサ「カメラ」で何ができるのか？

Appendix C…赤外線投光器付きの暗視カメラを製作

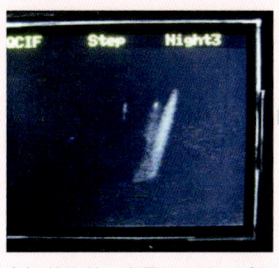

追加した赤外線投光LED
写真13に示したハードウェア

(a) 投光前,夜景モード…ぼんやり一部だけが見える.

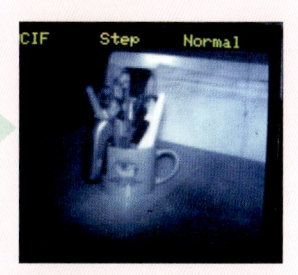

(b) 投光後,通常モードでもはっきりと全体が見える

写真16 実験1,実験2で使用した装置に投光用赤外線LEDを追加しただけ

写真17 暗闇の中でも50cm先の対象物をはっきり映すことができた

Appendix D…精度±5cmの距離センサを製作

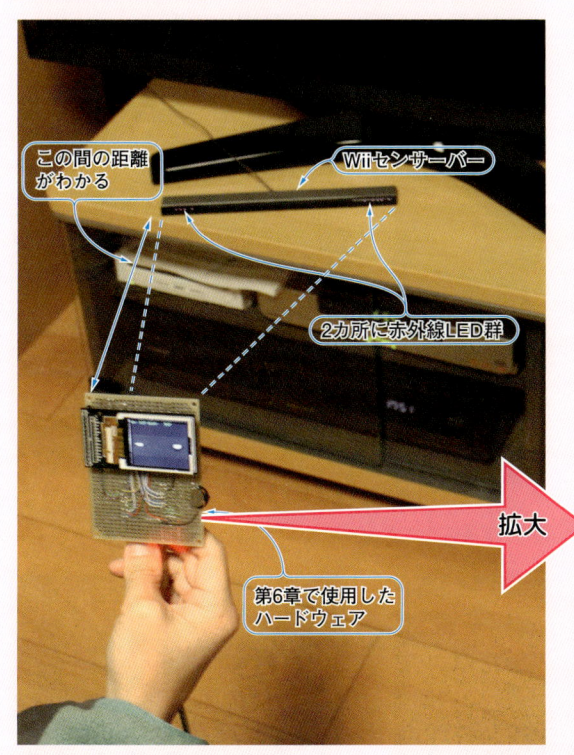

この間の距離がわかる
Wiiセンサーバー
2カ所に赤外線LED群
第6章で使用したハードウェア

理論値
理論値どおりの値が得られた.0.4～3mの間を±5cmの精度で測れた
実測値

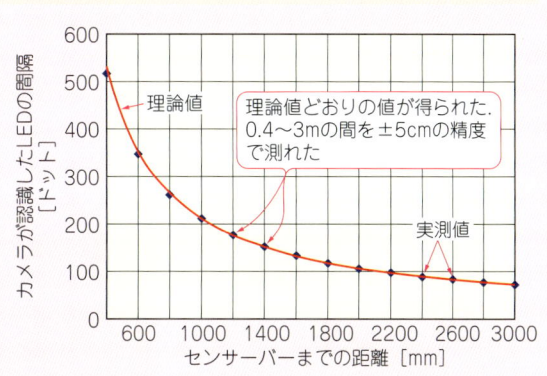

図4 モニタに映し出された2個のLED間の画素数から距離が分かる

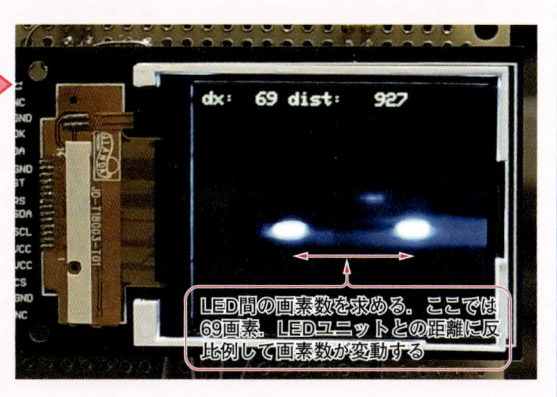

拡大

dx: 69 dist: 927

LED間の画素数を求める.ここでは69画素.LEDユニットとの距離に反比例して画素数が変動する

写真18 赤外発光LEDをもつWiiセンサーバーまでの距離を測定
カメラに映る二つのLED画像の間にある画素数を数えれば対象物までの距離が分かる.

(初出:「トランジスタ技術」 2012年3月号 特集イントロダクション)

赤外線暗視カメラの実験(第11章)

カメラAを改造して，赤外線アクティブ型暗視カメラを作りました．

カメラA改造版

製作した暗視カメラのハードウェア

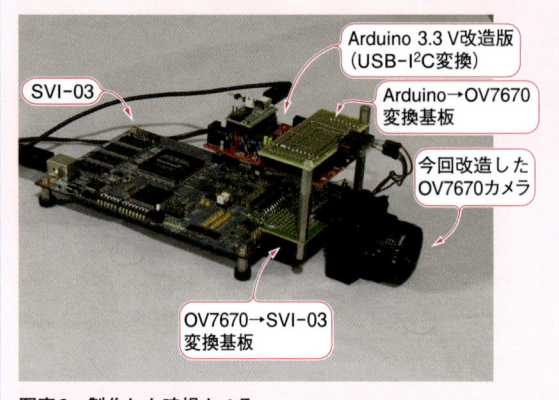

写真9　製作した暗視カメラ
OV7670カメラからの画像取り込みにSVI-03画像キャプチャ・ボードを使用してパソコンに表示する．

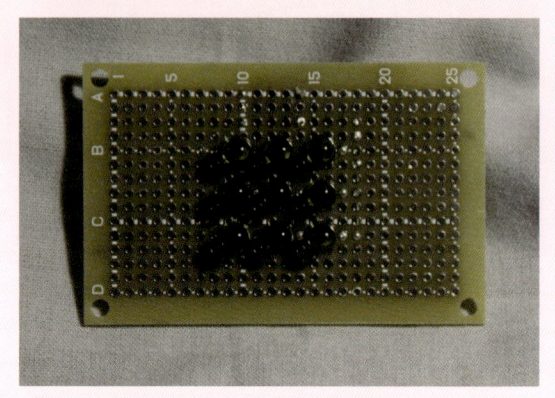

（ラベル：SVI-03／Arduino 3.3V改造版（USB-I²C変換）／Arduino→OV7670変換基板／今回改造したOV7670カメラ／OV7670→SVI-03変換基板）

写真8　赤外線LEDを使った赤外線補助光照射ユニット
ビーム角15度の赤外線LED 9個を使用して構成した．

暗視撮影実験

（a）通常光で撮影したもの　　（b）照明を落としての夜間撮影（被写体付近の照度は約10 lux） 　　（c）赤外線だけを照射して撮影…暗視

写真1　製作した暗視カメラを使った撮影効果・室内（被写体までの距離は約5 m）

（a）通常光で撮影したもの　　（b）夜間撮影 　　（c）赤外線だけを照射して夜間撮影…暗視

写真2　製作した暗視カメラを使った撮影効果・屋外

▶本書関連の提供プログラムは，CQ出版社のトランジスタ技術SPECIAL No.124のウェブ頁にまとめて掲載する予定です．

第1章 OV7670カメラ・モジュールを例に
小型カメラ・モジュールの
しくみと操作法

エンヤ ヒロカズ

身近になってきた市販の組み込み用小型カメラ・モジュールの種類と特徴，マイコンとの接続法などを説明します．CPUの負荷を軽減する画像の一部を取り込む方法も紹介します．

カメラ・モジュールをばらしてみる

● レンズとCMOSイメージ・センサICだけ！

写真1に本書で主に使用するカメラ・モジュールの分解写真を示します．

このカメラ・モジュール（カメラA，p.6〜p.7参照）は「OV7670カメラ・モジュール」（日昇テクノロジー，http://csun.co.jp/SHOP/2011082301.html）です．名前の表している通りオムニビジョン・テクノロジーのCMOSイメージ・センサOV7670が使われています．

ウェブ上に仕様書が公開されています（http://www.dragonwake.com/download/camera/OV7670/SCCB/OV7670_DS.pdf）．

カメラの中で大きな体積を占めているレンズ部分を取り外すと，CMOSイメージ・センサが姿を現します．CMOSイメージ・センサはゴミから保護するパッケージに入っており，受光面はガラスで覆われています．

イメージ・センサは基板上に実装されています．レンズはネジ式になっており，フォーカスを調整できるとともに，同じネジ径であれば，異なるレンズに交換できるようになっています．これにより広角から望遠

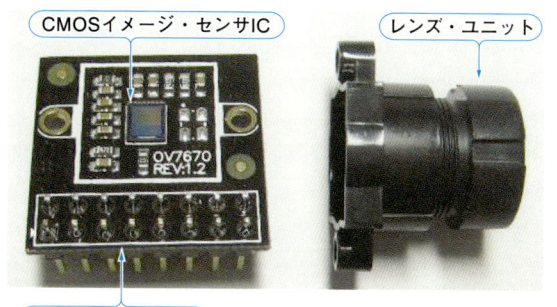

写真1 カメラA（OV7670カメラ・モジュール，pp.6〜7参照）のレンズ・ユニットを外してみた
基板にはイメージ・センサと数個のCRしか実装されていない．

まで，目的に応じたレンズを選ぶことが可能になっています．電源や信号入出力は基板上のコネクタに集約されています．

● CMOSイメージ・センサOV7670はA-Dコンバータや信号処理回路を内蔵している

内部ブロックを図1に示します．レンズで集光された映像はCMOSイメージ・センサで光電変換され，

図1 カメラA「OV7670カメラモジュール」の内部ブロック図
A-D変換だけでなく基本的な信号処理もOV7670内で行われる．

▶本書関連プログラムはトランジスタ技術SPECIAL No.124の弊社ウェブ・ページにまとめて掲載する予定です．

A-D変換後，カメラ信号処理DSPに送られます．DSP内で色や明るさの調整が行われたあと，8ビット・ディジタル・ビデオ・データを出力します．

動かし方の基本

● 撮影モードの変更法

　イメージ・センサOV7670は非常に多機能です．内部のさまざまな機能はレジスタの設定によって変更できます．レジスタは読み書きできるメモリで，カメラはそのメモリの値を参照して，内部設定や画質のコントロールなどを行います．

　通常のCPUでは，メモリへのアクセスはCPUバスやI/Oで行いますが，カメラ・モジュールではI²CやSPIなどといったシリアル通信で行う場合が多いです．OV7670は後述するSCCBという通信規格で行います．

　すべてのレジスタに設定が必要なわけではありません．各レジスタはデフォルト値を持っており，メーカ側である程度実用を考慮した初期値になっている場合が多く，電源投入後の値でも使える場合が多いです．しかしOV7670では初期設定が必要になります（後述）．また後段のマイコンなどに接続するためにはそのマイコンのI/Oに合わせた設定変更が必要になります．

● マイコンで制御するときはシリアル通信で

　レジスタへのアクセスはSCCBという2線シリアル・インターフェースで行います．I²Cのサブセット的な規格です．もともとI²Cはオランダのフィリップス（現NXPセミコンダクターズ）の策定したインターフェース規格です．他社製のデバイスでも数多く使われており，事実上の業界標準になっています．I²C規格の詳細はNXPセミコンダクターズのウェブサイトからダウンロードできます．

　I²Cをサポートしたマイコンは数多くあり，たいていは問題なく接続できます．またPICやAVRなどの小規模なマイコンでもPIO端子を使い，ソフト的にプロトコルをシミュレートしてやることにより，接続可能です．

▶SCCBとI²Cの違い

　SCCBではビット9のACK/NOACKがサポートされていないので，通信エラーの判断ができない点です．しかし書き込んだレジスタの値を読み出してベリファイできますので，実用上は問題ありません．

　I²C規格では，デバイスごとにアドレスが決められています．OV7670の書き込みアドレスは0x42，読み出しアドレスは0x43です．I²Cの通信フォーマットを（図2）に示します．

　例えばレジスタ・アドレス0x10にデータ0x20を書き込む場合はwrite：0x42　0x10　0x20となります．

　例えばレジスタ・アドレス0x10のデータを読み出す場合は，write：0x42　0x10　0x43となります．

　すると書き込んだ値，例えば，0x20を読み出せます．

● Reservedには何も書き込まないこと

　表1（章末に掲載）にレジスタ・マップを示します．レジスタのアドレスは8ビットなので256個ぶんありますが，実際に使われているのは0x00～0xCAの202個です．また各アドレスのデータ長は8ビットなので，202バイト分の設定ができることになります．

　しかし表1を見ると分かるように，多くの部分が「予約」となっており，内容が開示されていません．これらのアドレスは実際に機能がマッピングされていなかったり，開発途中でのテスト・レジスタだったりして，ユーザが設定することを想定していません．予約には何も書き込まないようにしましょう．

▶一部分が予約の場合は値を読み出し，その値を書き込む

　データ全部が予約の場合はそのアドレス自体にアク

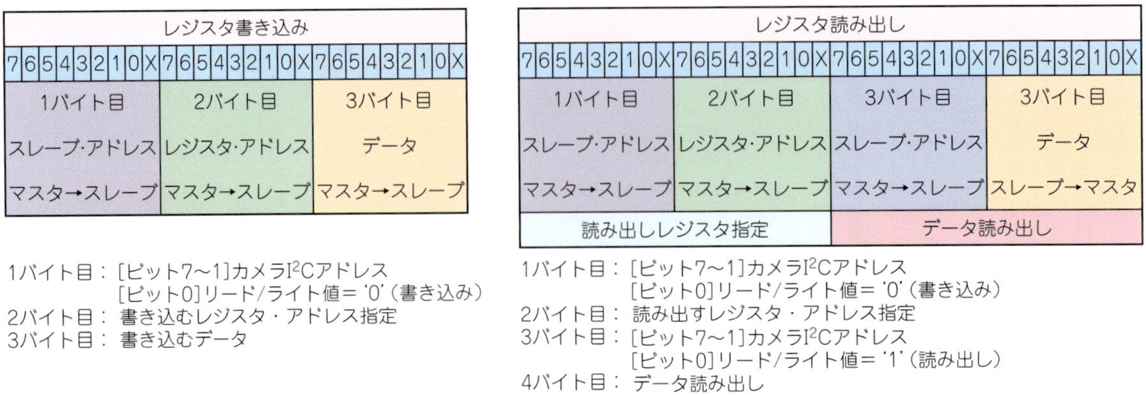

（a）SCCB書き込み転送

1バイト目：[ビット7～1]カメラI²Cアドレス
　　　　　[ビット0]リード/ライト値='0'（書き込み）
2バイト目：書き込むレジスタ・アドレス指定
3バイト目：書き込むデータ

（b）SCCB読み出し転送

1バイト目：[ビット7～1]カメラI²Cアドレス
　　　　　[ビット0]リード/ライト値='0'（書き込み）
2バイト目：読み出すレジスタ・アドレス指定
3バイト目：[ビット7～1]カメラI²Cアドレス
　　　　　[ビット0]リード/ライト値='1'（読み出し）
4バイト目：データ読み出し

図2　I²C通信を利用してマイコンからカメラ・モジュールに書き込むデータの例

セスしなければ問題は発生しませんが，8ビットのうちの一部分が予約の場合は厄介です．データの設定はバイト単位で行いますので，必然的に予約の部分にもアクセスしなければなりません．

単純に'0'を設定してしまうと，デフォルトが'1'だったときには値が変わってしまい，動作に影響が出る場合があります．必ず事前に値を読み取り，予約の部分の値を確認してから，そのほかの部分の変更を行い，書き込むようにします．

● **ウェブの情報を元に初期設定を行った**

OV7670の場合は前述の通り，初期値の設定が必要です．電源投入後の出力を写真2に示します．画像としては認識できますが，色がおかしくなっています．データシートには初期設定についての具体的な説明はないのですが，LinuxでOV7670用のドライバが公開されており（http://www.cs.fsu.edu/~baker/devices/lxr/http/source/linux/drivers/media/video/ov7670.c）初期値の記載があります．このov7670.c中のov7670_default_regs []の設定を行ったところ，画像が正しく表示されるようになりました（写真3）．参考までに筆者が行った初期設定を表2に示します．

● **画像サイズは必要最小限にしてCPUの処理を軽くする**

OV7670は画素数がVGA（640×480）のイメージ・センサが使われており，出力フォーマットのデフォルトはVGAです．OV7670は内部に画像サイズ変更のためのスケーラを内蔵しており，CIF（352×288画素），QVGA（320×240），QCIF（176×144）への変更が可能

写真2 電源投入直後のカメラからの画像
表1，表2で説明する内容を反映しないと色が付かない．

写真3 カメラに表2の初期設定を書き込んだ後に得られた画像
鮮やかに色が付いた．

表2 筆者がカメラA（とB）の画質検討の際に設定した値
この表どおりの値を書き込めば写真3のように鮮やかに色が付く．アドレスとデータの意味は表1（章末）を参照．ほかの筆者が設定したファイルも，それぞれの章のダウンロード・データに含まれる．参考にしてほしい．

アドレス	0x01	0x02	0x03	0x0c	0x0e	0x0f	0x15	0x16	0x17	0x18	0x19	0x1a	0x1e	0x21	0x22
データ	0x40	0x60	0x0a	0x00	0x61	0x4b	0x00	0x02	0x13	0x01	0x02	0x7a	0x07	0x02	0x91

アドレス	0x29	0x32	0x33	0x34	0x35	0x37	0x38	0x39	0x3b	0x3c	0x3d	0x3e	0x3f	0x41	0x41
データ	0x07	0xb6	0x0b	0x11	0x0b	0x1d	0x71	0x2a	0x12	0x78	0xc3	0x00	0x00	0x08	0x38

アドレス	0x43	0x44	0x45	0x46	0x47	0x48	0x4b	0x4c	0x4d	0x4e	0x4f	0x50	0x51	0x52	0x53
データ	0x0a	0xf0	0x34	0x58	0x28	0x3a	0x09	0x00	0x40	0x20	0x80	0x80	0x0	0x22	0x5e

アドレス	0x54	0x56	0x58	0x59	0x5a	0x5b	0x5c	0x5d	0x5e	0x69	0x6a	0x6b	0x6c	0x6d	0x6e
データ	0x80	0x40	0x9e	0x88	0x88	0x44	0x67	0x49	0x0e	0x00	0x40	0x0a	0x0a	0x55	0x11

アドレス	0x6f	0x70	0x71	0x72	0x73	0x74	0x75	0x76	0x77	0x78	0x79	0x8d	0x8e	0x8f	0x90
データ	0x9f	0x3a	0x35	0x11	0xf0	0x10	0x05	0xe1	0x01	0x04	0x01	0x4f	0x00	0x00	0x00

アドレス	0x91	0x96	0x96	0x97	0x98	0x99	0x9a	0x9a	0x9b	0x9c	0x9d	0x9e	0xa2	0xa4	0xb0
データ	0x00	0x00	0x00	0x30	0x20	0x30	0x00	0x84	0x29	0x03	0x4c	0x3f	0x02	0x88	0x84

アドレス	0xb1	0xb2	0xb3	0xb8	0xc8	0xc9
データ	0x0c	0x0e	0x82	0x0a	0xf0	0x60

◀表3 カメラAとBの画像サイズを変更するときに利用するレジスタ設定値

レジスタ名	アドレス	サイズ設定				
		VGA	QVGA	QQVGA	CIF	QCIF
COM7	0x12	0x00	0x00	0x00	0x00	0x00
HSTART	0x17	0x13	0x16	0x16	0x15	0x39
HSTOP	0x18	0x01	0x04	0x04	0x0b	0x03
HREF	0x32	0xb6	0x80	0xA4	0xb6	0x80
VSTRT	0x19	0x02	0x02	0x02	0x03	0x03
VSTOP	0x1a	0x7a	0x7a	0x7a	0x7b	0x7b
VREF	0x03	0x0a	0x0a	0x0a	0x02	0x02
COM3	0x0c	0x00	0x04	0x04	0x08	0x0c
COM14	0x3e	0x00	0x19	0x1A	0x11	0x11
SCALING_XSC	0x70	0x3a	0x3a	0x3a	0x3a	0x3a
SCALING_YSC	0x71	0x35	0x35	0x35	0x35	0x35
SCALING_DCWCTR	0x72	0x11	0x11	0x22	0x11	0x11
SCALING_PCLK_DIV	0x73	0xf0	0xf1	0xf2	0xf1	0xf1
SCALING_PCLK_DELAY	0xa2	0x02	0x02	0x02	0x02	0x52

表4 YUV形式において出力データの順番を設定するレジスタとその値

TSLB [3]	COM13 [1]	データ順
0	0	Y U Y V
0	1	Y V Y U
1	0	U Y V Y
1	1	V Y U Y

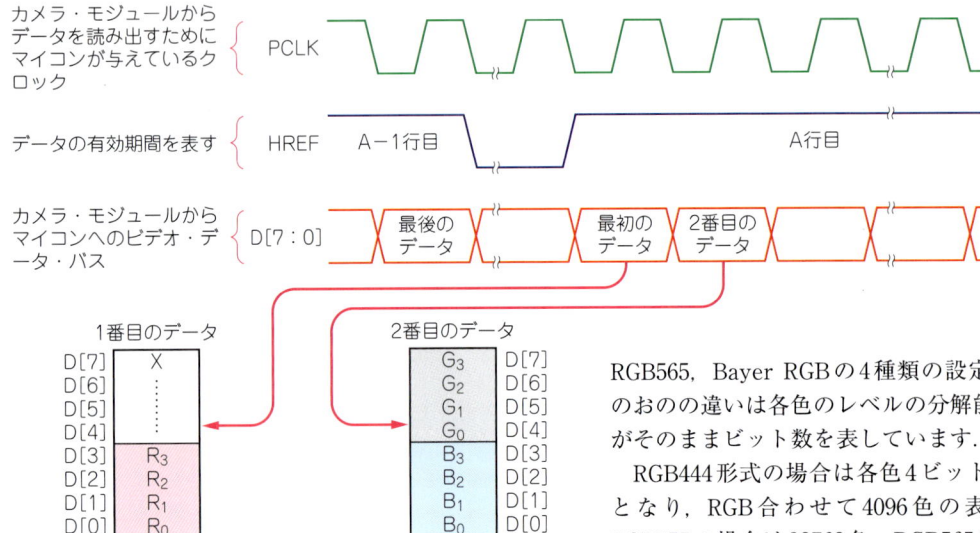

図3 RGB444のデータ並び順
データ・バスの上位4ビット、下位4ビットにR, G, Bがそれぞれ納まっている。

です。設定するレジスタと値を**表3**に示します。

この値はLinuxのソース(linux-2.6.29-rc5/drivers/media/video/ov7670_soc.c)を参照したものですが、CIFとQCIFは正しい画像が出ませんでした。ソース・コード上でも"Not tested"と書かれています。今後のバージョンアップに期待しましょう。

● 周辺機器に合うデータ・フォーマットで出力する

カメラ・モジュールの画像出力フォーマットはYUV形式であることが一般的です。OV7670も初期設定後はYUV形式で、データの順番はUYUVに設定されています。しかしマイコンなどで扱うときはRGB形式が都合が良いです。OV7670はRGB形式もサポートしています。

RGBといっても数種類あり、RGB444, RGB555, RGB565, Bayer RGBの4種類の設定が可能です。おのおのの違いは各色のレベルの分解能が異なり、数字がそのままビット数を表しています。

RGB444形式の場合は各色4ビット、16諧調の表現となり、RGB合わせて4096色の表現が可能です。RGB555の場合は32768色、RGB565はGだけ6ビットとなり65536色となります。Bayer RGBはイメージ・センサの出力するデータそのまま(1画素当たり1色)が出力されます。

▶YUV

COM7 [2] (0x12) = 0に設定します。TSLB [3] (0x3A), COM13 [0] (0x3D)でデータ順の設定が可能です。**表4**にデータ順を示します。

▶RGB444

COM7 [2] (0x12) = 1, COM7 [0] (0x12) = 0, RGB444 [1] (0x8C) = 1に設定します。RGB444 [0] (0x8C)でデータ順を変更できます。仕様書では0: xRGB, 1: RGBxとなっていますが、実際のデータはxBGR/BGRxとなっており、仕様書の誤記だと思われます。カメラ・モジュールからのデータの並び順を**図3**に示します。

▶RGB555

COM7 [2] (0x12) = 1, COM7 [0] (0x12) = 0,

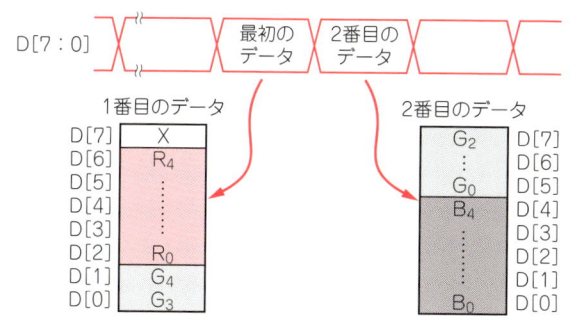

図4 RGB555のデータ並び順
1番目のデータのD7に空きが出る．

RGB444［1］（0x8C）= 0，COM15［5：4］（0x40）= 3
に設定します．データの並び順を図4に示します．
▶RGB565
　COM7［2］（0x12）= 1，COM7［0］（0x12）= 0，
RGB444［1］（0x8C）= 0，COM15［5：4］（0x40）= 1
に設定します．データの並び順を図5に示します．
▶Bayer RGB
　COM7［2］（0x12）= 1，COM7［0］（0x12）= 1に
設定します．データの並び順を図6に示します．

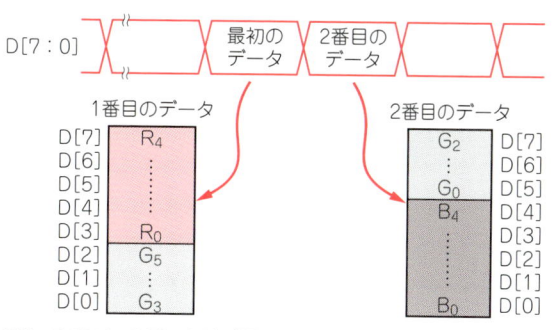

図5 RGB565のデータ並び順

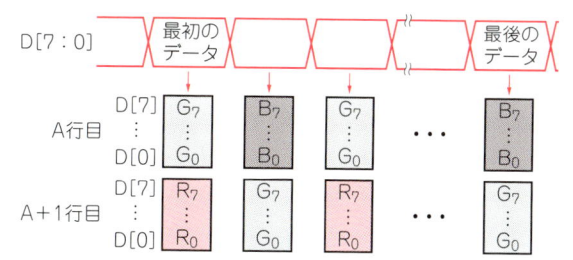

図6 Bayer RGBのデータ並び順
1行ごとにGBGBとRGRGを繰り返す．

一歩進んだ使い方

● 画面の一部を読み出す
　画像の一部分だけを読み出したい場合があります．一度全データを取り込み，フレーム・メモリなどに格納して，目的の部分だけを読み出して使えばよいのですが，カメラから必要なデータだけ出力できれば，マイコンの負担も少なくて済みます．フレーム・メモリも必要最小限で済みます．
　イメージ・センサOV7670は画像の読み出し範囲を変えることが可能です．
▶水平（H）方向の設定
　スタート位置は合計11ビットで設定します．HSTART［7：0］（0x17）で上位8ビット，HREF［2：0］（0x32）で下位3ビットを設定します．
　ストップ位置も合計11ビットで設定します．HSTOP［7：0］（0x18）で上位8ビット，HREF［5：3］（0x32）で下位3ビットを設定します．
▶垂直（V）方向の設定
　スタート位置は合計10ビットで設定します．VSTART［7：0］（0x19）で上位8ビット，Vref［1：0］（0x03）で下位2ビットを設定します．
　ストップ位置も合計10ビットで設定します．VSTOP［7：0］（0x1A）で上位8ビット，Vref［3：2］（0x03）で下位2ビットを設定します．
　初期設定を見ると，HSTOP（0x18）には0x01が設定されています．Linuxドライバのコメントにも設定理

由について不明と書いてあったのですが，電源投入後の信号を見ると，水平H方向のビデオ・データの先頭16画素は正しい信号が出ておらず，HSTARTの値を0x11から0x13に設定してやることにより，頭の16画素を読み飛ばしています．そうなるとH方向の有効画素が624画素になってしまうので，640画素にするために，HSTOPの値を初期値の0x61から大きな値したかったのですが，大きな値に設定すると画像が壊れてしまいました．HSTOPに0x01を設定しているのは，その不整合を補正するためと思われます．
▶例1…中央付近の80×80画素だけを読み出し
　水平（H）方向の設定をHSTART（0x17）= 0x34，HSTOP（0x18）= 0x3Eに設定します．制御を簡略化するためにスタート位置を上位8ビットしか設定していません．
　垂直（V）方向の設定はVSTART（0x19）= 0x34，VSTOP（0x1A）= 0x48に設定します．こちらも同じように上位8ビットだけを設定しました．もちろん下位2ビットも設定すれば，1画素単位で位置を設定できます．**写真4**は実際の画像です．
▶例2…3×3画素だけの読み出し
　中央付近の3×3画素だけを読み出すときは，HSTART（0x17）= 0x39，HSTOP（0x18）= 0x39と設定します．取得画素は3×3ピクセルなので下位3ビットの設定も必要になります．HREF［2：0］（0x32）= 0，HREF［5：3］（0x32）= 2と設定します．
　垂直（V）方向も同じようにVSTART（0x19）= 0x4D，VSTOP（0x1A）= 0x4Dと設定し，下位2ビットの設

◀写真4
写真3の中央付近の80×80画素だけを読み出した画像

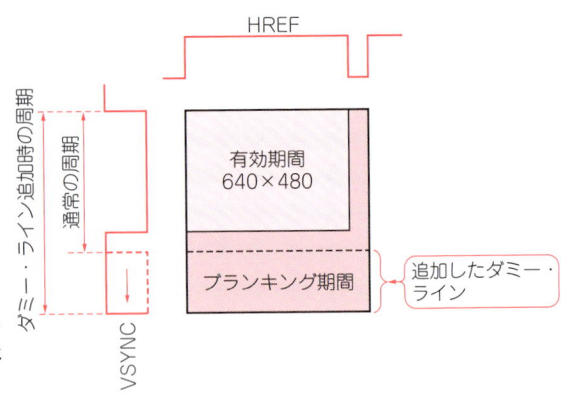

図7▶
フレーム・レートを落としたい場合はダミー・ラインを追加する

Column

イメージ・センサOV7670を搭載したカメラ・モジュールはほかにもある

本文中では日昇テクノロジーのカメラ・モジュールを使いました．このほかにaitendoのカメラ・モジュール（**写真A**）も若干の回路変更で対応可能です．内部回路を**図A**に示します．同じような回路ですが，aitendoのモジュールは電圧レギュレータを内蔵しているので，3.3 V動作のマイコンから接続できます．日昇テクノロジーのカメラ・モジュールは画角がやや狭いのに対し，aitendoのカメラ・モジュールは広角です．

〈漆谷 正義〉

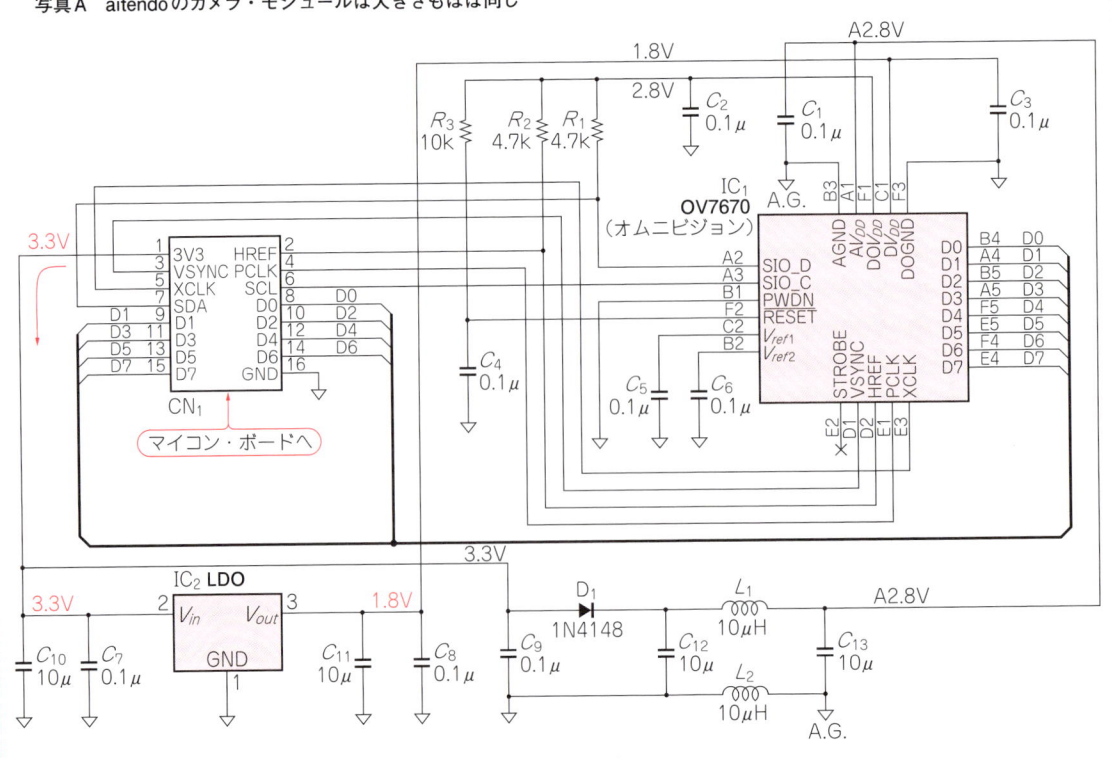

どちらもイメージ・センサOV7670にレンズを付けただけのシンプル構成

写真A　aitendoのカメラ・モジュールは大きさもほぼ同じ

図A　aitendoのカメラ・モジュールCAMERA30W−OV7670の内部回路

定はVref［1：0］（0x03）＝0，Vref［3：2］（0x03）＝2と設定します．

● 取得画像の枚数を減らす

フレーム・レートを変更する場合はダミー・ラインを追加します．DM_LNL（0x92），DM_LNH（0x93）の合計16ビットぶんを設定できます．概念を図7に示します．ダミーのラインを挿入してVSYNCの周期を広げてフレーム・レートを変更します．値が0のときの垂直V方向のライン数は510ですので，ダミー・ラインに510（DM_LNL＝0xFE，DM_LNH＝0x10）を設定すればフレーム・レートは半分になります．

● 色を強調する

色を強調する際には彩度を上げます．一般的なカメラ・モジュールにはHUE，GAINという，色の色相と濃さを調整するパラメータがあるのですが，OV7670にはありません．代わりにMTX1（0x4F）〜MTX6（0x54），MTXS（0x58）を使います．具体的な設定を表5に示します．0がデフォルト設定で，プラス，マイナスおのおの2段階の設定が可能です．

● 動作周波数の低いマイコンと組み合わせる

▶マイコンからのクロックを8倍にして動作させる

OV7670の入力クロックは8M〜48MHzの間で設定可能です（標準は24MHz）．

マイコンからこの周波数範囲外のクロックしか供給できない場合もあるでしょう．OV7670はPLLを内蔵しており，入力クロックの×4/×6/×8の設定が可能です．設定はDBLV（0x6B）で行います．DBLV［7：6］（0x6B）が00で×1（PLLバイアス），01で×4，10で×6，11で×8となります．

▶OV7670をゆっくり動かす

OV7670は内部にクロック・ディバイダを内蔵しており，動作周波数を落とすことが可能です．クロック・デバイダの設定はCLKRC［5：0］（0x11）で設定でき，内部動作周波数fovは以下の式で計算できます．

$$fov = fin/(CLKRC[5:0] + 1)$$

例としてCLKRC［5：0］に1を設定すると，動作周波数は1/2になります．最大1/32まで設定可能です．

● 照度の変動を確実に検出する

出力のYレベルを見ればよいと思いがちですが，実際のYレベルはAEC（Auto Exporsure Control）とAGC（Auto Gain Control）によって変化するので，そのままでは指標としては使えません．それよりもOV7670が持つAGCとAECの値の方が，明るさに一意に決まるので，これを読み出すことで照度の変化を見ることができます．実際には以下のレジスタになります．

表5 色の濃さを調整するレジスタ・アドレスとその設定値

レジスタ名	アドレス	色の濃さ				
		+2	+1	0	−1	−2
MTX1	0x4F	0xE0	0x99	0x80	0x66	0x40
MTX2	0x50	0xC0	0x99	0x80	0x66	0x40
MTX3	0x51	0x00	0x00	0x00	0x00	0x00
MTX4	0x52	0x33	0x28	0x22	0x1B	0x11
MTX5	0x53	0x8D	0x71	0x5E	0x4B	0x2F
MTX6	0x54	0xC0	0x99	0x80	0x66	0x40
MTXS	0x58	0x9E	0x9E	0x9E	0x9E	0x9E

AGC：GAIN［7：0］（0x00）で下位8ビット，Vref［7：6］（0x03）で上位2ビットの合計10ビット

AEC：AECHH［5：0］（0x07）で上位6ビット，AECH［7：0］（0x10）で中位8ビット，COM1［1：0］（0x04）で下位2ビットの合計16ビット

なおAECはDM_LNL（0x92），DM_LNH（0x93）を使ってフレーム・レートを変更しない場合，最大値が510になります．

● 動きの速い物を映す

▶シャッタ速度を上げて動きの速い画面に対応する

動きの速い画像を撮影すると，ぶれたような画像になってしまうことがあります［写真5（a）］．このようなときは，シャッタ速度を速くするとぼやけなくなります［写真5（b）］．しかし，そのままでは露光時間が短くなり，暗い画像になってしまいます．これを補正するためにゲインを上げて明るくします．

OV7670では，通常はAECとAGCが動作しており，カメラ内部で適正な露出に保たれていますが，シャッタ速度とゲインの比率も自動で制御されています．この比率を変えるためには，シャッタ速度を短くゲインを高くする必要があります．

AGCとAECの両方をOFFにして，マニュアル設定すれば可能ですが，できれば露出は自動調整できた方が使い勝手は良いです．そこでシャッタ速度をマニュアル設定して，AGCの最大値を高く設定します．ゲイン最大値をCOM9［6：4］（0x14）で設定できるようになっており，×2〜×128倍まで設定可能です．初期値は1（×4倍）ですので，例えば5（×64）に設定すれば，同じ明るさならばシャッタ速度はゲイン4倍時の1/16になります．ただしゲインを上げるとノイズが増えますので，最大値をやみくもに高い値に設定することは避けましょう．実際に画像を確認しながら行うのが良いです．

シャッタ速度は速ければ速いほどブレは減りますが，室内ではノイズが増えるので，用途に応じて速度を決めます．具体的な設定は以下の通りです．

（1）AECをOFF…COM8［0］（0x13）＝0

(a) ぶれのある画像 　　　　　　　　　　　　　　(b) ぶれのない画像

写真5　動きの速い物を撮影した画像
シャッタ速度やゲインを調整することで(b)の画像が得られる．

(2) シャッタ速度をセット…AECHH［5：0］（0x07），AECH［7：0］，COM1［1：0］で設定．

　ここで設定する値はライン数なので，実際のシャッタ速度は15300で割った数になります．

(3) AGC最大値をセット…COM9［6：4］（0x14）

　通常のオート設定（シャッタ速度1/30）の画像を**写真5(a)**，シャッタ速度を速く（約1/300）してゲインを上げた画像を**写真5(b)**に示します．ゲインを上げているのでノイズが多くなっていますが，ブレは軽減しています．

● 暗い部屋で明るく映す

▶ ナイト・モードを利用する

　暗い部屋ではフレーム・レートを自動的に落とし，シャッタ速度を長くします．COM11［7］（0x3B）＝1でナイト・モードが有効になります．ナイト・モード時は通常時よりフレーム・レートが自動的に低くなります．フレーム・レートをどこまで低くできるかをCOM11［6：5］（0x3B）で設定できます．1/2，1/4，1/8の3モードの設定が可能です．

● 明るすぎる部屋で画面の白飛びを防ぐ

▶ シャッタ速度を速くする

　明るい部屋ではシャッタ速度を速くします．シャッタ速度は1ライン単位で設定できるので，最小のシャッタ速度は，

$$1 \div 510（ライン）\div 30（フレーム）= 1/15300 \text{ s}$$

となります．

　通常ではこのくらいの速度があれば問題ありませんが，屋外や照明の近くなどでは信号が飽和してしまうことがあります．これ以上シャッタ速度を短くできないので，1倍になっているゲインをさらに下げるしか方法はありません．

▶ A-Dコンバータの入力レンジを上げる

　AGCのゲイン設定の最小値は×1なので，これ以下にする場合は，ADCCTR0（0x20）を使います．このレジスタはA-Dコンバータの入力レンジとリファレンスを変更することができます．ADCCTR0［3］（0x20）＝1でA-Dコンバータの入力レンジを1.5倍にできます．これはゲインが0.66倍になったことと等価です．またADCCTR0［2：0］＝7でリファレンスを1.2倍にできます．これはゲイン0.83倍と等価です．両方の設定を併用することにより0.55倍までゲインを落とすことが可能です．

● 1画面の中の四隅の画素情報だけ取得する

　画面の四隅のデータを取得する際には，HREFとVSYNCを利用します．OV7670の同期信号のデフォルト設定はHREFが"H"，VSYNCが"H"のとき画素が有効であることを表しています．これを利用して，

- VSYNC立ち上がり直後のHREFの立ち上がり時と立ち下がり時の画素
- VSYNC立ち下がり直前のHREFの立ち上がり時と立ち下がり時の画素

を取得すれば，画面の四隅の4画素の情報が得られます（**図8**）．

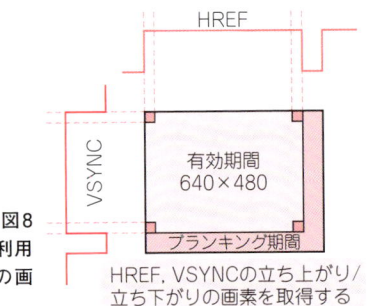

● データの一部を捨てる

　OV7670はデータ・バス8ビットに加えて水平同期信号，垂直同期信号，ピクセル・クロックの合計11本のI/Oが必要になります．しかしマイコンの制約上，すべての出力をつなげない場合があります．その場合，同期信号とピクセル・クロックは必須なので，データ・バスを削ることになります．

図8　HREFとVSYNCを利用すれば画面の四隅の画素の情報が得られる

HREF，VSYNCの立ち上がり／立ち下がりの画素を取得する

有効期間 640×480
ブランキング期間

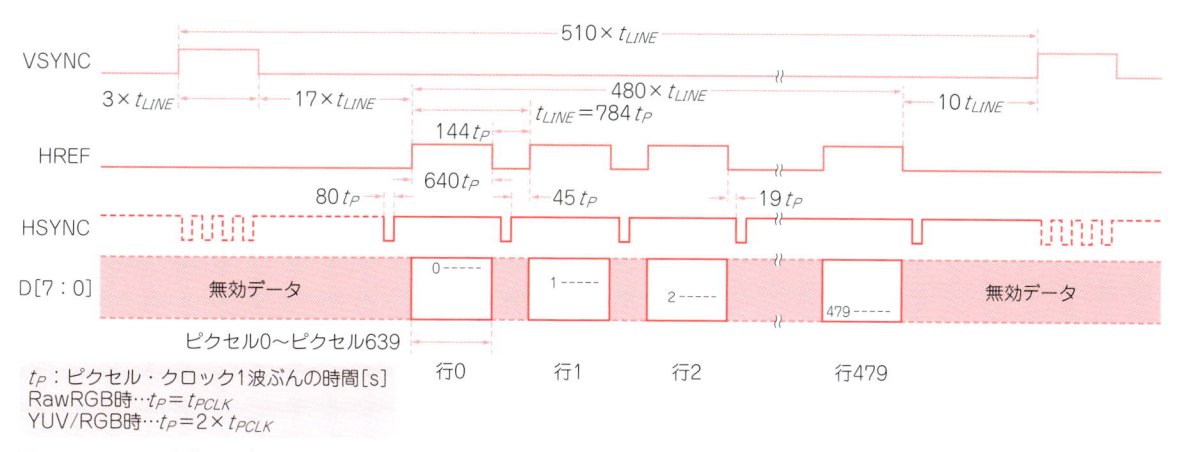

図9 OV7670のビデオ・データ出力タイミング

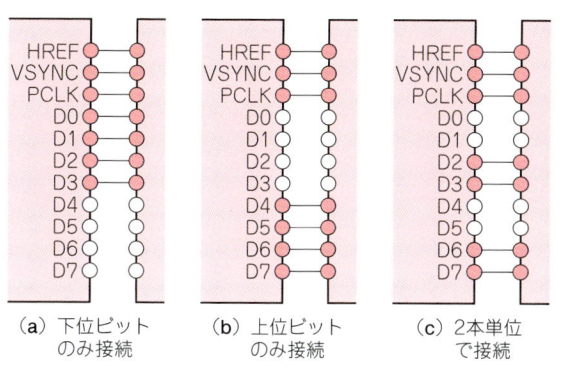

t_P：ピクセル・クロック1波ぶんの時間[s]
RawRGB時…$t_P = t_{PCLK}$
YUV/RGB時…$t_P = 2 \times t_{PCLK}$

図10 マイコンの処理速度やポート数の制限でデータを捨てる際の接続
RGB444で出力すれば，この接続方法でもデータを取得できる．

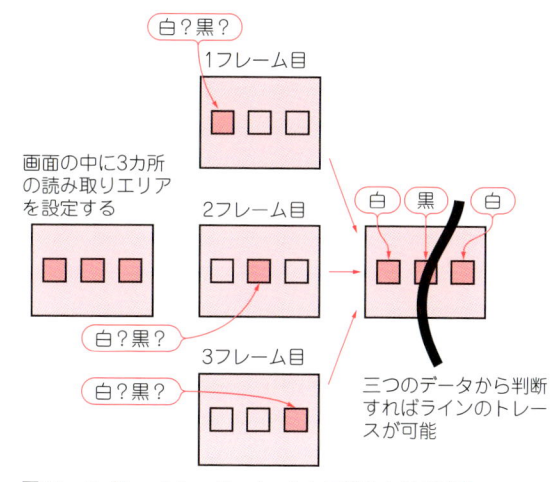

（a）下位ビットのみ接続　（b）上位ビットのみ接続　（c）2本単位で接続

図11 ライン・トレース・カーとして使うための提案

▶ 上位または下位のデータを捨てる

データ・バス8ビットのうち上位4ビット，下位4ビットを捨てた場合はどうなるでしょうか．OV7670の出力フォーマットを図9に示します．2バイトで1画素分のデータを出力するためYUV，RGB555，RGB565では，データの一部しか読み出せず，読み出した値は意味をなさないものになります．

唯一，半分のデータ・バスを切り捨てられるのがRGB444モードです．この場合は上位4ビットにG，下位4ビットにR，Bと，色別に分かれるので，データは意味のあるものになります．2回に分けて読み出せば，RGBすべてのデータを読み出すことが可能です．

▶ データ・バスのデータ線を間引く

データ線を間引いた場合はどうなるでしょう．1本おきに間引いた場合はデータは意味のないものになりますが，2本単位で接続した場合（D7，D6，D3，D2）は，RGB444モードで各色2ビット，合計6ビットで64色で見ていることになります．画質を気にしないセンシング用途では，これでも十分実用になります［図10（c）］．

● 色を検出する

色を検出するには，UVの値を見るのが良いです．画面の一部の色を検出したいならば，出力信号そのものを見る必要がありますが，画面全体の平均レベルで良いならばレジスタで読み出すことが可能です．RAVE（0x08）でVレベルを，BAVE（0x05）でUレベルの平均値を知ることが可能です．

● 侵入者を検知する

よく使われる方法として，フレーム・メモリに2画面分の画像を取得しておき，2枚の画像の差分から移動体を検出するというものがあります．しかしメモリが2画面分になりますし，マイコンには処理が重過ぎます．

そこで簡易的に確認する方法として画面内の色や明るさの変化を検知します．色（UV）は上述の通り，RAVE，BAVEの値で分かります．また輝度YはGbAVE（0x06）を読み出すことで分かります．この方法なら，常時3バイト分のデータを確認すればよいので，処理速度の遅いマイコンでも検知が可能になります．

一歩進んだ使い方

● **ライン・トレース・カーとして使う**

ラインのトレースに使うためのアイディアを紹介します．図11のように画面上で三つの領域のデータを読み出します．一度に3ヵ所のデータは読み出せないので，1ヵ所ずつ設定を変えて順次読み出します．得られた三つのデータのY成分だけを見て，ラインに乗っているかどうかの判定をマイコンで行います．中央が黒，両脇が白ならばライン上であると判断できます．両脇のどちらかが黒になり中央が白になったら，コースを外れているのことになるので，方向を変えます．

表1 カメラA，Bに内蔵されているCMOSイメージ・センサOV7670のレジスター覧

アドレス(Hex)	レジスタ名 Name	初期値(Hex)	R/W	Bit	説明	筆者による補足
00	GAIN	0	RW		AGCゲイン・セッティング AGC [7:0]（AGC [9:8] は VREF [7:6]） 範囲：[00] ～ [FF]	AGCがOFFのときには設定値がそのまま反映されるが，ONのときは自動的に上書きされてしまう
01	BLUE	80	RW		AWB 青チャネル・ゲイン・セッティング 範囲：[00] ～ [FF]	AWBがOFFのときには設定値がそのまま反映されるが，ONのときは自動的に上書きされてしまう
02	RED	80	RW		AWB 赤チャネル・ゲイン・セッティング 範囲：[00] ～ [FF]	AWBがOFFのときには設定値がそのまま反映されるが，ONのときは自動的に上書きされてしまう
03	VREF	0	RW		垂直フレーム・コントロール	
				7-6	AGC [9:8]（AGC [7:0] は GAIN [7:0]）	AGCがOFFのときには設定値がそのまま反映されるが，ONのときは自動的に上書きされてしまう
				5-4	予約	
				3-2	VSTOPの下位2ビット	V読み出し範囲設定
				1-0	VSTARTの下位2ビット	V読み出し範囲設定
04	COM1	0	RW		コモン・コントロール1	
				7	予約	
				6	CCIR656フォーマット 0：無効　　1：有効	
				5-2	予約	
				1-0	AEC [1:0] （AEC [15:10] は AECHH，AEC [9:2] は AECH）	AECがOFFのときには設定値がそのまま反映されるが，ONのときは自動的に上書きされてしまう
05	BAVE	0	RW		U/B 平均レベル 値は自動的に更新される	画面全体の平均レベル．値そのものは内部値なので相対値として使う
06	GbAVE	0	RW		Y/Gb 平均レベル 値は自動的に更新される	画面全体の平均レベル．値そのものは内部値なので相対値として使う
07	AECHH	0	RW		露出値 - AEC MSB5ビット	
				7-6	予約	
				5-0	AEC [15:10] （AEC [9:2] は AECH，AEC [1:0] は COM1）	AECがOFFのときには設定値がそのまま反映されるが，ONのときは自動的に上書きされてしまう
08	RAVE	0	RW		V/R 平均レベル 値は自動的に更新される	画面全体の平均レベル．値そのものは内部値なので相対値として使う
09	COM2	1	RW		コモン・コントロール2	
				7-5	予約	
				4	ソフト・スリープ・モード	1でカメラ全体がスリープされる．0で復帰
				3-2	予約	
				1-0	出力ドライブ能力 00：1x　　01：2x　　10：3x　　11：4x	出力の駆動能力（電流）を変更．負荷に応じて変更する
0C	COM3	0	RW		コモン・コントロール3	
				7	予約	
				6	出力データのMSBとLSBを入れ替え	D0 ～ D7を逆に入れ替える
				5	電源OFFのトライステート設定（クロック） 0：トライステート 1：非トライステート	複数のカメラ・モジュールのバス・ラインを共用する場合などに使用する．カメラ電源OFF時に他のカメラに影響を与えないためにはトライステート設定にする
				4	電源OFFのトライステート設定（出力データ） 0：トライステート　1：非トライステート	複数のカメラ・モジュールのバス・ラインを共用する場合などに使用する．カメラ電源OFF時に他のカメラに影響を与えないためにはトライステート設定にする

表1 カメラA, Bに内蔵されているCMOSイメージ・センサOV7670のレジスタ一覧(つづき)

アドレス (Hex)	レジスタ名 Name	初期値 (Hex)	R/W	Bit	説明	筆者による補足
(つづき) 0C	(つづき) COM3	(つづき) 0	(つづき) RW	3	スケーリング設定 0：無効　1：有効 COM7[5:3]のフォーマットを使用する場合はマニュアル調整のためにCOM14[3]を1にする	スケーリングの設定
				2	DCW設定 0：無効　1：有効 COM7[5:3]のフォーマットを使用する場合はマニュアル調整のためにCOM14[3]を1にする	ダウン・サンプリング，クランピング，ウィンドウイング(DCW)の設定
				1-0	予約	
0D	COM4	0	RW		コモン・コントロール4	
				7-6	予約	
				5-4	平均化オプション (COM17[7:6]も同じ値にセットする) 00：Full window　　10：1/4 window 01：1/2 window　　11：1/4 window	画面の平均データを計算する際の画面範囲を決める．測光ウィンドウ設定と同義
				3-0	予約	
0F	COM6	43	RW		コモン・コントロール6	
				7	オプティカル・ブラック・ライン出力オプション 0：HREFを出力しない 1：HREFを出力する	オプティカル・ブラック出力時にHREFを出すかどうかの設定
				6-2	予約	
				1	フォーマット変更時に全タイミングをリセットする 0：リセットしない　　1：リセットする	
				0	予約	
10	AECH	40	RW		露出値	
				7-0	AEC[9:2]（AEC[15:10]はAECHH，AEC[1:0]はCOM1）	AECがOFFのときには設定値がそのまま反映されるが，ONのときは自動的に上書きされてしまう
11	CLKRC	80	RW		内部クロック	
				7	予約	
				6	入力クロックをそのまま使用 (内蔵分周器を使用しない)	
				5-0	内蔵分周器使用 $F(内部クロック) = \dfrac{F(入力クロック)}{(\text{Bit}[5:0]+1)}$ 範囲：[0 0000]～[1 1111]	
12	COM7	0	RW		コモン・コントロール7	
				7	SCCBレジスタ・リセット 0：リセットしない　　1：リセットする	全レジスタを初期化する．電源投入直後と同等になる
				6	予約	
				5	出力フォーマット - CIF 選択	出力フォーマットを指定できるはずなのだが，筆者の環境では設定できなかった
				4	出力フォーマット - QVGA 選択	出力フォーマットを指定できるはずなのだが，筆者の環境では設定できなかった
				3	出力フォーマット - QCIF 選択	出力フォーマットを指定できるはずなのだが，筆者の環境では設定できなかった
				2	出力フォーマット - RGB 選択(以下参照)	YUV/RGB/Bayerの切り替え
				1	カラー・バー　0：無効　　1：有効	出力にカラー・バーを出す．テスト用
				0	出力フォーマット - Raw RGB(以下参照) 　　　　　　　　　COM7[2]　　COM7[0] YUV　　　　　　　　0　　　　　0 RGB　　　　　　　　1　　　　　0 Bayer RAW　　　　　0　　　　　1 プロセス後Bayer RAW　1　　　　　1	YUV/RGB/Bayerの切り替え 後段のシステムに合わせて反映する
13	COM8	8F	RW		コモン・コントロール8	
				7	高速AGC/AECアルゴリズム有効	AEC/AGCの動作を高速にする
				6	AEC - ステップ・サイズ・リミット 0：ステップ・サイズは垂直ブランキングにより制限 1：ステップ・サイズ無制限	AECの変化速度にリミットをかける．急激なシャッタ速度の変更は画像の変化が激しい

表1 カメラA，Bに内蔵されているCMOSイメージ・センサOV7670のレジスター覧（つづき）

アドレス (Hex)	レジスタ名 Name	初期値 (Hex)	R/W	Bit	説 明	筆者による補足
（つづき） 13	（つづき） COM8	（つづき） 8F	（つづき） RW	5	バンディング・フィルタON/OFF　0：OFF　1：ON　ON時はBD50ST（0x9D）あるいはBD60ST（0x9E）を0以外の値にセットする	電源周波数による濃淡の縞（フリッカ）をフィルタリングする
				4-3	予約	
				2	AGC 有効	AGCのON/OFF
				1	AWB 有効	AWBのON/OFF
				0	AEC 有効	AECのON/OFF
14	COM9	4A	RW		コモン・コントロール9	
				7	予約	
				6-4	オート・ゲイン・コントロール最大値　000：2x　100：32x　001：4x　101：64x　010：8x　110：128x　011：16x　111：設定禁止	AGCの上限を設定する．あまり上げすぎるとノイズが増えるので画質を見ながら設定する
				3-1	予約	
				0	AGC/AEC固定	AGC/AECの動作を一時停止する
15	COM10	0	RW		コモン・コントロール10	
				7	予約	
				6	HREFはHSYNCとともに変化	HSYNCは外部に出力されているわけではないので，あまり気にする必要はない
				5	PCLK出力オプション　0：PCLK常時出力　1：PCLK水平ブランキング中停止	外部メモリに取り込むときなど，ブランキング中に停止にしておく．CLKを取り込みラッチに使うと有効データだけが取り込めて便利
				4	PCLK極性反転	後段のシステムに合わせて反映する
				3	HREF極性反転	極性反転．標準はHアクティブ．HSYNCと思えばよい
				2	VSYNCオプション　0：VSYNCはPCLKの立ち下がりで変化する　1：VSYNCはPCLKの立ち上がりで変化する	後段のシステムに合わせて反映する
				1	VSYNCネガティブ	極性反転．標準はLアクティブなので反転すると通常の同期信号になる
				0	HSYNCネガティブ	HSYNCは外部に出力されているわけではないので，あまり気にする必要はない
17	HSTART	11	RW		水平フレーム・スタート上位8ビット（下位3ビットはHREF［2：0］）	読み出し範囲設定
18	HSTOP	61	RW		水平フレーム・ストップ（下位3ビットはHREF［5：3］）	読み出し範囲設定
19	VSTRT	3	RW		垂直フレーム・スタート上位8ビット（下位2ビットはVREF［1：0］）	読み出し範囲設定
1A	VSTOP	7B	RW		垂直フレーム・ストップ上位8ビット（下位2ビットはVREF［3：2］）	読み出し範囲設定
1B	PSHFT	0	RW		ピクセル・ディレイ・セレクト（HREFに対するD［7：0］データのディレイ（画素単位））範囲：［00］（遅延なし）〜［FF］（256画素）	HREFに対して遅延をかけたい時に使用．HREFで割り込みをかけて，データ取り込み準備期間が欲しい時等にディレイを入れると良い
1E	MVFP	1	RW		Mirror/VFlip 有効	
				7-6	予約	
				5	Mirror　0：ノーマル　1：左右反転	画面反転設定
				4	VFlip　0：ノーマル　1：上下反転	画面反転設定
				3	予約	
				2	太陽黒対応 有効	太陽などの高輝度光源を撮像すると，黒くなってしまう現象を補正する機能
				1-0	予約	
20	ADCCTR0	4	RW		ADC コントロール	
				7-4	予約	本文参照
				3	ADC 範囲調整　0：1倍　1：1.5倍	

アドレス(Hex)	レジスタ名 Name	初期値(Hex)	R/W	Bit	説　明	筆者による補足
(つづき) 20	(つづき) ADCCTR0	(つづき) 4	(つづき) RW	2-0	ADCリファレンス調整 000：0.8倍　100：1倍　111：1.2倍	
2F	YAVE	0	RW		Y/Gチャネル平均値	画面全体の平均レベル． 値そのものは内部値なので相対値として使う
32	HREF	80	RW		HREFコントロール	
				7-6	HREFエッジ・オフセット	データ出力に対するHREFエッジのオフセット設定
				5-3	水平フレーム・ストップ下位3ビット (上位8ビットはHSTOP)	読み出し範囲設定
				2-0	水平フレーム・スタート下位3ビット (上位8ビットはHSTART)	読み出し範囲設定
3A	TSLB	0D	RW		ライン・バッファー・テスト・オプション	
				7-6	予約	
				5	ネガポジ反転　0：ポジ　1：ネガ	
				4	UV 出力値 0：通常UV 出力 1：固定UV値(MANU, MANVで設定された値)	UVを固定値にする．つまり色信号は固定値になる．画面を白黒やセピア調にするときなどに使用する
				3	出力シーケンス(COM13 [0] との組み合わせ) TSLB [3], COM13 [1] 00：YUYV　01：YVYU　10：UYVY 11：VYUY	YUV出力順番の変更． 後段のシステムに合わせて変更
				2-1	予約	
				0	出力ウィンドウ自動設定 0：センサは解像度変換後，自動的にウィンドウをセットしない．バックエンド・プロセッサは出力ウィンドウを独立して設定できる 1：センサは解像度変換後，自動的にウィンドウをセットする．バックエンド・プロセッサは出力ウィンドウを次のVSYNCパルスで調整すること	
3B	COM11	0	RW		コモン・コントロール 11	
				7	ナイト・モード　0：OFF　1：ON フレーム・レートは自動的に落ちる． 最小フレーム・レートはCOM11 [6:5] で設定した値に制限される． ADVFHとADVFLは自動的に変更される	暗いところになると，フレーム・レートが自動的に遅くなり，シャッタ速度が遅くなる
				6-5	ナイト・モード時の最小フレーム・レート 00：ノーマル・モードと同じ 01：ノーマル・モードの1/2 10：ノーマル・モードの1/4 11：ノーマル・モードの1/8	
				4	D56オート(フリッカ検出) 0：50/60Hz自動検出 OFF 1：50/60Hz自動検出 ON	フリッカの自動検出設定
				3	バンディング・フィルタ値 選択 0：BD60ST [7:0] を選択(60 Hz) 1：BD50ST [7:0] を選択(50 Hz)	電源周波数設定(50 Hz/60 Hz)
				2	予約	
				1	明るい場所でのバンディング・フィルタ値以下の露出設定を許可する	フリッカ・キャンセルは電源周波数に同期したシャッタ設定(1/100 s, 1/120 s)が必要だが，明るいところではシャッタ速度を短くしないと飽和してしまう．その短いシャッタ設定を許可するかどうかのフラグ
				0	予約	
3D	COM13	88	RW		コモン・コントロール 13	
				7	ガンマ有効	
				6	UV飽和レベル - UV自動設定． 結果はSATCTR [3:0] に格納される	
				5-1	予約	

表1 カメラA, Bに内蔵されているCMOSイメージ・センサOV7670のレジスタ一覧（つづき）

アドレス (Hex)	レジスタ名 Name	初期値 (Hex)	R/W	Bit	説 明	筆者による補足
（つづき） 3D	（つづき） COM13	（つづき） 88	（つづき） RW	0	UV入れ替え（TSLB [3] との組み合わせ） TSLB [3], COM13 [1] 00：YUYU 01：YVYU 10：UYVY 11：VYUY	YUV出力順番の変更． 後段のシステムに合わせて変更
40	COM15	C0	RW		コモン・コントロール15	
				7-6	データ・フォーマット - 出力範囲 0x：出力 範囲：[10] ～ [F0] 10：出力 範囲：[01] ～ [FE] 11：出力 範囲：[00] ～ [FF]	Yレベルの出力範囲設定．0x10～0xF0はいわゆるディジタル・ビデオ信号の設定．0x01～0xFE, 0xFFは8ビット・フルレンジ出力になるが，0xFEで制限をかけているのは，後段のシステムによっては0xFFを特殊なフラグとして用いている場合があるのでその対応
				5-4	RGB555/565オプション （COM7 [2] =1, COM7 [0] =0に設定時） x0：通常RGB出力 01：RGB565（RGB444 [1] =0時だけ有効） 11：RGB555（RGB444 [1] =0時だけ有効）	RGB565, 555の切り替え
				3-0	予約	
4F	MTX1	40	RW		カラー・マトリクス係数1	カラー・マトリクス設定は，通常，センサのRGB感度比の補正に使われるが，本章では色飽和度の設定に使っている
50	MTX2	34	RW		カラー・マトリクス係数2	
51	MTX3	0C	RW		カラー・マトリクス係数3	
52	MTX4	17	RW		カラー・マトリクス係数4	
53	MTX5	29	RW		カラー・マトリクス係数5	
54	MTX6	40	RW		カラー・マトリクス係数6	
55	BRIGHT	0	RW		ブライトネス・コントロール	ブライトネスが映像信号に固定値のオフセットをかける処理
56	CONTRAS	40	RW		コントラスト・コントロール	コントラストは映像信号にゲインをかける処理
57	CONTRAS -CENTER	80	RW		コントラスト・センタ	
58	MTXS	1E	RW		マトリクス係数極性	カラー・マトリクス設定は，通常，センサのRGB感度比の補正に使われるが，本章では色飽和度の設定に使っている
				7	オート・コントラスト・センタ 0：無効．センタ値はCONTRAS-CENTERで設定される 1：有効．CONTRAS-CENTERは自動的に更新される	
				6	予約	
				5-0	マトリクス係数極性 0：プラス 1：マイナス	
67	MANU	80	RW		マニュアルU値（TSLB [4] =1時有効）	U固定値設定
68	MANV	80	RW		マニュアルV値（TSLB [4] =1時有効）	V固定値設定
6A	GGAIN	0	RW		GチャネルAWBゲイン	AWB Gゲイン設定．通常のAWBではGは固定でBとRのゲインを変更して，WBを変更するが，ベースのGの値を変更したい場合に使用する
6B	DBLV	0A	RW	7-6	PLLコントロール 00：PLLバイパス 10：入力クロック×6 01：入力クロック×4 11：入力クロック×8	入力クロックのPLL設定
8C	RGB444	0	RW	7-2	予約	RGB444の設定
				1	RGB444有効（COM15 [4] =1時） 0：無効 1：有効	
				0	RGB444フォーマット 0：xRGB 1：RGBx	
92	DM_LNL	0	RW		ダミー・ライン下位8ビット	ダミー・ライン数設定
93	DM_LNH	0	RW		ダミー・ライン上位8ビット	ダミー・ライン数設定

（初出：「トランジスタ技術」 2012年3月号 特集第1章）

Appendix A

ビギナ向けマイコン・ボード Arduinoを改造！

カメラのレジスタを設定する USB書き込み器の製作

エンヤ ヒロカズ

パソコンを使って（USBを利用して），カメラ・モジュール（カメラAとB）の値を変更するテクニックを紹介します．カメラの設定は，パソコンを使うほうが手っ取り早く変更できます．

● パソコンのUSB経由でカメラ・モジュールの設定を書き換えられるインターフェース基板を準備する

第1章では，マイコンからカメラ・モジュール（カメラAとB）のレジスタに指令を送る方法を説明しました．実際の開発作業では，ひんぱんにカメラ・モジュール内のレジスタの内容を変えたい場合があります．マイコンでレジスタを変更するとなると，ソース変更→コンパイル→ターゲット・マイコンへ転送と，作業が煩雑です．

● ビギナ向けマイコン・ボードを改造するのが手っ取り早い

そこでパソコンから簡単にカメラ・モジュールのレジスタを制御するツールを制作しました．このツール上にはArduino(ejackino)マイコンを搭載しています．パソコンからはシリアルでアクセスして，Arduino内でI^2Cに変換します（写真1）．

Arduinoの改造

● Arduinoの電源電圧を5Vから3Vに変更する

Arduinoは通常5Vで動作します．3Vで動作するカメラ・モジュールと接続するためには，電圧変換ICが必要になります．今回はArduinoを保証外の3Vで動かしています．

具体的な方法を図1に示します．USB-シリアル変換IC FT2232Cは動作に5Vが必要なので，USBのバス・パワーの5Vを使用し，そこからLM317で3Vを作り，FT2232CのI/O端子やマイコン（ATmega168）に供給しています．Arduinoにはエレキジャック（CQ出版社）のeJachinoを使っていますが，Arduinoまたは互換機であれば使用できると思います．

● カメラとの接続

ArduinoのI^2Cの端子 SDAはアナログ入力ピン4に，SCLはアナログ入力ピン5に接続しました．接続を写真1に示します．

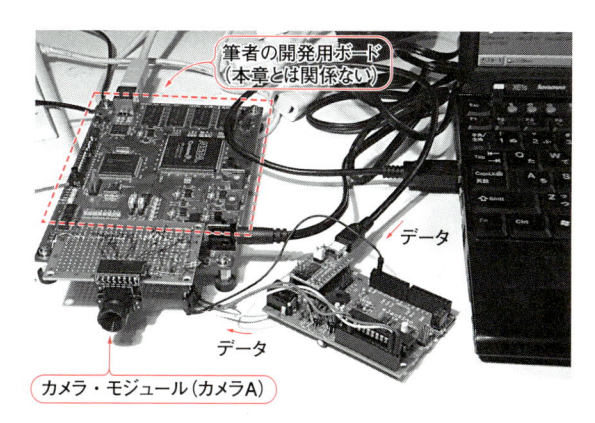

(a) USB書き込み基板の外観（Arduinoを改造）
(b) パソコンからカメラへ設定データ書き込んでいるところ

写真1 パソコンからUSB経由でカメラ・モジュール（カメラAとB）を制御する書き込み器

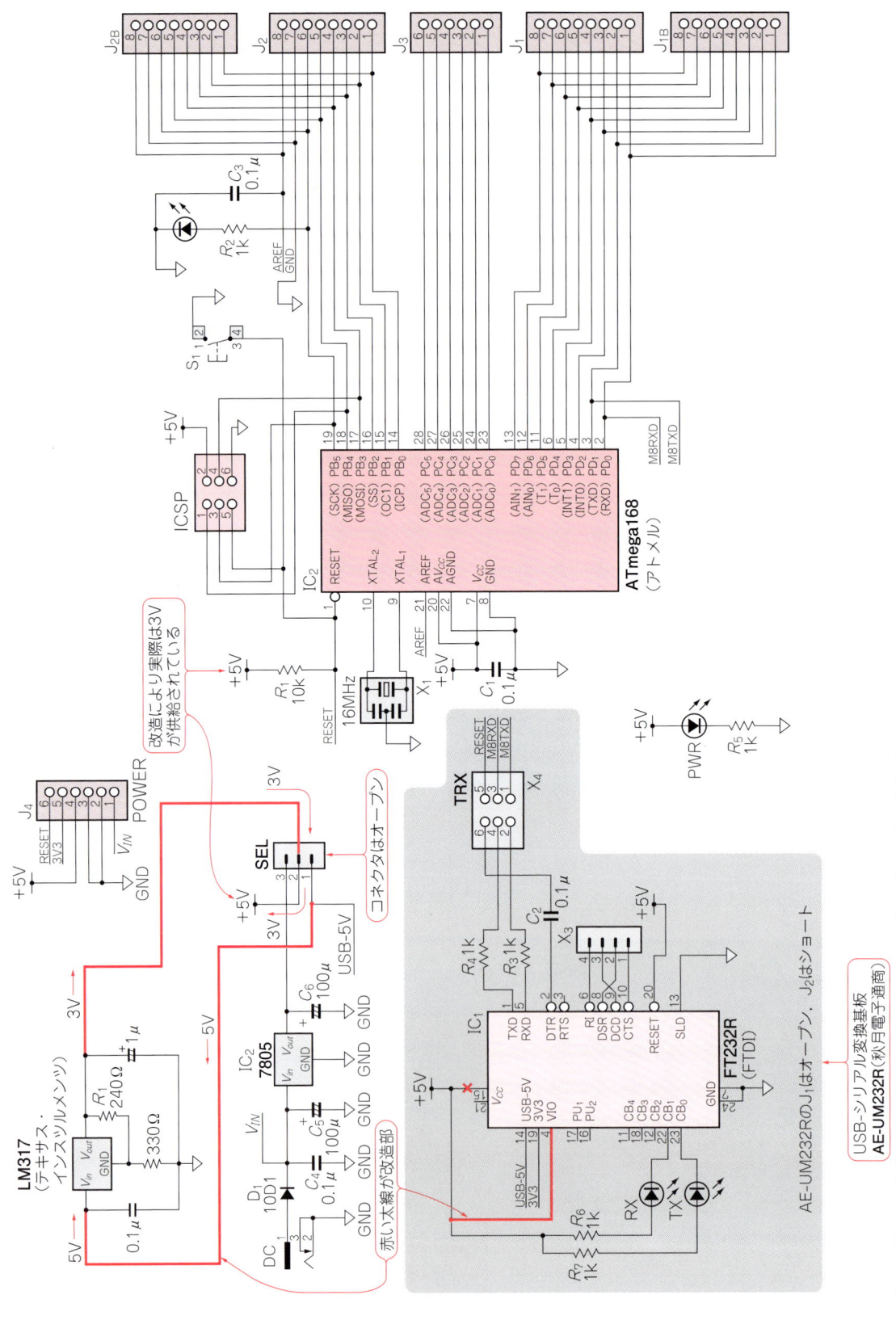

図1 電源の仕様が5Vのマイコン・ボードArduinoを3Vで動くように改造する
カメラ・モジュールが3Vで動作するため、信号線を3Vにしたかった。

28　Appendix A　カメラのレジスタを設定するUSB書き込み器の製作

写真2 ターミナル・ソフトウェアTera Termを起動してコマンドを打ち込む
リアルタイムにカメラ・モジュールの値を変えられる．

表1 カメラAの設定のために用意したTera Termのマクロ
トランジスタ技術誌ウェブサイト(http://toragi.cqpub.co.jp/)からもダウンロードできる．

提供するマクロ	機　能
color_+1.ttl	色飽和度を+1する
color_+2.ttl	色飽和度を+2する
color_-1.ttl	色飽和度を-1する
color_-2.ttl	色飽和度を-2する
color_00.ttl	色飽和度を標準にする
def_org_linux_driver.ttl	linuxドライバ(第1章で解説済み)と同じ初期化をする
reset.ttl	レジスタ設定を電源投入直後にリセットする
size_QQVGA.ttl	画面サイズをQQVGA(160×120)に変更する
size_QVGA.ttl	画面サイズをQVGA(320×240)に変更する
size_VGA.ttl	画面サイズをVGA(640×480)に変更する

書き込み器(Arduino)の ソフトウェア

■ ユーザ・インターフェース

　パソコンからは，コマンドをタイピングするデバッガ風にしています(写真2)．コマンドは読み/書きの2種類で，wコマンドでデータを書き込み，rコマンドでデータを読み出します．データ読み書きのバイト数は1としました．
　パソコン側でカメラ・モジュールへのコマンドを生成しています．ただし今回は細かい文法チェックをしていないので，タイピングの際に変なコマンドを打ち込むと思わぬ動作をする可能性があります．
　Tera Termのマクロはダウンロード・データとして提供します．表1にマクロ一覧を示します．

■ ArduinoとカメラAとの通信

　Arduinoに関するソフトウェアは，標準でシリアル通信とI2C通信のライブラリ(Serial，Wire)がありますので，比較的簡単に実装できました．これもダウンロード・データとして提供します．

● 初期化

　setup()でシリアルとI2Cの初期化をしています．

```
Serial.begin(9600);
```

でシリアルの初期化を行い，9600 bpsに設定します．ボー・レートはもっと速い速度でも大丈夫ですが，私の使用方法では実用上速度が気にならなかったのでこの速度にしています．
　次にI2Cの初期化ですが，

```
Wire.begin();
```

でI2Cをマスタ・モードで初期化を行っています．

● メイン・ルーチン

　メイン・ルーチンはloop()です．流れとしては，

シリアルからコマンド入力
　コマンド解析
　コマンド分岐
　　wコマンドの場合
　　　不要なスペースの削除
　　　アドレス，データの分解
　　　I2C送信
　　rコマンドの場合
　　　不要なスペースの削除
　　　アドレスの分解
　　　I2C送信
　　　I2Cデータ受信
　　　データ表示

となっています．詳細はソース・ファイルを参照してほしいと思いますが，ここではI2Cの部分について解説します．

▶ I2C送信部分(カメラ・モジュールへの書き込み)

```
Wire.beginTransmission(0x21);
                    //write 0x42 read 0x43
Wire.send(address);
Wire.send(data);
Wire.endTransmission();
```

　1行目でI2Cのスタート・コンディション発生，アドレス指定を行います．アドレスは上位7ビットを指定します．OV7670のI2Cアドレスは0x42(送信)，0x43(受信)なので，0X21を指定します．Wire.sendでデータを送り，4行目でストップ・コンディションを発生させ，終了します．

▶ I2C受信部分(カメラ・モジュールからの読み出し)

```
Wire.beginTransmission(0x21);
                    //write 0x42 read 0x43
```

```
Wire.send(address);
Wire.endTransmission();
Wire.requestFrom(0x21,1);
data=Wire.receive();
```

受信は，まずレジスタ・アドレスの指定を行います．`Wire.beginTransmission` ～ `Wire.endTrans mission`ですが，ここは送信データがアドレスの1バイトだけを送れば良いので送信部分と同じです．その後，`Wire.requestFrom`で受信要求を行い，`Wire.receive`でデータ受信を行います．

● パソコンからカメラへの指令はTera Termで入力する

パソコンからは一般的なターミナル・ソフトでアクセスします．専用アプリなどは不要で，今回はフリーウェアのTera Termを使用しました．起動すると，

```
>
```

とプロンプトが出ますので，ここでコマンドを投入します．コマンドはw，rの2種類で，書式は以下の通りです．

```
>wアドレス・データ
>rアドレス
```

Tera Termはマクロを使うことができ，複数デー タの書き込みなどに非常に便利です．以下にマクロのスクリプト例を示します．

```
;Color Saturation+2
sendln"W 4f e0"
wait">"
sendln "W 50 c0"
wait">"
sendln "W 51 00"
wait">"
sendln "W 52 33"
wait">"
sendln"W 53 8d"
wait">"
sendln"W 54 c0"
wait">"
sendln"W 58 9e"
wait">"
```

`sendln`～の部分でデータを書き込みます．連続して送ってしまいエラーにならないように，`wait`コマンドで次行のプロンプト(>)が現れるまで待つようにしています．皆さんも是非とも使ってみてください（ソース・コード，参考マクロはダウンロードできます）．

（初出：「トランジスタ技術」 2012年3月号　特集Appendix 1）

Arduinoの電源電圧は動作周波数に依存する　Column

● 電源電圧3Vのときは16 MHzで動かせない

本文の中で，3Vでの動作は保証外と記載しましたが，不思議に思われる方もいたかと思います．Arduino Duemilanoveに使われているATMEGA168の仕様書を見ると，動作電源電圧範囲は1.8 V～5.5 Vとなっています．しかしこれには制約があり，動作周波数によって電源電圧範囲が変わってしまうのです．仕様書ではSpeed Gradeの項目に，

0 ～ 4 MHz ：1.8 ～ 5.5 V
0 ～ 10 MHz：2.7 ～ 5.5 V
0 ～ 20 MHz：4.5 ～ 5.5 V

と記載されています．Arduinoの動作周波数は16 MHzですので，仕様書上で保証されている動作電圧の下限は4.5 Vとなります．

今回の実験では16 MHzのまま3 Vで動作させています．室内環境では問題ありませんでしたが，動作温度範囲の上限/下限や個体ばらつきなどを考慮すると，このような使用方法は実験レベルにとどめるべきです．

● 3V動作時は8 MHzで動かす，その際の変更点

3V動作時の保証されている周波数は10 MHzまでです．そこで16 MHzのクロックを半分の8 MHzにすることを考えます．実際の改造はクロック（水晶またはセラミック発振子）を8 MHzに変更するだけです．これでハードウェアの準備は整いました．

次にソフトウェア側の変更ですが，ソース上で速度に関する部分がすべて2倍の時間になります．シリアルは4800 bpsになります．9600 bpsのままにしたければ，19200 bpsの設定にします．I²C側は特に変更は必要ありません．実際にI²Cの通信速度は半分になりますが，もともとI²C規格はクロックの規定が100 kHz～400 kHzと広く，多少クロックが変わってもデバイス側で吸収できます．

ソースの表記と実際の動作が異なるのが気になる場合は，デバイスを変更します．ArduinoのTools→Boardでターゲットの変更ができます．8MHz駆動のArduinoはArduino ProまたはPro miniです．これによりソース・コードの変更は不要になります．

第2章 撮影感覚でお手軽測定！輝度分布も取れちゃう

明るさ検出器の製作実験

漆谷 正義

ターゲットにカメラを向けてカシャッと気楽に撮影するだけで明るさが測れる測定器を作ることができました．測定位置が限定的な照度計よりもとても測定が簡単です．

カメラA（p.6～p.7参照）とPICマイコンを使って3ルクス～800ルクスを測れる明るさ検出器（照度センサ）を作ります．カメラ・モジュール内にある自動露出の設定値を読み出し，これを照度に換算します．PICマイコンのプログラムはトランジスタ技術SPECIALのウェブ・ページから入手できますので，ハードウェアを準備し，少しはんだ付けするだけです．

製作した明るさ検出器の利点を下記に示します．

(1) 数ルクスの明るさも正確に測れる

CdSやフォト・ダイオードでは，照度の低下に比例して出力電流も低下します．微小電流を正確に検出するためのアナログ回路技術が求められます．

カメラ・モジュールは明るさをディジタル値で出力してくれるため，微小値の読み取りが簡単です．

(2) 被写体から数十cm離れていても測定できる

CdSやフォト・ダイオードを使う場合，被写体の真上/真横までセンサを持っていく必要があります．カメラ・モジュールなら数十cm離れていても測定できます．

(3) 被写体の一部分の照度を検出できる

CdSやフォト・ダイオードの場合，測定したい各ポイントへセンサを動かし，その場で値を読み取る必要があり，測定に時間を要します．カメラ・モジュールなら測定したいエリアにカメラを向けるだけなので，測定に時間が掛かりません．

(a) 手作り照度計

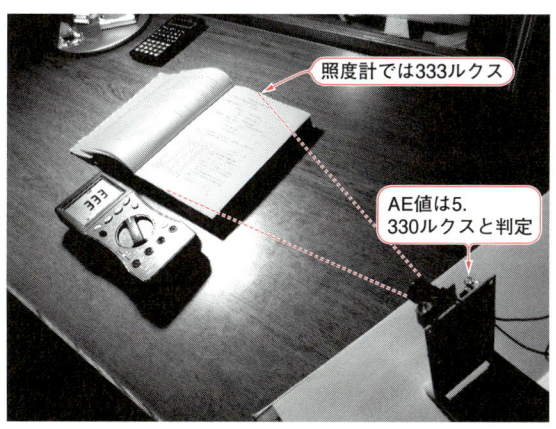

(b) 読書机の照度を測定

(c) パソコン・ディスプレイの照度を測定

写真1　カメラAを使って照度計を製作
通常の照度計は，照度を測定したい場所に本体を持っていく必要がある．カメラ・モジュールを使えば数十cm離れていても測定できる．

▶本書関連プログラムはトランジスタ技術SPECIAL No.124の弊社ウェブ・ページにまとめて掲載する予定です．

■ 実験結果

● 3～800ルクスの範囲を誤差±10％で検出できた

製作した手作り照度計の外観を**写真1**に，カメラのAE値と実際の明るさの実測値の関係を**図1**に示します．約3ルクス～800ルクスの範囲を，ほぼ正確に測定できています．

例えば読書机の照度は333ルクスでした．手作り照度計の読み値（AE値，後述）は5（223ルクス）でした．パソコン・ディスプレイは40ルクス，簡易照度計の読みは22（56ルクス）でした．夜景は6ルクス，簡易照度計の読み値は253（6ルクス）でした．AE値から照度 L_x [lx] を求めるために，**図1**から得た次式を利用しています．

$$\log_{10}(L_x) = -0.93\log_{10}(A_E) + 3.0$$

なお，基準となる照度計には日置電機のルクスハイテスタ3423を使いました（**写真2**）．

測定方法

● イメージ・センサOV7670の自動露出機能を活用する

本書で使うカメラに搭載されているイメージ・センサOV7670（オムニビジョン）は，カメラ内部の状態を設定したり読み取ったりすることが簡単にできます．

カメラ内部の状態で，照度に関係するのはAE（自動露出 Auto Exposureの略）という機能です．AEのほかに明るさに関係するのはゲインを調整するAGC（Automatic Gain Control）です．AEは，イメージ・センサの受光面に，暗すぎず明るすぎない適切な光量を与えます．

AEとAGCの違いは，AEが入射光量を加減するのに対し，AGCはセンサ出力の増幅度を変化させることです．AEの入射光量の調節方法は，カメラAの場合，人間の眼の瞳や機械式カメラの絞りのような機械的なものではなく，電荷蓄積時間をフィールドごとに連続的に変化させることで実現しています．

暗い画面をAEなしで，AGCだけで増幅してもノイズが増えるだけです．AEを使って入射光量を増やすとS/Nを改善できます．従って入射光量に応じてまずAEを調整し，AGCは補助的な手段として使います．AGCは，ほとんど動作しないことがあるので，照度の検出方法としては適切ではありません．

AEの制御量を読み取れば，入射光量，つまり被写体の照度を知ることができます．製作した装置で1ルクス近辺を測定するためには，AECレジスタの上位，AECHHの値を知る必要があります．この場合，上位AECHHと下位AECHを1秒ごとに交互に表示し，他のLEDでどちらのデータであるか区別します．

● AEの動作とAEC値の意味

AEC値について詳しく説明します．**図2**を見てください．イメージ・センサの各ピクセルには，フォト・ダイオードが埋め込まれています．光が当たるとフォト・ダイオードの電流が増えて，スイッチが閉じている場合はこの電流はC_Xを充電します．C_Xが充電されたらスイッチを開き，C_Xにたまった電荷をFDアンプで電圧に変換します．この電圧は（光量×蓄積時間）に比例します．A-D変換によってディジタル信号にした後，明るさ検出回路で，R，G，Bなどの画素信号から輝度成分Yを取り出します．これがAEC値で，蓄積時間を変化させるためのパルス幅作成回路を駆動します．

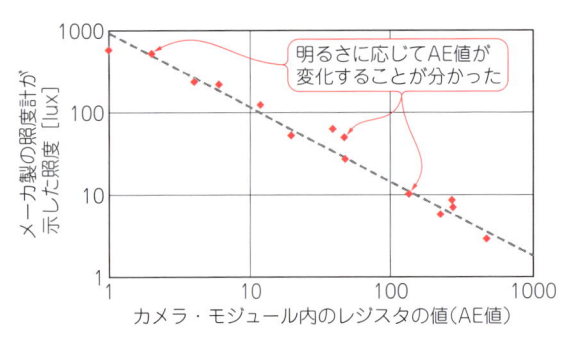

図1 カメラのAE値と実際の明るさの関係

写真2 照度の基準器には日置電機のルクスハイテスタ3423（取引証明検定付き）を用いた

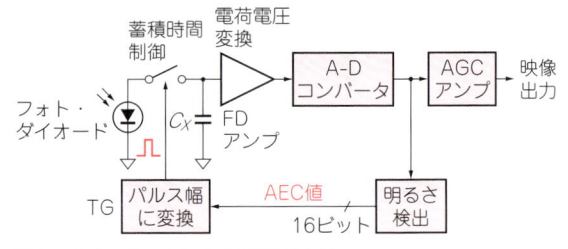

図2 イメージ・センサのAEC値とは

```
AECHH 0x07        AECH 0x10        COM1 0x04
┌─┬─┬─┬─┬─┬─┬─┬─┐ ┌─┬─┬─┬─┬─┬─┬─┬─┐ ┌─┬─┬─┬─┬─┬─┬─┬─┐
│7│6│5│4│3│2│1│0│ │7│6│5│4│3│2│1│0│ │7│6│5│4│3│2│1│0│
├─┼─┼─┼─┼─┼─┼─┼─┤ ├─┼─┼─┼─┼─┼─┼─┼─┤ ├─┼─┼─┼─┼─┼─┼─┼─┤
│X│X│15│14│13│12│11│10│ │9│8│7│6│5│4│3│2│ │X│X│X│X│X│X│1│0│
└─┴─┴─┴─┴─┴─┴─┴─┘ └─┴─┴─┴─┴─┴─┴─┴─┘ └─┴─┴─┴─┴─┴─┴─┴─┘
```

図3　OV7670のレジスタにAEC値がどのように格納されるのか

● **AEC値は16ビットのディジタル値**

　AEC値の意味が分かったところで，このデータの中身を見てみましょう．図3にOV7670の中にあるレジスタ値を示します．

　三つのレジスタのうち，AECHHに値が入るのは，1ルクス以下の非常に暗い場合です．COM1の下位2ビットは数百ルクス以上の測定に必要です．プログラムでは，一定周期ごとにAECHとCOM1(下位2ビット)を読んで，これを直接LEDに表示しました．

● **AECレジスタの読み出し手順**

　マイコンを使ったAECレジスタ0x10の読み出し手順は，

(1) 0x42…I²Cスレーブ・アドレス(カメラへ書き込み)
(2) 0x10…読み出すレジスタのアドレス0x10を書き込む
(3) 0x43…I²Cスレーブ・アドレス(カメラへ値を読み出したいと通知)
(4) read…読み出したデータ(カメラからの応答値)

の順です．下位レジスタCOM1も同様です．

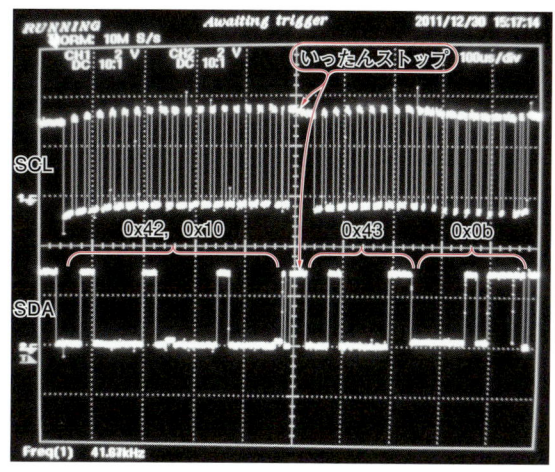

写真3　読み出したAEC値(明るさを示す値)

　しかし，この通りにしてもうまくいきません．(1)(2)の後でいったんStopを入れ，(3)の前で，Startで再開するとうまくいきました．写真3はAEC値を読み出しているところです．上記(4)のreadデータは，0x0b(00001011)が返っています．

　SCCBの読み出しができたかどうかは，カメラAのプロダクト・ナンバ(0x0aか0x0b)を読み出して，何らかの値がLEDに表示されれば成功したと考えてよいでしょう．周囲を暗くしてAECの値が変化すれば，カメラも動作しているはずです．

カメラAのピントを合わせる方法　　　Column

　通常はカメラの画像をチェックする小型LCD(液晶ディスプレイ)が必須です．小型LCDがないとピントが合っているかどうか分かりません．

　そこでレンズ・ギャップとネジ山の数から，だいたいのピントを合わせる方法を説明します．

　カメラAのレンズ・ユニットの回転部と固定部のつなぎ目部分を図Aに示します．レンズを回転させると，ギャップgとネジ山の数が変化します．図Bはgと被写体までの距離との実測結果です．ピントの合う範囲は極めて狭く，ねじ山で数えると次のようになりました．対象までの距離が，

　　1 cm…6山
　　2 cm～3 cm…5山
　　3 cm以上…4山

　従って4山近辺にしておけば，およそのピントは合います．

図A　レンズ・ギャップの山の数でおおよそのピントが合う

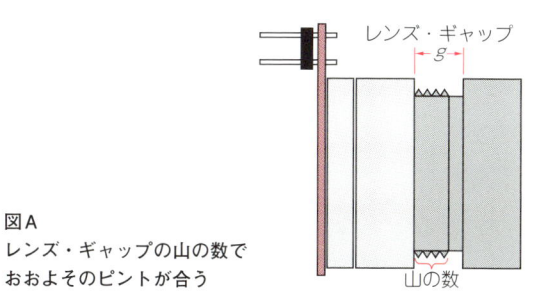

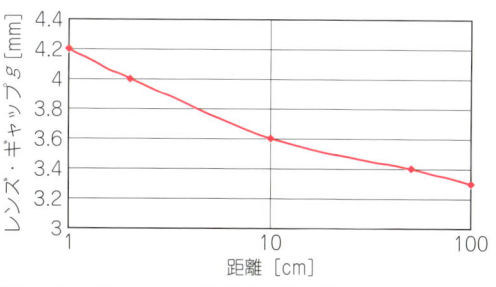

図B　レンズ・ギャップと焦点距離の関係
カメラAの場合．

測定方法

ハードウェア

回路図を図4に示します．カメラを除けば，主要部品がマイコン1個だけというシンプルな構成です．

● カメラに合わせ3Vで動くマイコンを使う

カメラの内部レジスタを設定するだけならば，3Vで使える8ピン・マイコンPIC12F683でも十分です．また，明るさをLED 8個で表示するならば，PIC16F627Aや628Aがよいでしょう．

本章では，今回使わないA-Dコンバータなどの周辺機能のないPIC16F627Aを使いました．PIC16F84Aなど3V動作が保証されていないマイコンは，今回の回路には使えません．

クロック周波数は，カメラのクロック周波数の下限である10 MHzに選びました．このようにすると，マイコンのクロックをそのままカメラに供給できます．

発振子X_1は，10 MHzのセラミック振動子で十分です．ポートBに接続された7個のLEDによって2進数で明るさを表示します．RA2〜RA4に接続された3個のLEDは，第3章の色検出の実験に使用するためのもので，この章では使いません．

● マイコン・プログラム書き込み時はカメラに5Vを加えないよう外しておく

電源電圧の3Vは電圧レギュレータIC_2で作っているので，供給電圧は5〜12V程度で構いません．

コネクタCN_1は，PICKIT2やPICKIT3などのICSP接続の書き込みツール（プログラマ）に接続するためのものです．PICKIT2は3V動作に対応していないので，書き込み時はSW_1をOFFにしてパソコン側から5Vを供給します．

マイコンへプログラムを書き込む際にはカメラを取り外しておきます．ポートを通じてマイコン側からカメラ側へ5Vが供給されてしまうからです．

● カメラとマイコンとの通信にはオムニビジョン独自のシリアル通信を使う

カメラの初期設定やレジスタ読み出しには，オムニビジョン独自のSCCBというプロトコルを使います．フィリップスのI^2Cとほぼ同じ仕様ですが，以下の点が異なります．

- I^2Cはクロックとデータの2線式だが，SCCBにはI^2Cにイネーブルが加わった3線式がある（OV7670は2線式を使っている）．
- スレーブ側からのビジー通知（SCLが"L"）およびデータのACKがない．データの9ビット目は必要だがダミー・ビットとなる．

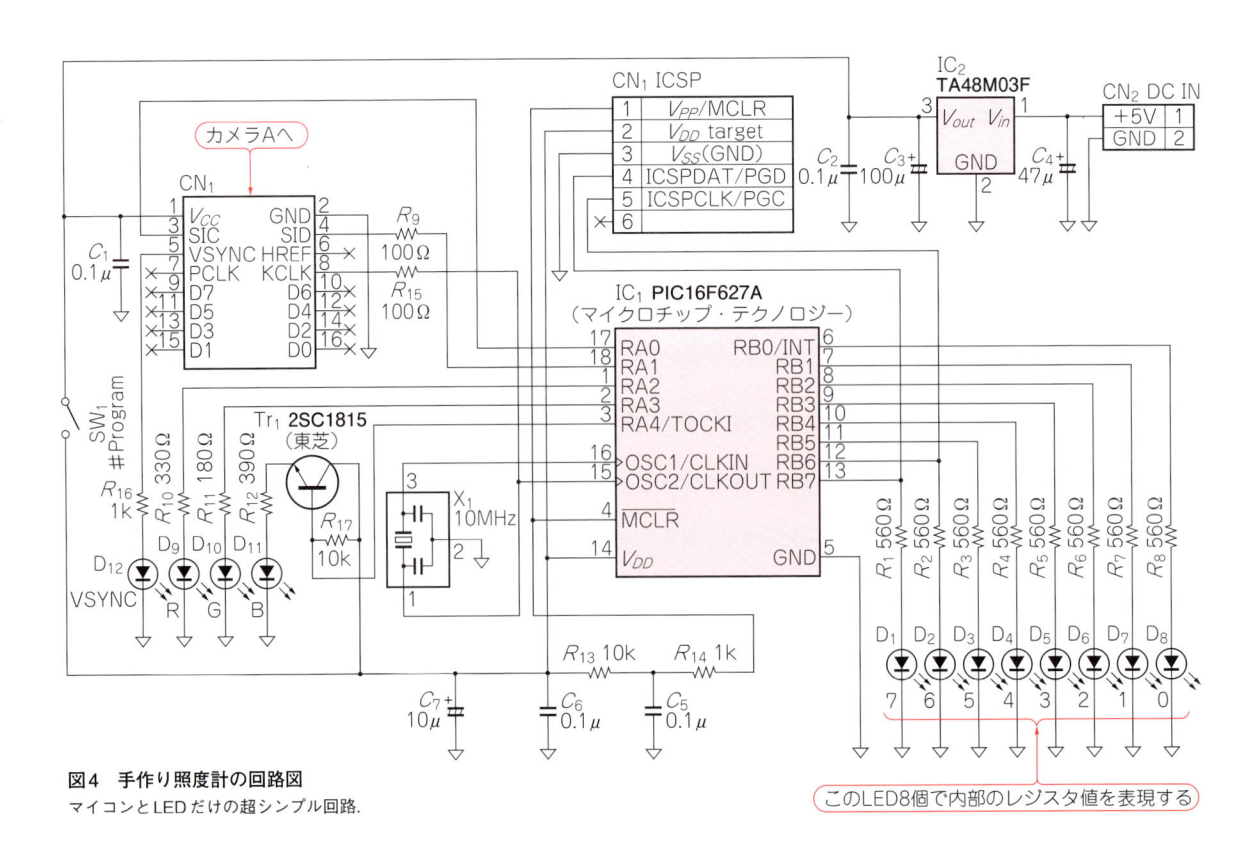

図4 手作り照度計の回路図
マイコンとLEDだけの超シンプル回路．

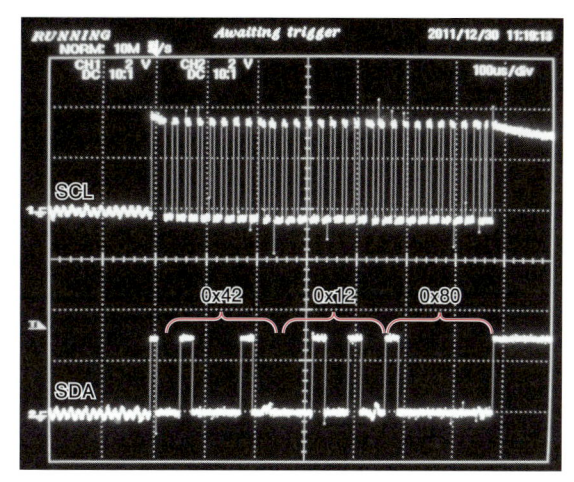

写真4 リセット・コマンドをカメラに書き込んだときの波形

- I²Cは通信線をオープン・ドレインで接続するが，SCCBは3ステート・バッファでもよい（プルアップ抵抗は不要）．

通信においては，マイコンがマスタ，カメラがスレーブとなります．従って，クロックはマイコン側から送ります．スレーブ・アドレスは0x42（W），0x43（R）です．

■ ソフトウェア

● カメラへ初期設定を書き込む

汎用ポートをI²C通信に使うため，SCCBはソフトウェアで組みます．SCCBのプロトコルと仕様は公開されていますから，これに沿ってプログラムします．

初期設定はカメラ・レジスタへの書き込みだけです．通信速度を仕様上限より遅めにして，コマンドの間にある程度の待ち時間を入れてやれば通信できます．**写真4**にリセット・コマンド0x12（COM7）の例を示します．上がクロックSCL，下がデータSDAです．このように書き込みは，全部で9ビット×3＝27ビットあります．

初期設定の内容を**リスト1**に示します．レジスタの具体的な内容は第1章章末の表1を参照してください．画像フォーマットはQCIFです．PCLKは48分周しています．画像のリフレッシュ・レートは3秒程度です．正しいデータが出るまで10秒程度待つ必要があります．

色調整データは第1章に述べられていた通り，正しい色を出すための設定です．このボードでは画像出力を扱ってはいませんが，AECの設定に関連している可能性があるので，正しく設定しておいた方が安全です．色調整データは，すべてではありません．筆者が色を正しく出すために特に関連すると思われる部分を

リスト1 カメラへの初期設定値

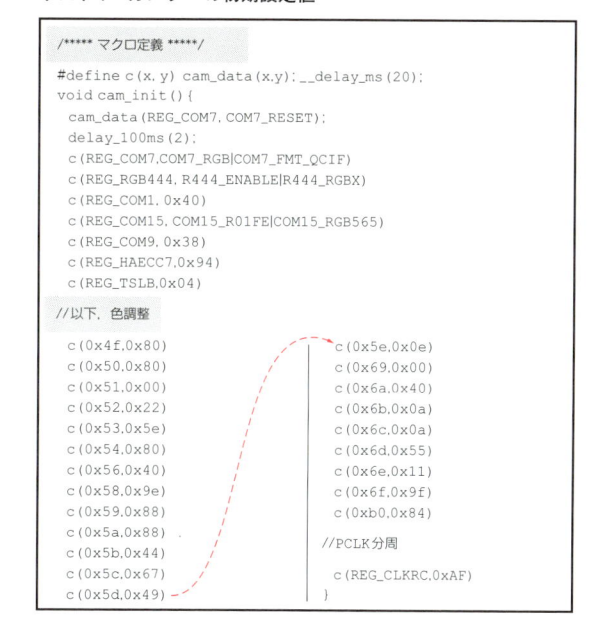

```
/***** マクロ定義 *****/
#define c(x,y) cam_data(x,y);__delay_ms(20);
void cam_init(){
  cam_data(REG_COM7,COM7_RESET);
  delay_100ms(2);
  c(REG_COM7,COM7_RGB|COM7_FMT_QCIF);
  c(REG_RGB444,R444_ENABLE|R444_RGBX);
  c(REG_COM1,0x40);
  c(REG_COM15,COM15_R01FE|COM15_RGB565);
  c(REG_COM9,0x38);
  c(REG_HAECC7,0x94);
  c(REG_TSLB,0x04);

//以下，色調整

  c(0x4f,0x80)           c(0x5e,0x0e)
  c(0x50,0x80)           c(0x69,0x00)
  c(0x51,0x00)           c(0x6a,0x40)
  c(0x52,0x22)           c(0x6b,0x0a)
  c(0x53,0x5e)           c(0x6c,0x0a)
  c(0x54,0x80)           c(0x6d,0x55)
  c(0x56,0x40)           c(0x6e,0x11)
  c(0x58,0x9e)           c(0x6f,0x9f)
  c(0x59,0x88)           c(0xb0,0x84)
  c(0x5a,0x88)
  c(0x5b,0x44)         //PCLK分周
  c(0x5c,0x67)
  c(0x5d,0x49)           c(REG_CLKRC,0xAF)
                       }
```

選んでいます．これは，使ったコンパイラ（Hi-Tech-C）の無償版の容量に納めるためです．完全な色調整データは第1章の表2または，第3章以降のリストを参照してください．

▶通信に成功したかの判断

実際に通信が成功し，初期設定ができたかどうかは，次のようにして判断します．カメラAのレジスタCLKRC（0x11）の内部クロック・プリスケーラを1/64に設定すると，LED（VSYNC）の点滅周期が1秒程度と長くなります．点滅周期が変わらなければ通信ができていません．ちなみにイメージ・センサOV7670の仕様書ではプリスケーラは1/32までとなっていますが，これは誤りです．

● カメラからのデータは500 msごと更新する

リスト2はメイン・ルーチンです．メイン・ルーチンでは，500 msごとにカメラのAECデータ（AECHの6ビットとCOM1の2ビット）を連結して，LEDに表示しています．

ポート初期化の後，カメラを初期化し，ポートBに接続した8ビット分のLEDにデータ0x55を入れています．これはカメラとの通信に失敗して受信データが得られなかった場合，エラー・データとしてLEDを一つおきに点灯するためです．

（初出：「トランジスタ技術」 2012年3月号 特集第2章）

リスト2　カメラを照度計として動かすためのメイン・プログラム

```
/******** メイン関数 ************/
void main(void)
{
    unsigned char data=0x55;        //error data
    unsigned char com1,aech;
    PORTA = 0b00000011;             //I2C initial
    TRISA = 0b11100000;             //PORTA=all output
    CMCON = 0x07;                   //コンパレータ・オフ
    TRISB = 0x00;                   //PORTB=all output(LED array)
    PORTB = 0xff;                   //LED all off
    cam_init();                     //カメラ初期設定
    GrnLED=1;
    data=cam_read(0x0a);            //SCCB test
    led_out(data);

    GrnLED=0;
    /**** メインループ *****/
    while(1)
    {
        delay_100ms(5);                         //データ取得間隔
        BluLED = 1;
        com1=cam_read(0x04);                    //AEC下位2ビット取得(COM1)
        aech=cam_read(0x10);                    //AEC中位取得(AECH)
        data=((aech<<2) | (com1 & 0x03));       //中位6ビット+
                                                //  下位2ビット連結
        led_out(data);                          //LEDアレイにデータ表示
        delay_100ms(5);                         //データ取得間隔
        BluLED = 0;
    }
}
```

カメラなら複数個所の明るさを一度に測定できる　Column

第2章の例では，画面全体の明るさから照度の平均値を求めました．カメラは画像の各部分の明るさを得ることもできます．

イメージ・センサOV7670ではCOM7レジスタを設定することでカメラからYUV形式で画像データを取得できます．YUV形式では1画素ごとに明るさを示すY成分1バイトと，色を示すUまたはV成分1バイトの合計2バイトが出力されます．そこでY成分のデータだけを拾えば，マイコンで使用するメモリを半減できます．

こうしてメモリ中に各画素の明るさデータを取り込むことができれば，各種画像処理を施すことができます．ここでは簡単な例として120×120画素の画像を取り出し，16分割した各領域の最低輝度を求めてみました．画像メモリとしては14.4Kバイトが必要ですが，メモリ容量の多いワンチップ・マイコンを選択すれば，全画面のデータを一度に取り込んで，保持できます．

写真A(a)はボールと円盤の画像のY成分だけを取り出して，LCDにグレー・スケール表示してみた結果です．写真A(a)の画面右側に表示される16進数は，16個の各領域の最低輝度を表しています．円盤やボールの置いてある領域の輝度は低くなりますから，どこに物体が置いてあるかを判別できます．この写真では円盤は一つの領域内に収まっていますが，ボールは複数の領域にまたがっているため隣接する領域の輝度が小さくなっています．

このように明るさのデータを利用すれば，画像中の物体の位置や大きさ，種別，形状を調べることもできます．

〈大野　俊治〉

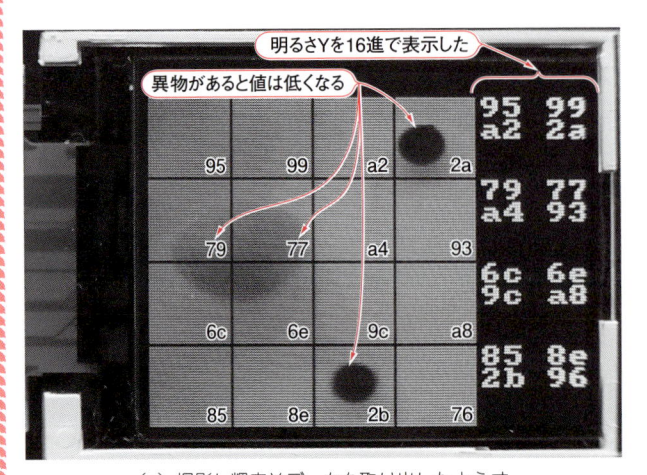

(a) 撮影し輝度Yデータを取り出したようす　　(b) 撮影対象の画像

写真A　カメラなら画像の各部分の明るさを一度に捕らえることができる

第3章 8ビットPICマイコンと組み合わせてリンゴの品質を判定
色合い自動検査装置の製作にTRY

漆谷 正義

撮影した画像データからリンゴの色合いを抽出して，自動的に良否を判定する検査装置を作りました．実際の生産ラインでは，汚れや傷，発色の良否の自動検査が行われています．

第1章でも紹介したように，カメラA（とB）（p.6～p.7参照）からは，ディジタルのビデオ・データとして，R（赤），G（緑），B（青）の色信号が常に出力されています．これをセンサに使わない手はありません．そこで商品の選別や仕分けに使える色センサを作ります．

■ 実験結果

● 実験1…リンゴの色合いから合否判定ができた

写真1の装置（後述）を用いてリンゴの成熟度を判定しました．熟れたリンゴは赤みが濃く，Gに対してRの値が増えます．熟れていないリンゴはRに対してGとBの値が増えます．写真2(a)，(b)に示したリンゴのR，G，B値はそれぞれ，

$R : 096, G : 022, B : 033$（**a**の合格品）
$R : 117, G : 116, B : 066$（**b**の不合格品）

となりました．この結果を見ると，Rの値は不合格品の方が大きくなっています．これは熟れたリンゴは明るい赤ではなく深紅であるため，輝度が下がるからです．従ってRの値の絶対値だけでは判定できません．Rの値をGの値で割ったR/G比で判断します．

(**a**)の合格品では$R/G = 4.4$，(**b**)の不合格品では$R/G = 1.0$であり，はっきりとした差があります．別途，青いリンゴ(**c**)のデータを取ると次のようになりました．

$R : 154, G : 169, B : 114$

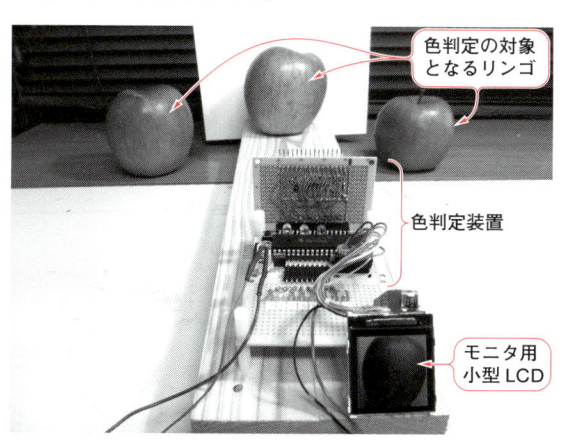

(a) 色判定中

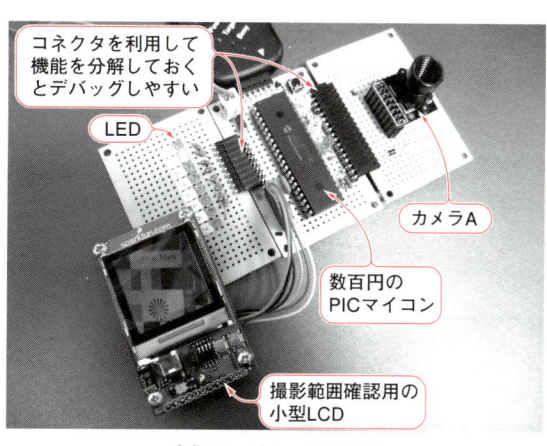

(b) ハードウェアの構成

写真1 リンゴの色合いから合否を判定中

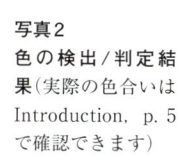

写真2 色の検出/判定結果（実際の色合いはIntroduction, p.5で確認できます）

(a) 赤リンゴ（合格品） $R/G = 4.4$

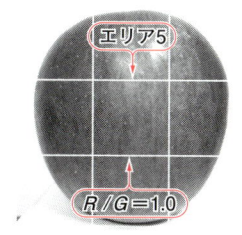

(b) 赤リンゴ（不合格品） $R/G = 1.0$

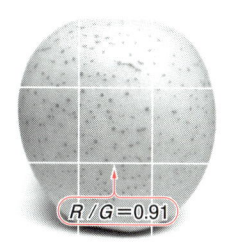

(c) 青リンゴ $R/G = 0.91$

▶本書関連プログラムはトランジスタ技術SPECIAL No.124の弊社ウェブ・ページにまとめて掲載する予定です．

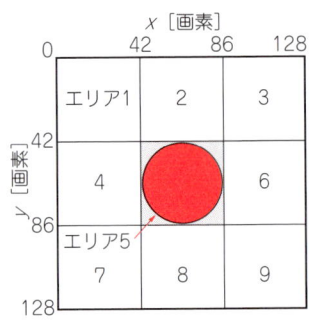

図1 撮影した画像を九つに分割して，各エリアのR，G，B値を読み出す

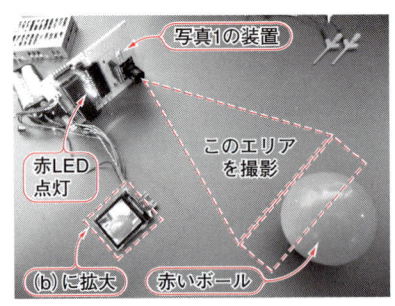

写真3 写真1に示した装置で赤いカラー・ボールの進入を検出した
（a）撮影時のようす　　（b）（a）のディスプレイ拡大

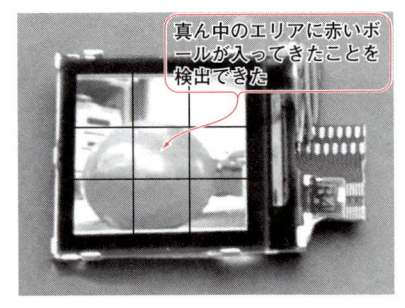

この場合は，R/G = 0.91であり，赤の度合いはさらに減少しています．なお，このリンゴは赤みが無い青いリンゴとして出荷されたものですから，もちろん不良品ではありません．

実際の測定の際には，画面を九つに分割し（**図1**），各エリアごとにR，G，Bの値を読み取り，合格ラインの値と比較します．このことにより，一部の色がおかしくなっているリンゴを見逃しません．

● 実験2…検出エリアに入ってきた特定の色をもつカラー・ボールを見つける

写真1の装置を用いて特定の色をもつカラー・ボールを検出しました．**図1**のように画面を九つに分割し，ボールが中央の枠に入ったら，そのボールの色を判定し，該当する色のLEDを点灯しました．**写真3**は赤いボールが真ん中のエリアに入ったところで，赤LEDが点灯したところです．緑のボールでは緑LEDが，青のボールでは青のLEDが点灯します．実際にはもっと遠方でも反応します．

■ 検出のアルゴリズム

リンゴを映している画面を九つのエリアに分け，各エリアで色を検出するプログラムを**リスト1**に示します．**リスト1**は画面中央の領域（領域5）の部分です．このプログラムは，水平画像有効期間HREFの立ち下がり割り込み内（後述）に記述します．

まず該当する領域（この場合は領域5，つまり中央のブロック）かどうかを調べます．領域内であれば，ライン・バッファから画素を一つ一つ取り出していきます．

リスト1 リンゴの画像を九つのエリアに分けて各部の色をそれぞれ検出するプログラム

```
/** center/region5 **/
if(line_counter>42 && line_counter<86) {      //ラインは領域5の範囲内か？
  for(j=64;j<128;){                            //画素は領域5の範囲内か？
    sig_BR=TXBuffer[j];                        //ライン・バッファのBRデータを取り出す
    sig_B = sig_BR >>4;                        //青レベル（4ビット）
    sig_R = sig_BR & 0x0f;                     //赤レベル（4ビット）
    if( (3*sig_R + 6*sig_G + sig_B) > THR ) TXBuffer[j]=0x00;  //白部分または反射であれば，LCDは黒表示
    else {
      sum_B += sig_B;                          //青データを積算する
      sum_R += sig_R;                          //赤データを積算する
    }
    ++j;                                       //バッファのインデックスを一つ進める
    sig_GB=TXBuffer[j];                        //ライン・バッファのGBデータを取り出す
    sig_G = sig_GB >>4;                        //緑レベル（4ビット）
    sig_B = sig_B + (sig_GB & 0x0f);           //青レベル（4ビット）
    if( (3*sig_R + 6*sig_G + sig_B) > THR ) TXBuffer[j]=0x00;  //白部分または反射であれば，LCDは黒表示
    else {
      sum_G += sig_G;                          //緑データを積算する
      sum_B += sig_B;                          //青データを積算する
    }
    ++j;                                       //バッファのインデックスを一つ進める
    sig_RG=TXBuffer[j];                        //ライン・バッファのRGデータを取り出す
    sig_R = sig_R + (sig_RG >>4);              //赤レベル（4ビット）
    sig_G = sig_G + (sig_RG & 0x0f);           //緑レベル（4ビット）
    if( (3*sig_R + 6*sig_G + sig_B) > THR ) TXBuffer[j]=0x00;  //白部分または反射であれば，LCDは黒表示
    else {
      sum_R += sig_R;
      sum_G += sig_G;
    }
    ++j;
  }
}
```

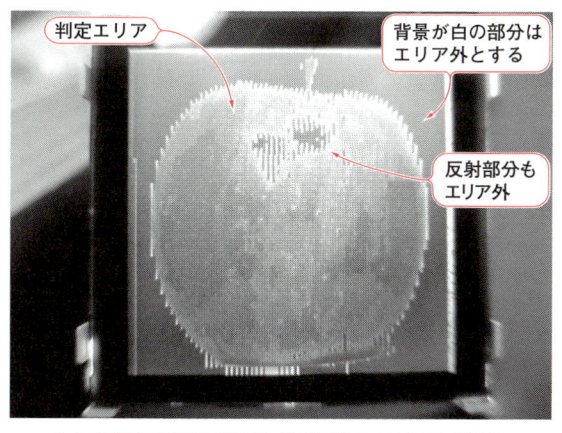

(a) 色判定を行うエリアとそうでないエリアを分ける

(b) 撮影時の画像

写真4 リンゴとリンゴでない部分の判定結果
背景が白の部分を(a)のようにエリア外と判定できた.

● **カメラ・データRG, GB, BRからR, G, Bを取り出す**

マイコン内のライン・バッファには，RとG，BとR，GとBの組み合わせで格納されています．このうちのどのデータかは，画素番号で決まります．ライン先頭からの画素番号を$j = 0, 1, 2, 3…$とした場合，

$(j+3)/3$の余りが0ならばRG
$(j+4)/3$の余りが0ならばGB
$(j+5)/3$の余りが0ならばBR

となります．この判定をプログラムに記述しても構わないのですが，ここでは分かりやすくするために，具体的な数値で書いています．

このブロックは$j = 64$から始まるので，$(64+5)/3$の余りが0なのでBRから始まります．バッファから取り出したデータがBRなので，これをBとRに分けます．

● **エリア内のリンゴでない部分の値を除く**

次に白部分かどうかの判定をします．白信号Yは，
$$Y = 0.3R + 0.59G + 0.11B$$
で表されます．これを10倍して，
$$10Y = 3R + 6G + 1B$$
を計算します．R，G，Bは各4ビット幅ですから，白レベルの最大値Y_{max}は，
$$Y_{max} = 3 \times 16 + 6 \times 16 + 1 \times 16 = 160$$
です．白レベルのしきい値T_{HR}をこの半分に設定すれば$T_{HR} = 80$です．この値を越えた場合は，背景の白スクリーンか，あるいは，リンゴの反射光であると判断して，積算データから除外します．

同時にLCDパネルの表示を黒レベルにして判定部分を明確にします．この場合のLCDパネルの画像は**写真4(a)**のようになります．**写真4(b)**は被写体のリンゴです．背景の白と，リンゴの反射部分が除外されていることが確認できます．

リスト2は色の積算値を表示するプログラムです．

VSYNC立ち上がりエッジ割り込み（後述）内に記述します．1画面ごとにR，G，B積算データを8ビットのLEDに表示しています．今どのデータであるかは，R，G，BのLEDを見れば分かります．

色合い自動検査装置のハードウェア

図2に全体の回路を示します．画像処理ボードには見えないほど簡単な回路です．

● **カメラAの位置合わせのためモニタ・ディスプレイを搭載する**

第3章ではカメラ画像をモニタ（液晶ディスプレイ）に表示するのですが，これをクロック速度の遅い8ビット・マイコンだけで実現するには少々工夫がいります．例えばフレーム・レートを思い切り落として，毎秒1フレーム程度にすれば，処理速度の遅いマイコンでも画像処理ができるかもしれません．

モニタを接続する場合，当然ながらカメラAからも画像を取り込まなければなりません．これには8ビット・データ出力線を使います．第2章のハードウェアと比べてこれだけでも8本のポートが必要です．小型LCDとの接続にさらにポートを割り当てるとなると，40ピンのマイコンでは無理があります．そこで小型LCDの接続には，I^2CやSPIなどのシリアル方式のものを選ぶことにします．この場合，通信ラインは2本で済みます．

携帯電話用の小型LCDは量産品なので安く入手できます．しかも通信がシリアルなので好都合です．今回はノキアのTFTカラーLCDタイプ6100（128×128画素）を選びました．パネル寸法は約1.6 inchと小型です．ビデオ入力はRGB各4ビットの合計12ビットで，最大$2^{12} = 4096$色が表示できます．

リスト2 色の積算値を表示するプログラム

```c
if(VSYNC) {                              //VSYNCエッジか?
    line_counter = 0;                    //ライン・カウンタをリセット
    if (v_counter == 0) {                //カウンタが0ならば
        RedLED = 1; GrnLED = 0; BluLED = 0;  //赤LEDを点灯し
        led_out(sum_R >>8);              //赤積算レベルを表示する
    }
    if (v_counter == 1) {                //カウンタが1ならば
        RedLED = 0; GrnLED = 1; BluLED = 0;  //緑LEDを点灯し
        led_out(sum_G >>8);              //緑積算レベルを表示する
    }
    if (v_counter == 2) {                //カウンタが2ならば
        RedLED = 0; GrnLED = 0; BluLED = 1;  //青LEDを点灯し
        led_out(sum_B >>8);              //青積算レベルを表示する
    }
    ++v_counter;                         //カウンタを一つ進める
    if (v_counter > 2) v_counter = 0;    //カウンタが2を越えたら0に戻す
    sum_R = 0;                           //各積算レベルをクリアする
    sum_G = 0;
    sum_B = 0;
}
```

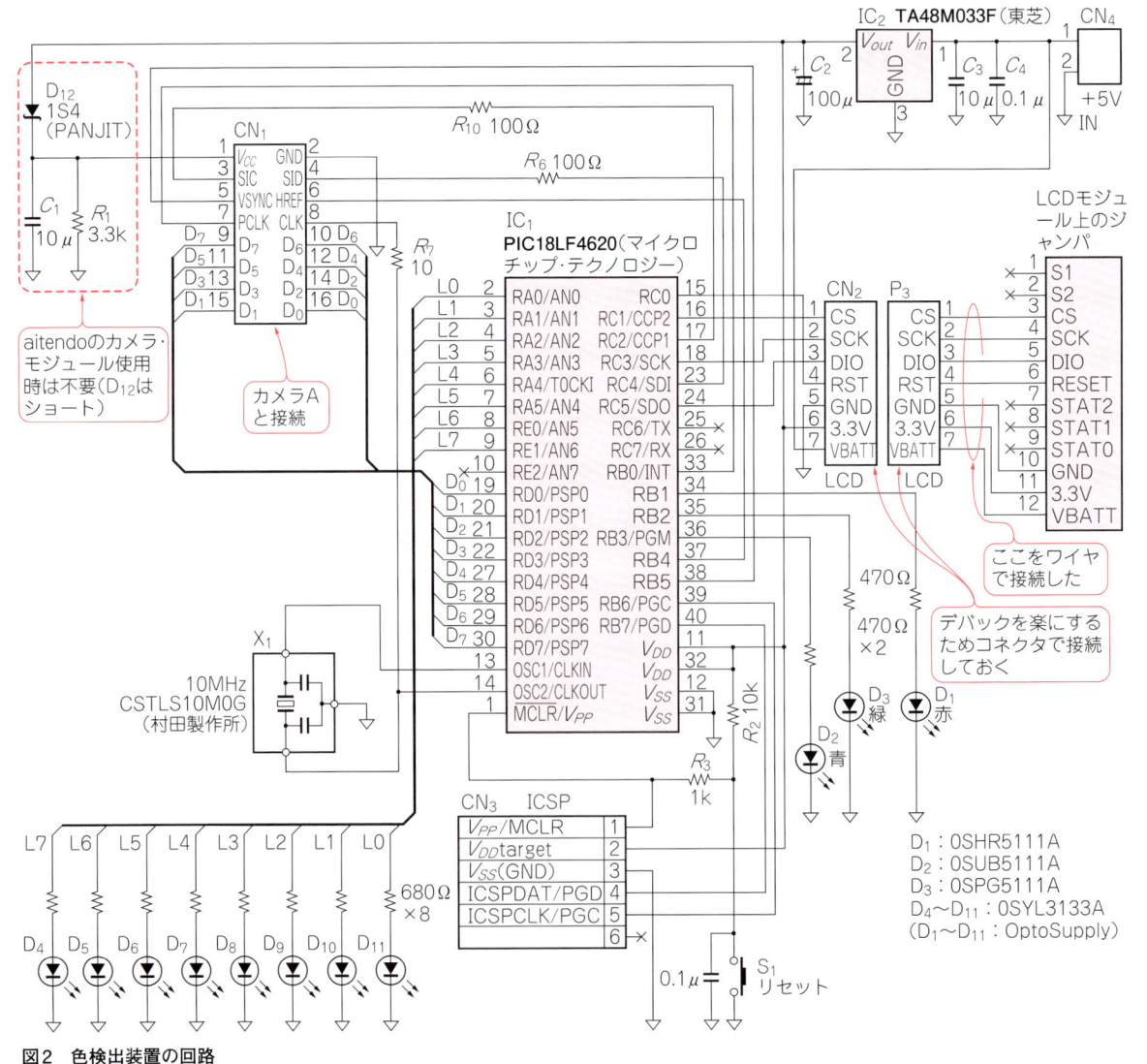

図2 色検出装置の回路
主要部品はカメラA,数百円のPICマイコン,千円ちょっとの小型LCD.

● カメラAの動作電圧に合わせ低電圧動作のマイコンを選ぶ

　マイコンは動作電圧3V で，クロック速度10 MHz，内蔵PLLによりクロック逓倍ができ，RAM容量の大きなものを選びます．8ビット・マイコンのハイエンド品であるPIC18LF4550やPIC18LF4620などが適当です．USBでパソコンと接続する場合は前者，単独動作の場合は後者がよいでしょう．

　PIC18シリーズの開発ツールは，マイクロチップ・テクノロジーのC18コンパイラが使えます．本章ではプログラムの規模が小さいので，最適化機能のないフリー版で十分です．

● カメラAと接続する

　カメラ・モジュールは，第1章で使用した日昇テクノロジーの製品のほか，動作電圧3.3 V に対応したaitendoのモジュールも接続できます．aitendoのカメラ・モジュールの場合は図2左上のD_{12}，C_1，R_1を削除して電源を直結します．

　映像データのほかに，垂直同期信号VSYNC，水平基準信号HREF，画素クロックPCLKも接続します．映像信号8ビットはポートDに，同期信号と画素クロックはポートBに接続しました．ポートBは外部割り込みに対応しており，PCLK，VSYNC，HREFいずれでも割り込みが入るようにできます．

ソフトウェアの要点

● RGBデータの並べ替えをする

　カメラAからはRGB444フォーマットで画像を出力します．RGB444フォーマットは図3のように，B，G，R，X，B，G，R，X…と出力されます．データシートでR，G，B，XとなっているのはXは無効データを示します．

　今回取り付けるモニタ用小型LCD（後述）も，RGB444フォーマットに対応していますが，データ順がR，G，Bであり，余分な無効データも入っていないので，RG，BR，GBの3バイトで完結します．従って図3のようなデータの入れ替えが必要です．この場合，LCDデータの先頭のRは，カメラ出力の最後尾バイトから取らざるを得ないので，小型LCD左端の1画素はRデータが欠けることになります．

● 1画素当たりの処理時間を長くとるため画像の寸法はQCIFとする

　表1はOV7670の出力フォーマットと画素クロックの関係です．カメラAからは画素クロック PCLKの周期でRGBなどの映像信号が出てきます．マイコンでは画素ごとに処理が必要ですから，この間に何ステップの処理ができるかを見積もる必要があります．

　例えばデフォルトのVGA分周なし（1/1）の場合，画素周期は100 nsです．クロック10 MHzのPICマイコンの場合，1/4の2.5 MHz，つまり400 nsが1命令ステップですから，この間に1命令すら処理できません．また，プリスケーラを使って，PCLK÷64 = 6.4 μs としても，6.4/0.4 = 16 ステップです．

　ステップ数を増やすには，マイコンのクロック周波数を上げるのが最も有効です．マイコン内蔵のPLLにより内部クロックを40 MHzにすれば，1ステップ当たり 40 MHz ÷ 4 = 10 MHz → 100 ns となります．これで4倍の64ステップです．

　しかし，64ステップでは，R，G，Bの画素信号をライン・バッファに入れる程度の処理しかできません．そこで余裕を持たせるために，画像フォーマットをQCIFとして，画素クロック（PCLK）を48分周しました．これによって画素周期は約19 μs となり，マイコンのクロックを内部40 MHzとした場合，1画素当たり190ステップとなり，C言語を使ってある程度の画素演算がこなせるようになります．

● モニタ用LCDへの通信を水平ブランキング期間で行うためにライン・バッファを入れた

　当初は画素ごとにモニタ用LCDへデータを送って，画像メモリ（バッファ）不要のシステムを狙いました．しかし，次の要因で，うまくいきませんでした．

　● カメラ出力データとモニタLCDデータの入れ替え処理が必要（図3）
　● SPI転送のコマンド数が多い
　● アセンブラを使わずC言語で開発した

カメラAからの出力	B G	R X	B G	R X
LCDへの書き込みデータ	R G	B R	G B	

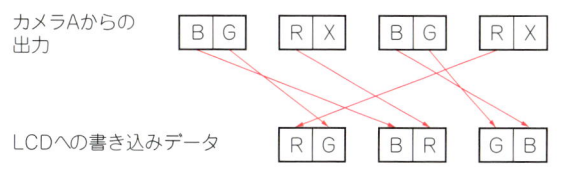

図3　カメラAからのRGB信号は並び順を変えてやらないと小型LCDに書き込めない

表1　カメラA（とB）の画像出力フォーマットと画素クロックの関係

フォーマット	画素数	1/1		1/48		1/64	
VGA	640 × 480	10 MHz	100 ns	208 kHz	4.8 μs	156 kHz	6.4 μs
CIF	352 × 288	5 MHz	200 ns	104 kHz	9.6 μs	78.1 kHz	12.8 μs
QVGA	320 × 240	5 MHz	200 ns	104 kHz	9.6 μs	78.1 kHz	12.8 μs
QCIF	176 × 144	2.5 MHz	400 ns	52.1 kHz	19.2 μs	39.1 kHz	25.6 μs

そこでやむなく，水平周期ごとに画像データをラインバッファに入れることにしました．マイコンの選定の際に，フレーム・バッファは無理としても，ライン・バッファが実現できるように，RAM容量の比較的多いもの(1024バイト)を選んでいるので，この点は問題ありません．

● **モニタ用LCDの表示エリアに合わせてQCIFの左上部分を切り出す**

図4のように，QCIF画面の一部を利用して，この範囲をモニタ用LCDに表示します．取り込み部分を画面中央にしていない理由は，画面左端から色順序が定義されているためです．画素のカウント数を管理すれば取り込み枠を画面中央にできますが，色検出の信頼性が落ちるので余分な処理は行わないようにしました．

画像の取り込み範囲は，2進数で切りのよい128としました．モニタ用LCD表示範囲は131なので，画面の端にゴミ(画像情報を含まない線)が残ります．

● **どの割り込み処理をどのタイミングで行うのかじっくり検討する**

プログラムの作成にあたっては，

- 画素クロック PCLK
- 垂直同期信号 VSYNC
- 水平基準信号 HREF

の三つの信号をPICマイコンのポートBの外部割り込みで検出します．この場合，各割り込みプログラムの処理時間は，画素(PCLK)割り込みならば，画素クロックPCLKの周期の範囲内で納まるようにしなければなりません．しかし，この範囲の時間が，すべて割り込み処理に使えるわけではありません．残りの時間はほかの割り込みルーチンやメイン・プログラムが使っているからです．開発時点ではこのようなルーチンの衝突はしょっちゅう起こります．画像処理プログラムでは，リアルタイムで画像をモニタLCDに表示しているので，割り込みの衝突が起こればたちまち画像がおかしくなります．

▶ **割り込み処理の時間をオシロで測定しておく**

割り込みルーチンがどの程度時間を食っているかは，余ったポート，このボードの場合は，LED出力ポートを利用してオシロスコープで観測するとよく分かります．割り込みの前後でポート出力させて，割り込み要因パルスと一緒に測定します．図5はこの方法で調べた画素クロックPCLKと割り込みルーチンの処理時間の関係です．割り込みはPCLKの立ち上がりで発生します．ⓐは割り込み処理の遅れ時間，ⓑが割り込みルーチンの処理時間です．割り込みの遅れ時間はほかの割り込み要因とも関係してばらつきます．これを見ると，割り込みルーチンの終了から次のPCLKの立ち上がりまで十分余裕があるとは言えません．画素ごとにSPI通信をする余裕はないことが分かります．

もし，割り込み処理時間が長すぎると，図6のように割り込みルーチンが，割り込み要因であるPCLKの立ち上がりにかかるようになります．この対策として，割り込みルーチンでは割り込みフラグをすぐクリアして，次の割り込みを受け付けるようにします．しかし，結局のところ，処理がPCLKの周期内に納まらないので，図6のように次々と処理が遅れていき，正常な色が付かなくなります．PCLK割り込みでは，複雑な処理は避けて，ライン・バッファを利用してブランキング期間に処理する方が安全です．

図7は，水平基準信号HREFの立ち下がりの際に行ったモニタLCDへのSPI通信の観測波形です．次のHREFまで十分余裕があります．モニタLCDへのデータ書き込みにはこの時間を利用しました．

● **色取り込み，判定，LCD表示のプログラム**

それではここまでのプログラムを，フローチャートで説明します(図8)．メイン・ルーチンでは，マイコン，モニタLCDおよびカメラAのレジスタ初期化を行った後，明るさなどの各種検出を繰り返します．

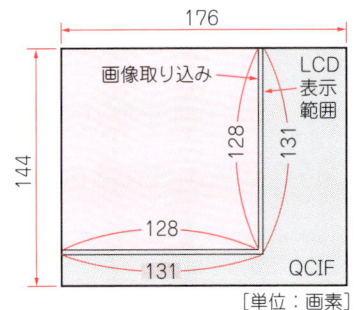

図4 カメラが出力するQCIF画像とモニタLCDに表示できる範囲 [単位：画素]

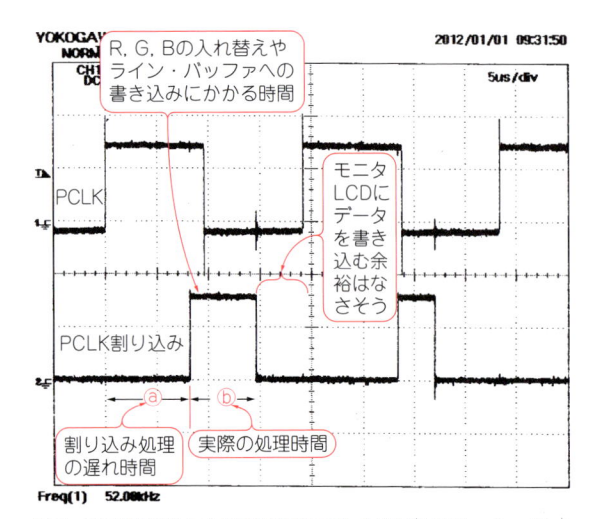

図5 PCLK割り込みの処理時間を実測したもの (2V/div，5μs/div)

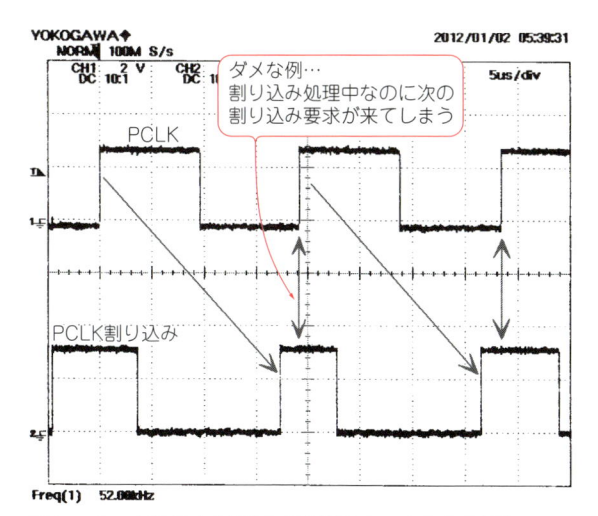

図6 PCLK割り込みの処理に時間がかかったときの例(2 V/div, 5 μs/div)

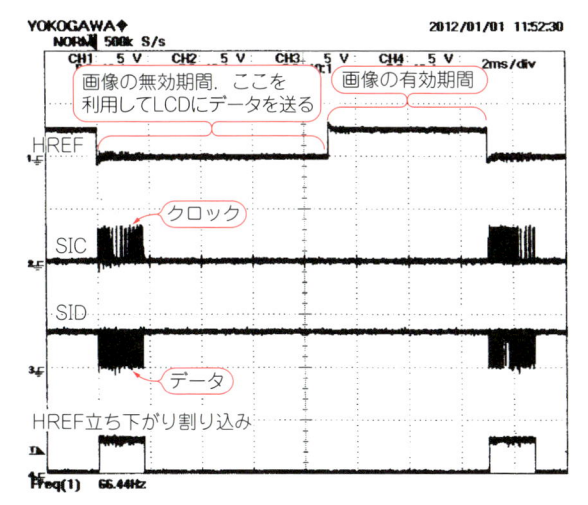

図7 HREF立ち下がりの際に行ったモニタLCDへのSPI通信 (5 V/div, 2 ms/div)
モニタLCDへのデータ書き込みにはこの時間を利用することにした．

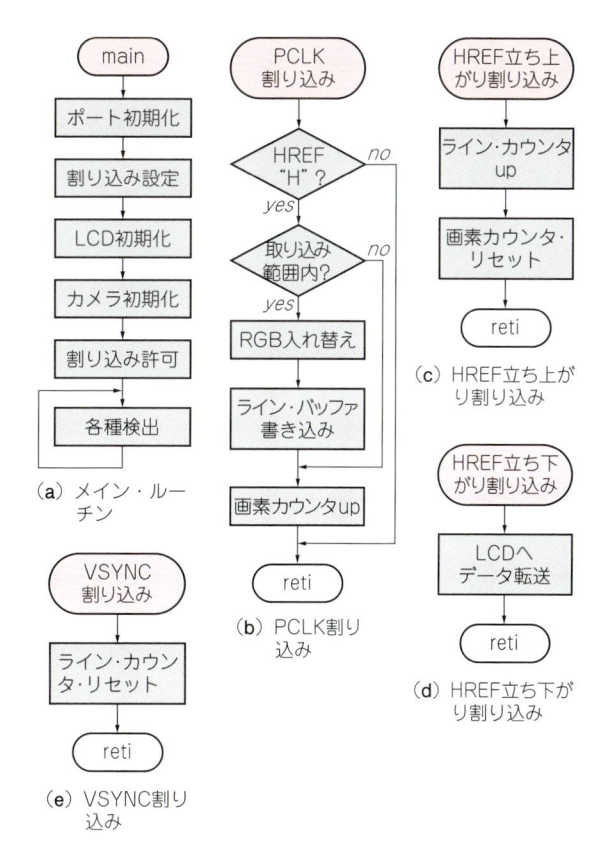

図8 色取り込み，判定，モニタLCD表示のプログラム
(a) メイン・ルーチン
(b) PCLK割り込み
(c) HREF立ち上がり割り込み
(d) HREF立ち下がり割り込み
(e) VSYNC割り込み

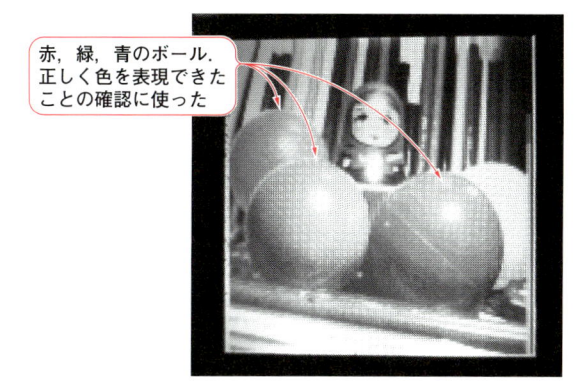

写真5 正しく割り込み処理ができたらモニタLCDにカメラ画像が表示される
カメラAの設定，RGBデータの並び替え，LCD書き込み範囲設定などが正しくできていることが分かった．

　PCLK割り込みは，カメラAからのPCLK(画素クロック)の立ち上がりで処理されるルーチンです．このときHREFが"H"であれば，図4のQCIF有効画素範囲(176画素)内ですから，取り込み範囲内かどうか(PCLK<128)を調べます．そうであればRGB入れ替え(図3)を行います．次いでマイコンのライン・バッファにRGBデータを保存します．画素カウンタを一つ増やして次の画素割り込みを待ちます．
　水平同期HREF割り込みは，HREFの立ち上がりと立ち下がりで処理が異なります．HREF立ち上がりでは，ライン・カウンタを一つ増やし，画素カウンタを0にリセットします．また，HREF立ち下がり割り込みでは，SPI通信によりモニタLCDへRGB画像データを送信します(図7)．
　VSYNC割り込みでは，ライン・カウンタを0にリセットします．
　写真5はモニタLCDに表示された，カメラAのQCIF画像です．RGBの発色が正常であることが確認できます．

(初出:「トランジスタ技術」 2012年3月号 特集第3章)

ソフトウェアの要点　43

モニタ用ディスプレイのハードウェア　　　Column

　カメラがどの範囲を撮影しているのかを確認するには，何らかのモニタ・ディスプレイが必要です．ディスプレイはパソコンでもテレビでもよいのですが，持ち運べる装置にしたかったので小型LCD（液晶ディスプレイ）を使いました．その際に，すぐにはLCDに画像を表示できなかったので，表示のために工夫した点をまとめます．

● 回路全体をブロック分けする

　画像が出ないとき，不具合の原因がモニタLCD側なのか，カメラ側なのかの区別がつきません．特に配線ミスや部品の不良があると，原因究明が非常に難しくなります．

　マイコンと周辺ブロックは，コネクタを使って接続します．コネクタが必要なのは，ICSPを使ってPICKIT2などからプログラムを書き込むとき，ターゲット側の電源が入っていないと，パソコン側から不用意に5Vが加わることがあるからです．筆者も何度か体験しました．幸いモニタLCDもカメラ・モジュールも壊れることはありませんでしたが，これは偶然です．このような仕様を越えた電圧は一瞬たりとも加えてはなりません．せっかく入手した部品が一瞬にして壊れます．プログラム書き込み時は，モニタLCDとカメラ・モジュールを外すことができるようにしておくと安全です．

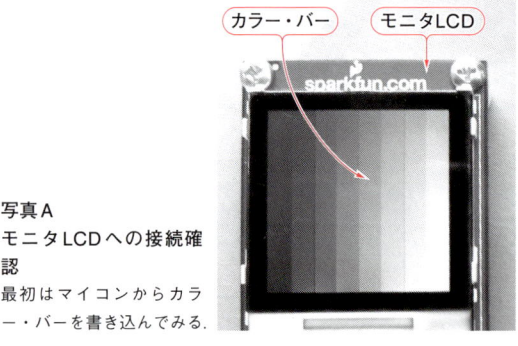

● モニタLCDにカラー・バーを表示してみる

　最初のステップは，モニタLCDにカラー・バーを表示することです（写真A）．カラー・バーを表示することで，モニタLCDの初期設定が正しく動作していることが確認できます．リストAはカラー・バー発生プログラムです．

● LCDコントローラの種類を確認する

　モニタLCDを制御するということは，パネルに内蔵されているコントローラICを制御するということです．使用したノキア製小型LCD NOKIA6100には，次のコントローラのいずれかが搭載されています．

- s1D15G00（セイコーエプソン）
- s1D15G10（セイコーエプソン）
- PCF8833（Philips）

　どのコントローラが載っているかは，実際に動かしてみないと分かりません．トランジスタ技術ダウンロード・サービスから提供するプログラムはセイコーエプソン製を対象としていますが，もし動作しない場合はフィリップスのコントローラである可能性があります．また，セイコーエプソン同士でも，末尾00と10では若干の違いがあります．各コントローラの使用方法はプログラムのソースを参照してください．

写真A モニタLCDへの接続確認
最初はマイコンからカラー・バーを書き込んでみる．

リストA　カラー・バー発生プログラム

```
void color_bar(void) {
  int i,j;
  lcd_window(0,0,131,131);
  spi_command(RAMWR);
    for(j=0;j<128;j++){
      for(i=0;i<8;i++){
        spi_data(0xff);      //White
        spi_data(0xff);
        spi_data(0xff);
      }
      for(i=0;i<8;i++){
        spi_data(0xff);      //Yellow
        spi_data(0x0f);
        spi_data(0xf0);
      }
      for(i=0;i<8;i++){
        spi_data(0x0f);      //Cyan
        spi_data(0xf0);
        spi_data(0xff);
      }
      for(i=0;i<8;i++){
        spi_data(0x0f);      //Green
        spi_data(0x00);
        spi_data(0xf0);
      }
      for(i=0;i<8;i++){
        spi_data(0xf0);      //Magenta
        spi_data(0xff);
        spi_data(0x0f);
      }
      for(i=0;i<8;i++){
        spi_data(0xf0);      //Red
        spi_data(0x0f);
        spi_data(0x00);
      }
      for(i=0;i<8;i++){
        spi_data(0x00);      //Blue
        spi_data(0xf0);
        spi_data(0x0f);
      }
      for(i=0;i<8+2;i++){
        spi_data(0x00);      //Black
        spi_data(0x00);
      }
    }
}
```

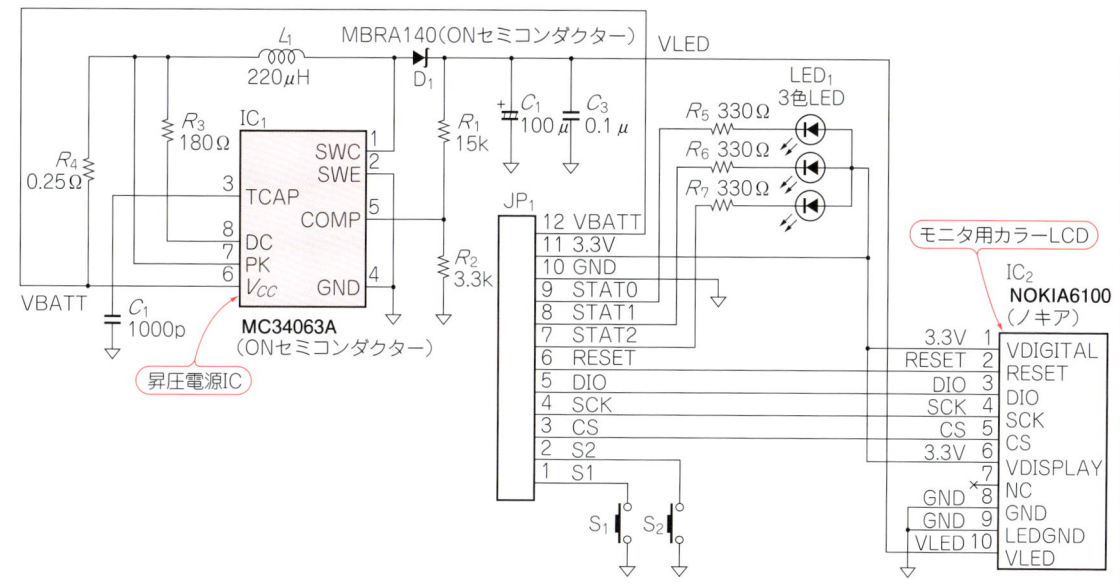

図A モニタ用LCD NOKIA 6100を搭載した基板の回路

● モニタ用LCDとの通信を確認

モニタLCDを搭載した基板の回路を図Aに示します．バックライト用LEDのための電圧レギュレータを搭載していることが特徴で，外からは3.3Vを加えるだけで動作します．ほかに3色LEDとスイッチが入っていますが，今回は使用しません．

画像データと制御コマンドは2線式のSPIで行います．データ列は9ビット構成です．先頭の1ビットは，後続の8ビットが，コマンドかデータかを区別するために挿入されています．SPI通信のプロトコルの詳細は，ダウンロード・プログラムを参照してください．

モニタLCDのSPI通信のクロック周波数は最大6MHzであり，小画面の動画像であれば十分に対応できます．

● おまけ…モニタLCDを安く入手する方法

モニタLCDは単体だと1,000円台で入手できます．別途コネクタが必要ですが，これも200円程度なので，拡張基板（写真B）を購入しても完成品（基板実装済み品）の半額以下で済みます．しかし面実装コネクタのピッチが0.5mmなので，はんだ付けには，ある程度の熟練が必要です．

コネクタの端子配列を図Bに示します．バックライトLEDには6～7Vの電圧が必要です．消費電流は40m～50mAです．

モニタLCD，拡張基板の商品名と販売元
▶販売元…sparkfun
● ノキア製カラーLCDモジュール基板実装済み品 #18030
● ノキア製カラーLCDモジュール液晶単品 #18036
● ノキア製カラーLCDモジュール用コネクタ #18037
▶筆者が利用したショップ…ストローベリー・リナックス
http://strawberry-linux.com/

写真B カラーLCDのコネクタに接続するためのコネクタとピッチ変換基板
(a) 小型コネクタ
(b) ピッチ変換基板（カット済み）

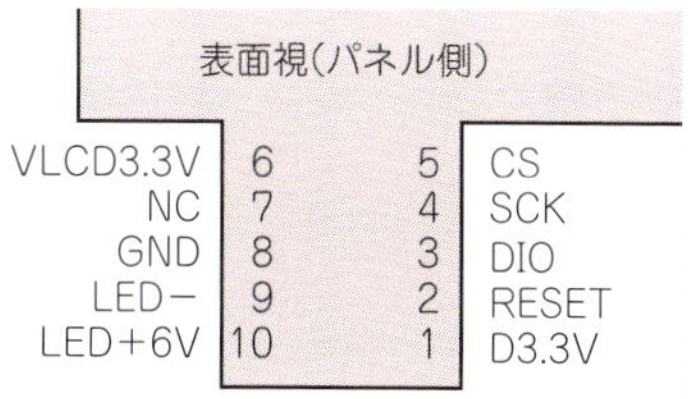

図B NOKIA 6100から外部に出ているコネクタの端子配置

表面視（パネル側）			
VLCD3.3V	6	5	CS
NC	7	4	SCK
GND	8	3	DIO
LED−	9	2	RESET
LED+6V	10	1	D3.3V

Appendix B 市販カメラ・モジュールのいろいろ

1個から買えるお手軽モジュールを調査

エンヤ ヒロカズ

市販の組み込み用小型カメラ・モジュールの入手先を紹介します．レンズ，イメージ・センサ，A-Dコンバータ，信号処理ICが一つになった一体型モジュールばかりを集めました．

カメラ・モジュールはカスタム品として開発されることが多く，メモリやCPUなどと違い一般的に広く流通しているものではありません．

ここでは一般に流通している汎用のカメラ・モジュールを集めました．整理の都合上，個人で買えるものを表1に，法人で買えるものを表2に示します．ウェブ・ページで型名などが公開されており，ディジタル出力である製品を選んでいます．

内部構成としてレンズ，イメージ・センサ，信号処理まで含んだものを選んでいますが，一部，信号処理

表1 個人で1個から買えるカメラ・モジュール(参考価格は2012年1月17日現在)

品名	取り扱い商社	製造元	型名	光学サイズ [インチ]	画素数 [万画素]
超小型カラー・カメラ 1/4インチ26万画素CCD (ITU-656ディジタル出力付)	秋月電子通商	Mintron Enterprise Co., Ltd.	MTV-54K0DN (写真1)	1/4	26
SXGA 1.3MP Colour Camera	アールエスコンポーネンツ	オムニビジョン	OV09655-MFSL	1/4	130
VGA (640×480) Colour Camera	アールエスコンポーネンツ	オムニビジョン	OV07670-MFSL	1/6	30
VGA Camera Cube Module 25-pin	アールエスコンポーネンツ	オムニビジョン	OVM7692-R25A	1/13	30
CMOSイメージ・センサ シリアルEYE	浅草ギ研	—	S-EYE (写真3)	—	1.92
ARM用のCMOSカメラ・モジュール	日昇テクノロジー	—	—	—	130
OV7670+FIFOカメラ・モジュール (SCCBインタフェース)	日昇テクノロジー	—	—	1/6	30
OV7670カメラ・モジュール (SCCBインタフェース)	日昇テクノロジー	—	—	1/6	30
USBカメラ・モジュール (OV7670)	日昇テクノロジー	Aveo Technology	318HGG6B-OV7670	1/6	30
USB Webカメラ (ARM9, PC両方も使用可能，500万画素)	日昇テクノロジー	—	—	—	500
ARM9用のUSB Webカメラ (500万画像)	日昇テクノロジー	—	—	—	500
シリアル (RS232)・カメラ・モジュール	日新テクニカ	—	DSC30	—	30
カメラ・モジュール [OV7660]	aitendo	—	—	1/5	30
カメラ・モジュール (OV9655) [CAMERA130W-OV9655]	aitendo	—	—	1/4	130
カメラ・モジュール (OV7670) [CAMERA30W-OV7670]	aitendo	—	— (写真2)	1/6	30
カメラ・モジュール (OV7690) [OV7690-24P(0.4)]	aitendo	—	—	1/13	30
カメラ・モジュール (OV7690) [OV7690-FFC24P]	aitendo	—	—	1/13	30
LinkSprite UART出力JPEGカラー・カメラ (640x480)	ストロベリー・リナックス	LinkSprite	LS-Y201	—	30
東芝CMOSカメラ・モジュール (640×480)	ストロベリー・リナックス	東芝	TCM8230MD	1/6	30
東芝CMOSカメラ・モジュール (1300×1040)	ストロベリー・リナックス	東芝	TCM8240MD	1/3.3	130
コニカミノルタオプト CMOSカメラ・モジュール MC5VC	amazon	コニカミノルタオプトプロダクト	MC5VC	1/5	30
USBカメラ・フラットモジュール	ヴイストン	共立電子産業	WR-UC32(w)	—	32

写真1 Mintron EnterpriseのMTV-54K0DN（秋月電子通商扱い）
1/4型，26万画素，CCDイメージ・センサ．

写真2 CAMERA30W-OV7670（aitendo扱い）
1/6型，30万画素，CMOSイメージ・センサ OV7670搭載．

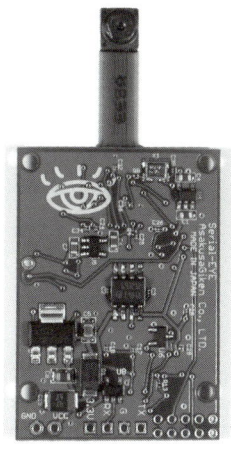

写真3 S-EYE（浅草ギ研）
1.92万画素．携帯電話用CMOSイメージ・センサの画像をシリアル通信で取り出すことができる．

部がない，イメージ・センサそのままの出力（RAW出力）の品種もあります．設定内容については，カメラ・モジュールに搭載しているイメージ・センサが同じであれば，異なる製品でも設定を流用できます．また，在庫，価格，納期等につきましては各取り扱い先にお問い合わせください．

今後の傾向としては，画素数が増加し，出力インターフェースもパラレルからシリアル（MIPI）になっていくと思われます．
（初出：「トランジスタ技術」2012年3月号 特集Appendix 2）

イメージ・センサ	入出力インターフェース	参考価格[円]	備　考	取り扱い商社のホームページ	
CCD	パラレル+NTSC	8,200	YUV	http://akizukidenshi.com/catalog/g/gM-00578/	
OV9655	パラレル	5,240		http://jp.rs-online.com/web/p/sensor-misc/0550439/	
OV7670	パラレル	5,240		http://jp.rs-online.com/web/p/sensor-misc/0550435/	
OV7692	パラレル	2,350	表面実装用	http://jp.rs-online.com/web/p/image-sensor/7141552/	
—	シリアル	25,200	ロボット用	http://www.robotsfx.com/robot/S-EYE.html	
OV9650	パラレル	2,880		http://csun.co.jp/SHOP/2009102501.html	
OV7670	パラレル	2,980	380Kバイト FIFO付き	http://csun.co.jp/SHOP/2011102801.html	（カメラB）
OV7670	パラレル	1,980		http://csun.co.jp/SHOP/2011082301.html	（カメラA）
OV7670	USB	1,380	AV318 USB Bridge	http://csun.co.jp/SHOP/2010052305.html	
—	USB	1,500	UVC対応	http://csun.co.jp/SHOP/2010021105.html	
—	USB	880	UVC対応	http://csun.co.jp/SHOP/2009061905.html	
—	シリアル	4,200	JPEG	http://www.nissin-tech.com/2010/07/rs232.html	
OV7660	パラレル	980	携帯電話用	http://www.aitendo.co.jp/product/2509	
OV9665	パラレル	3,980		http://www.aitendo.co.jp/product/1998	
OV7670	パラレル	2,980		http://www.aitendo.co.jp/product/1784	
OV7690	パラレル	500	携帯電話用	http://www.aitendo.co.jp/product/3650	
OV7690	パラレル	500	携帯電話用	http://www.aitendo.co.jp/product/3649	
—	シリアル	5,250	JPEG	http://strawberry-linux.com/catalog/items?code=18143	
—	パラレル	1,100	YUV	http://strawberry-linux.com/catalog/items?code=18063	
—	パラレル	1,100	YUV/JPEG	http://strawberry-linux.com/catalog/items?code=18064	
CMOS	パラレル	11,477		http://www.amazon.co.jp/gp/product/B004XHTJ3K/ref=sc_pgp__m_A219XLBIX3T6IY_1?ie=UTF8&m=A219XLBIX3T6IY&n=&s=&v=glance	
—	USB	3,360		http://www.vstone.co.jp/robotshop/index.php?main_page=product_info&products_id=2836	

Appendix B 市販カメラ・モジュールのいろいろ

▶写真4
NCM03-S
（日本ケミコン）
1/4型，30万画素，外形
21×13×11 mm．

▶写真5
NCM13-K2
（日本ケミコン）
1/4型，130万画素，外形
20×24.5×16.3 mm．

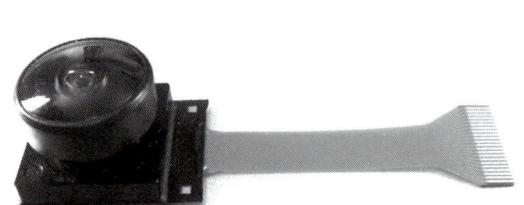

写真6　KBCR-M04VG（シキノハイテック）
1/4型，30万画素，外形24×27 mm．

表2　その他のカメラ・モジュール

数個の注文から対応してくれる製品もある．代理店を経由しないと購入できない製品もある．問い合わせは各社のウェブ・ページから．

型　名	メーカ名	光学サイズ[インチ]	F値	レンズ構成	水平画角[°]	画素数[画素]	フレーム・レート[フレーム/s]	センサ
KBCR-M04VG(写真6)	シキノハイテック	1/4			選択可能	0.3 M	30(VGA時)	CMOS VGA
CMV-55DX	ミツミ電機		2.8	2P	54	0.3 M	30(VGA時)	CMOS VGA
NCM03-V	日本ケミコン	1/4	2.8	3P	54.5	0.3 M(VGA)	30(VGA時)	CMOS VGA
NCM03-S(写真4)		1/4	2.8	2P	105	0.3 M	30(VGA時)	CMOS VGA
NCM03-W2		1/4		4P	135	0.3 M	30(VGA時)	CMOS VGA
NCM03-U		1/4	2.6	4P	135	0.3 M	30(VGA時)	CMOS VGA
NCM13-J		1/4	3	1G 3P	43.3	1.3 M	15(SXGA時)	CMOS 1.3M
NCM13-K		1/4	2.6	4P	135	1.3 M	15(SXGA時)	CMOS 1.3M
NCM13-K2(写真5)		1/4		5G	180	1.3 M	15(SXGA時)	CMOS 1.3M
NCM20-D		1/4		3P	50	2 M	15(UXGA時)	CMOS 2M
MDC01-WH132	SMK	1/4	2.8		132	0.3 M	30(VGA時)	CMOS VGA
MDC01-WH190(写真7)		1/4	2.4		190	0.3 M	30(VGA時)	CMOS VGA
RJ6CBA200	シャープ	1/13	2.8	1P	53	0.3 M	30(VGA時)	CMOS VGA
RJ6CBA100		1/13	2.8	1P	53	0.3 M	30(VGA時)	CMOS VGA
RJ63VC200		1/3.2	2.4	5P	59	8 M	15(8M時)60(720p時)	CMOS 8M
RJ64SC100		1/4	2.8	4P	54	5 M	5(5M時)30(VGA時)	CMOS 5M
RJ64SC200		1/4	2.8	4P	54	5 M	15(5M時)30(720p時)	CMOS 5M
RJ64PC800		1/4	2.8	3P	54	3 M	7.5(3M時)30(XGA時)	CMOS 3M
MS-1PD	モスウェル	1/4			選択可能	0.3 M	30(VGA時)	CMOS VGA
PPV801D(写真8)	アサヒ電子研究所	1/8	2.8	2P	51	0.3 M	30(VGA時)	PO8030
PPV404C		1/4	2.8	2P	48	0.3 M	30(VGA時)	POA030
PPV403NT		1/4	2.5	1G4P	82	0.3 M	30(VGA時)	POA030
EED1089		1/3	-----	G	61/74/90/121	0.3 M	30(D1時)	PC1089
ACM03-F		1/4.5	2.8	2P	100	0.3 M	30(VGA時)	CMOS VGA
TCM9001MD	東芝	1/10	2.8	2	D67	0.3 M	30(VGA時)	CMOS VGA
TCM8500MD		1/10	2.8	1G	74	0.3 M	30(VGA時)	CMOS VGA
TCM9313MD		1/4	2.4	4	56	3.2 M	15(3.2M時)	CMOS 3.2M
IU081F	ソニー	1/2.8	2.6	4P		16 M	15(16M時)	IMX081PQ
IU105F2		1/3.2	2.4	4P		8 M	15(8 M時)	IMX105PQ

写真7 MDC01-WH190（SMK）
1/4型，30万画素，外形16.85×16.85×20.2 mm．ビデオ出力はNTSCまたはPAL．

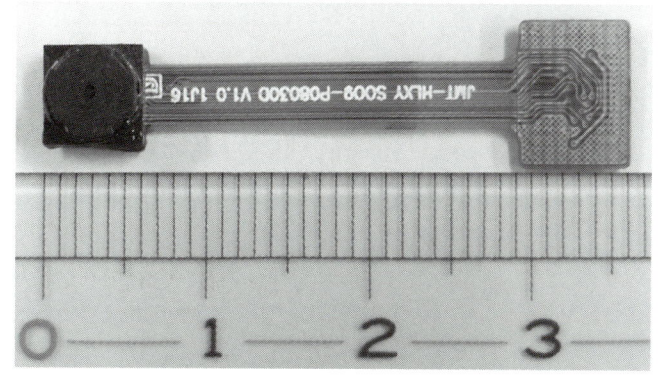

写真8 PPV801D（アサヒ電子研究所）
1/8型，30万画素，外形6×6×3.8 mm．

サイズ [mm]	入出力 インターフェース	備　考	メーカのウェブ・ページ
24×27	パラレル		http://www.shikino.co.jp/products/cmos/index.html
5.0×5.0×2.2	パラレル		http://www.mitsumi.co.jp/latest/Catalog/compo/camera/cmv_55dx.html
8.4×12×6	パラレル		http://www.chemi-con.co.jp/tech_topics/pdf/ncm03-v.pdf
21×13×11	パラレル		http://www.chemi-con.co.jp/tech_topics/pdf/ncm03-s.pdf
16×20×11.7	パラレル		http://www.chemi-con.co.jp/tech_topics/top_cmos_camera_02.html
16×16×18	NTSC		http://www.chemi-con.co.jp/tech_topics/pdf/ncm03-u.pdf
10.2×13.5×6.2	パラレル		http://www.chemi-con.co.jp/tech_topics/pdf/ncm13-j.pdf
16×20×11.5	パラレル		http://www.chemi-con.co.jp/tech_topics/pdf/ncm13-k.pdf
20×24.5×16.3	パラレル		http://www.chemi-con.co.jp/tech_topics/top_cmos_camera_02.html
16×10.2×5.5	パラレル		http://www.chemi-con.co.jp/tech_topics/top_cmos_camera_02.html
16.85×16.85×20.2	NTSC/PAL		http://www.smk.co.jp/products/series_list/Camera_Module/?karamu=famiri_mei&sort=asc&no=10&youto=null&tp=0&seni=bun
16.85×16.85×20.2	NTSC/PAL		
3.50×3.05×2.3	パラレル		
3.71×3.35×2.3	MIPI		
8.52×8.52×5.8	MIPI	RAW出力	http://www.sharp.co.jp/cgi-bin/edsales/search/index.cgi?d=lsi_cmos
8.5×8.5×5.0	パラレル		
8.5×8.5×5.0	MIPI		
8.5×8.5×5.1	パラレル		
22×26	パラレル		http://www.moswell.co.jp/jpn/p_board.html
6.0×6.0×3.8	パラレル		http://www.aelnet.co.jp/html/pixelimage/PPV801D.html
8.0×8.0×5.5	パラレル		http://www.aelnet.co.jp/html/pixelimage/PPV404C.html
9.5×9.5×13	パラレル		http://www.aelnet.co.jp/html/pixelimage/PPV403NT.html
26.0×26.0	NTSC/PAL	レンズは4種類選択可	http://www.aelnet.co.jp/html/pixelimage/EED1089.html
12.0×12.0×11.0	パラレル		http://www.aelnet.co.jp/html/pixelimage/ACM03-F.html
4.0×4.0×2.2	パラレル		http://www.semicon.toshiba.co.jp/product/sensor/selection/imagesensor/cmos/flyer/flyer_TCM9001MD.html
3.44×3.44×2.5	MIPI	RAW出力	http://www.semicon.toshiba.co.jp/product/sensor/selection/imagesensor/cmos/flyer/flyer_TCM8500MD.html
6.5×6.5×4.6	MIPI		http://www.semicon.toshiba.co.jp/product/sensor/selection/imagesensor/cmos/flyer/flyer_TCM9313MD.html
10.5×10.5×7.9	MIPI		http://www.sony.co.jp/SonyInfo/News/Press/201010/10-137/
8.5×8.5×5.67	MIPI		

Appendix B 市販カメラ・モジュールのいろいろ

第4章 焦電型赤外線センサの弱点を克服！
高性能 侵入者発見センサとしての応用例

漆谷 正義／藤岡 洋一

雑音や急激な温度変化があっても誤動作しない広エリア異物発見センサを作りました．人検出センサの定番「焦電型赤外線センサ」は，検出範囲を調整しづらく誤動作しやすいという欠点があります．

　侵入者のセンサと言えば，防犯ライトなどに使われている焦電型赤外線センサ（**写真1**）が有名ですが，焦電型赤外線センサには次のような弱点があります．本章で製作する検出装置が，これらの弱点を補うことができれば，防犯装置としての精度が高まります．

▶焦電型赤外線センサの弱点
（1）正面からの侵入者を見つけにくい
（2）上下からの侵入者を見つけにくい
（3）壁や堀，車からの赤外線も検出してしまう
（4）自動車ライトに反応する

　カメラを利用したセンサであれば，上下左右，正面などいずれの差分も検出できるので，(1)と(2)の問題はクリアできそうです．また，動かない物体は検出しないので(3)の問題もクリアできそうです．(4)はマイコンのプログラムで，明るすぎる値を切り捨てればクリアできます．カメラを使ったセンサを作れば，防犯装置の精度が増すと言えます．

● 市販品は過去と現在の画像の差を検出する
　カメラ画像を使った不審者の検出や，製造工程での異物の検出などでは，カメラで取得した画像の時間的な変化を利用します．
　閉店後の店内のように，背景が動かない画像の場合，1フレーム前の画像との差分を取れば，その値は普通は0です．もし不審者が入ってくれば，フレーム前後の画像内容は違ったものになります．従ってフレーム間の差分は0とならず，被写体の動きのある部分の面積に比例した値となります．

● 三つの製作例を紹介する
　市販品では画像の差分抽出のために，数Mビット以上のフレーム・メモリを使いますが，高速メモリを搭載するハードウェアは，高速マイコンや高速FPGAが必要であり，個人で開発するには荷が重いです．
　本書ではFPGAを使わないことはもちろん，マイコンなどもできるだけシンプルなものを使うことを目標にしています．
　第4章では，ハードウェアとソフトウェアの難易度さから三つのレベルに分けました．
▶レベル1
　カメラAと数百円のPICマイコン．水平1ラインの輝度の変化を検出．
▶レベル2
　カメラAと数百円のPICマイコン．画像の周波数成分の変化を検出．
▶レベル3
　カメラBと数百円のPICマイコン．16分割した各エリアの明るさの変化を検出．

写真1　防犯ライトなどによく使われている定番「焦電型赤外線センサ」
誤動作や検出漏れが多い．

▶本書関連プログラムはトランジスタ技術SPECIAL No.124の弊社ウェブ・ページにまとめて掲載する予定です．

レベル1 水平1ラインの変化を検出
～画面中央への侵入者を発見できる～

検出装置を玄関が見える壁に設置しました(**写真1**).人の出入りを検出することができました(**写真2**).

● **検出の原理**

▶ 画面中央の1ラインぶんの変化を監視する

図1(a)のように,画面中央の1ラインy_0を,ドアの中央部分に合わせたとします.このときのライン・データは(b)のようにx方向だけに依存するデータとなります.図では分かりやすいように画像内容を描きましたが,実際はこのラインの中にはy方向の変化はありません.

ここで(c)のように不審者が入ってきた場合,次のフレームのライン・データy_0は(d)のようになります.1フレーム前のライン(b)との差を取ると,(e)のように変化のあった部分,つまり不審者の画像の一部を抜き出すことができます.

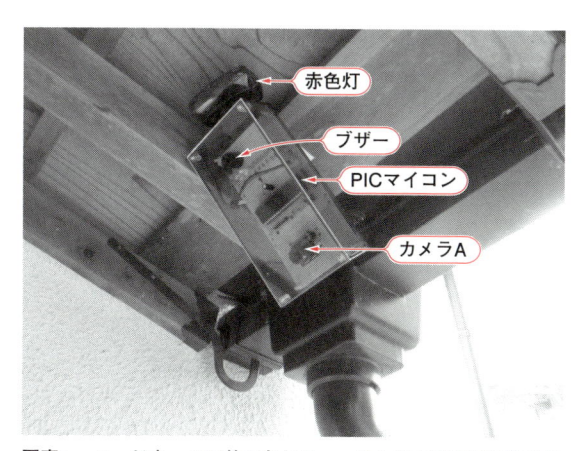

● **プログラムの要点**

第3章で製作したハードウェアを利用すれば,侵入者の検出も数行のプログラムで実現できます.

▶ **差分の抽出**

リスト1は**図1**における差分を取る記述です.ライン・バッファ(マイコン内蔵RAM)のデータを利用しているので,x方向はRG,BR,GBの順で192バイトあります.y方向は全部で128ラインですから画面中央は,$y = y_0 = 128/2 = 64$となります.

まず,画像のy方向の走査が$y_0 = 64$ライン目に来たところで,このラインのx方向のデータ192バイトをライン・バッファTXBufferに入れます.入る画素データはRG,BR,GBのいずれかです.次に画素データの下位4ビットだけを取り出して,1フレーム前のライン・データY0Bufferとの差を取ります.

差分differは絶対値が必要ですから,おのおのの大きさを比較して,大きい方から小さい方を引きます[注1].得られた差分differを,このライン内で次々と加算していきます.

▶**注1**:C言語の組み込み関数abs( )を使うところですが,組み込み関数や除算などは,スタックの深さや処理時間が不明なので,最初は使わない方が安全です.

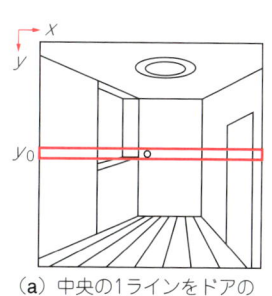

写真1 ハードウェアは第3章と同一.それを玄関屋根に取り付けた

写真2 侵入者を検出したときのようす

(a) 中央の1ラインをドアの中央に合わせる
(b) 1ラインy_0のデータを抽出
(c) 侵入者あり
(d) 侵入者ありのときy_0ラインのデータを抽出
(e) (b)と(d)の差

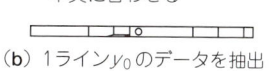

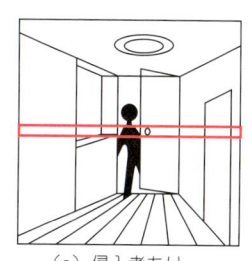

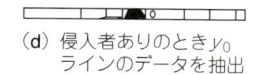

図1 製作した装置は画面中の水平1ラインの現在と過去の差を抽出する

リスト1 現在の1ラインと過去の1ラインの差を求めるプログラム

```c
if(line_counter==64){
    for(i=0;i<192;i++){
        if((TXBuffer[i] & 0x0f)>(Y0Buffer[i] & 0x0f))
            differ = (TXBuffer[i] & 0x0f)-(Y0Buffer[i] & 0x0f);
        else
            differ = (Y0Buffer[i] & 0x0f)-(TXBuffer[i] & 0x0f);
        linedif += differ;
        Y0Buffer[i]=TXBuffer[i];
    }
}
```

リスト2 侵入者有りと判断する「しきい値」の設定プログラム

```
if(linedif > 10) BluLED=1;
else BluLED=0;
if(linedif > 50) GrnLED=1;
else GrnLED=0;
if(linedif > 100) RedLED=1;
else RedLED=0;
```

表1 AEとAGC機能を停止させるための設定値

レジスタ名	アドレス	設定内容	設定値
REG_COM8	0x13	AE停止，AGC停止	0x9a
AECH	0x10	露出値（AEC値）	0x02

　加算結果はlinedifです．linedifはVSYNCごとに0にリセットして，常に直近2フレーム間の差分となるようにします．

　最後に過去データY0Bufferの値を，現在のデータTXBufferで更新します．ライン先頭のY0Bufferの値は空ですから，先頭画素については必ず誤差が出ます．

▶ しきい値の設定

　画像にはノイズが付きものですから，静止画像であっても差分の和linedifの値は0にはなりません．そこでリスト2のように，linedifの値が一定値以上で，侵入者有りと判断します．この判断はメイン・ルーチン内で行います．

　linedifの値によってLEDを青，緑，赤と区分しています．これは，背景ノイズの程度を知るためです．赤のLEDが点灯するレベルのノイズでブザーを鳴らします．検出感度を上げたいときは，ブザーを緑LEDに接続します．青のLEDはノイズ・レベルより若干上のレベルで点灯します．ちょっとした明るさの変化でも反応します．

　上記のルーチンのままでは，垂直ブランキングの画像がない部分では，すべてのLEDが消灯します．こ のときブザーは，ピーッ，ピーィと断続的に鳴るので動作確認にちょうどよいです．

● 侵入物センサとして使うときのカメラ設定

　カメラの自動露光（AE）およびオート・ゲイン・コントロール（AGC）は，侵入物センサとして使うときは誤動作のもとになります．

　AEとAGCは被写体の明るさに応じて常に動作点が動いています．自動制御の「迷い」動作，つまり少し暗くしてみてはまた明るくするという動作がときどき起こります．これは画面全体に影響するので，フレーム間で輝度の変化が起こり，差分として大きな値が出てきます．

　これを避けるために，AEとAGC機能を停止させます．関連するレジスタと設定値を表1に掲げます．この設定によってAE機能が使えなくなるので，露出は手動で決定する必要があります．

　AEの適正値は第1章と第2章で紹介したように明るさの検出データを使えば，ほぼ中央値に設定できます．データシート記載のデータでは正しく設定できません．

　AGCはもともとゲイン0なので設定値の変更は必要ありません．

〈漆谷 正義〉

レベル2　空間周波数の変化を検出
～画面上への侵入者を発見できる～

　空間周波数は被写体のきめ細かさを表す尺度です．例えば10円玉の裏表を判別するなどの応用ができます．また，静止画では画面内の空間周波数の和は一定ですから，侵入物の検知にも応用できます．余談ですが空間周波数の検出は，画像圧縮に使われるDCT（離散コサイン変換）には欠かせません．

■ 実験結果

① 玄関への人の出入りを確実に検出できた

　レベル1と同じように検出装置を玄関が見える位置に設置しました．やはり人の出入りを確実に検出できました［写真1］．レベル1では画面の中央ラインのみを監視していましたが，レベル2では画面全体を監視しています．例えば玄関に犬が入ってきても分かります［写真1（b）］．

② カメラのピント合わせに使えた

　第2章のように，モニタなしの装置では，レンズの鏡筒を回して焦点距離を変えても，ピントが合っているかどうかが分かりませんでした．また前章や本章のように，モニタがあったとしても，眼で見てピントを合わせるのは不確実です．

　カメラのオート・フォーカス方式の一つに，空間周波数が最大になるように自動調節するものがあります．そこで，空間周波数を検出して，その値をLEDで表示しました．

　写真2はジャスト・ピント点検出実験のようすです．写真2（a）左上の8個のLEDに空間周波数の和を表示し，ジャスト・ピントでR, G, BのLEDが点灯します．

　写真2（b）は焦点が合ったところです．空間周波数の和は01000001b = 65（後述）となっています．被写体は天井に貼ったフォーカス・チャートと色紙，それに天井ボードの模様などです．ちょうどピントが合った

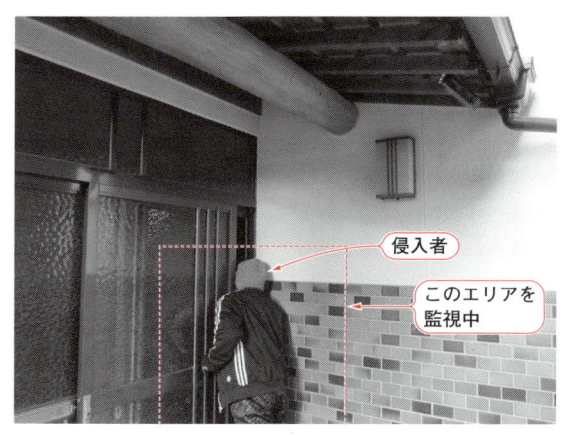

(a) 人を検出できた　　　(b) レベル1では検出できなかった背の低い侵入物も検出できた

写真1　空間周波数を検出することで侵入者検出ができた

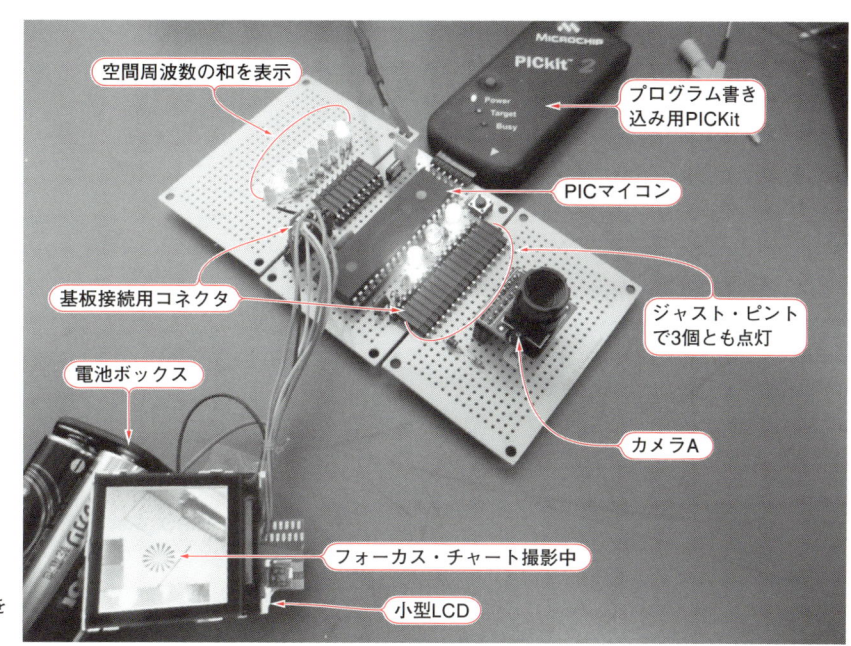

写真2　ジャスト・ピント点の検出実験を行っているようす

(a) 製作した装置

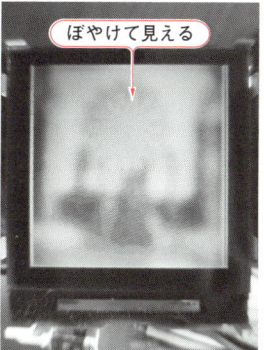

(b) ピントが合ったとき　　(c) ピントが合っていないとき

ところで，R，G，BのLEDはすべて点灯しています．

カメラ・モジュールのレンズを回転させると，焦点が変わりますが，このレンズの回転角と，空間周波数の和の関係を測定したものが図1です．横軸はレンズの1/4回転を1目盛りとしています．ピントが合うにつれて空間周波数の和が上昇していることがはっきり分かります．映像信号を使ったカメラのオート・フォーカスは，このカーブを利用しています．このカーブが「山登り検出」と言われる由縁です．

■ 空間周波数の検出方法

● 映像のきめ細かさを周波数で表現する

空間周波数とは，画像のx方向とy方向の空間的な周波数，つまりきめ細かさのことです．図2は画面内

レベル2　空間周波数の変化を検出　53

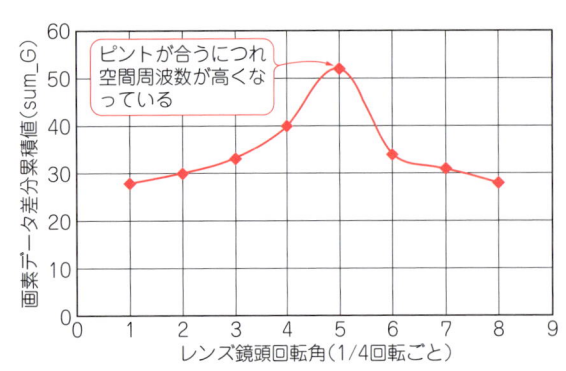

図1 製作した装置は空間周波数の変化を検出する
カメラ・モジュールのレンズを回すと，画素データ差分の累積値が変化する．

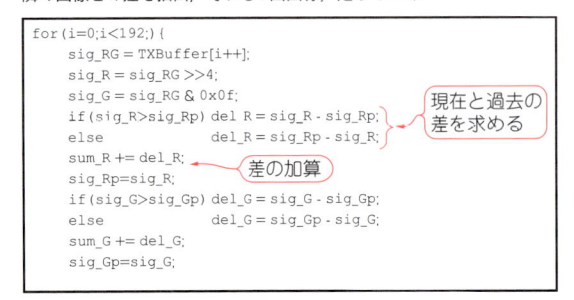

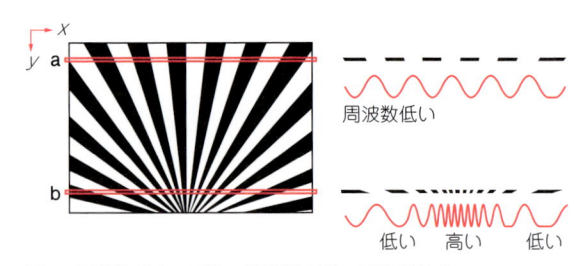

図2 周波数が高い画像，周波数が低い画像がある

で空間周波数が変化している図柄です．aラインを抜き出すと黒／白の周波数はほぼ一定です．bラインの周波数は低→高→低と変化しています．

空間周波数は隣接する画素のレベル変化の回数と考えることができます．図2のaラインで5回，bラインで12回変化しています．もし画面内部の全ラインを加算できれば，画面全体における空間周波数を求めることができます．

ピントとの関係はどうでしょうか．写真2(b)はピントが合ったときの画像で，この場合は空間周波数が高くなります．(c)はピントがずれた画像で，空間周波数は低くなります．

▶ピントがずれると色の濃さ，きめ細かさが落ちる

図3を見てください．(a)はピントが合った画面で，(b)はピントが外れてぼけた画面の例です．この画面のラインy_0を抜き出すと，下の波形のようになります．(a)では，エッジ（隣接画素のレベル差）の数が4個で，エッジのレベルが大きいです．これに対して，(b)では，エッジの数が2個で，レベルも減少しています．

この画素のレベル差を加算すれば，(a)の方がかなり大きくなることが分かります．エッジ数とレベル差の総和は，空間周波数に比例した値となります．

● 空間周波数の検出ルーチン

リスト1は空間周波数を検出するためのプログラムです．隣接画素との差を抽出し，それを足し合わせていきます．具体的にはライン・バッファからRG，BR，GBの順で画素を取り出し，R，G，Bを抜き出します．現在の画素のRレベルと一つ前の画素のRレベルとの差を求めます．そして，この差を加算していきます．GとBについても同様です．

画面全体での空間周波数の和は，赤，緑，青について，sum_R，sum_G，sum_Bです．このルーチンはHREFの立ち下がり割り込み内に記述します．空間周波数の和は最大で16レベル × 192バイト × (3/4) × 128ライン = 294912です．

● 結果の表示方法

リスト2は結果の判断，表示ルーチンです．空間周波数の和sumRなどは1画面の走引が終わったときに最大となります．従って結果の判断や表示は，垂直同期(VSYNC)割り込み内で処理します．

まず，空間周波数の和を変数sum_Rmaxに保存し，sum_Rは次の画面に備えて0にリセットします．和は最大で294912ですから，これを$2^8 = 256$で割ると，1152となります．これを8ビット分のLEDに表示します．8ビットでは1152は表現できませんが，通常の

リスト1 空間周波数を検出するプログラム
隣の画像との差を抽出，それを1画面分，足していく．

```
for(i=0;i<192;){
    sig_RG = TXBuffer[i++];
    sig_R = sig_RG >>4;
    sig_G = sig_RG & 0x0f;
    if(sig_R>sig_Rp) del_R = sig_R - sig_Rp;
    else             del_R = sig_Rp - sig_R;
    sum_R += del_R;
    sig_Rp=sig_R;
    if(sig_G>sig_Gp) del_G = sig_G - sig_Gp;
    else             del_G = sig_Gp - sig_G;
    sum_G += del_G;
    sig_Gp=sig_G;
```

（a）ピントが合っている　　　（b）ピントがぼけている

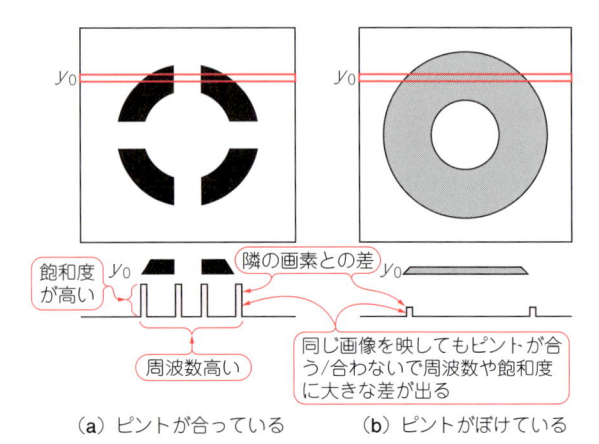

図3 カメラのピントがずれると画像の色の濃さ，きめ細かさが落ちる

被写体ではこの1/4程度しか空間周波数が上がらないため，まずはこれで十分でしょう．

次に，ジャスト・ピントを表示するために，空間周波数の和が一定値を越えたら，LEDを点灯します．ここでは，R，G，Bに分けてLEDを点灯させています．一般にGが輝度変化に最も敏感なので，一つだけ選ぶときはGを使います．$R+G+B$の値で判断しても良いでしょう．正確には輝度（白黒）信号は，次式で表されます．

$Y = 0.3R + 0.59G + 0.11B$

〈漆谷 正義〉

リスト2 抽出した差分の積算値を設定値と比較するプログラム

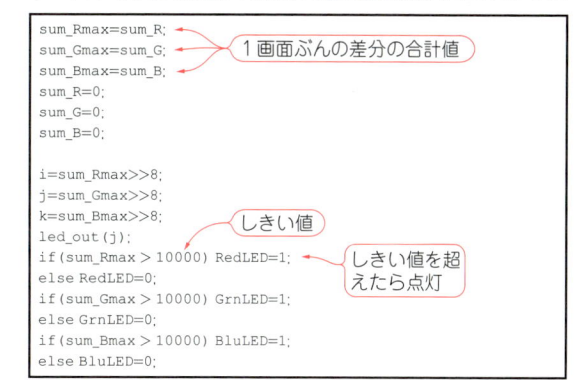

```
sum_Rmax=sum_R;         ← 1画面ぶんの差分の合計値
sum_Gmax=sum_G;
sum_Bmax=sum_B;
sum_R=0;
sum_G=0;
sum_B=0;

i=sum_Rmax>>8;
j=sum_Gmax>>8;
k=sum_Bmax>>8;
led_out(j);              ← しきい値
if(sum_Rmax > 10000) RedLED=1;  ← しきい値を超えたら点灯
else RedLED=0;
if(sum_Gmax > 10000) GrnLED=1;
else GrnLED=0;
if(sum_Bmax > 10000) BluLED=1;
else BluLED=0;
```

レベル3 エリアごとの輝度の総和の変化を検出
〜画面を16エリアに分割しエリアごとに侵入者を発見できる〜

写真1に製作した装置を示します．FIFO付きのカメラ・モジュール，USB接続可能な8ビットPICマイコン，画像確認用の小型LCDモジュールだけで構成しました．

■ 実験結果

● 特定エリアへの侵入者を検出できた

電源を入れると動作を開始します．5秒ごとに1画面のカラー画像（QQVGA，160×120画素）を小型LCDに表示します．

写真2のように，検出エリアに物体が進入すると，そのセルを緑色に変え，同時にLEDを点灯して異常を知らせます．今回は実験のため画面を4×4に16分割しましたが，さらに高性能のマイコンを使って画面の分割数を増やすことも可能です．

LCD画面上での検出エリアを指定できるため，例えば金庫のある場所だけを検出エリアとしたり，キャッシュ・レジスタの位置だけを検出エリアとしたりして，そこに変化があったときだけ画像を外部メディアに記録するなどの応用が考えられます．

検出エリアの設定，検出感度の設定，カメラのレジスタ設定は，USB接続したパソコンからTera Termなどのターミナル・ソフトで変更できます．

■ 侵入者を検出する方法

● エリアごと輝度の経時変化を検出する

小型LCDに搭載されている画像メモリ内の128×128画素を，32×32画素に16分割します（図1，p.56）．

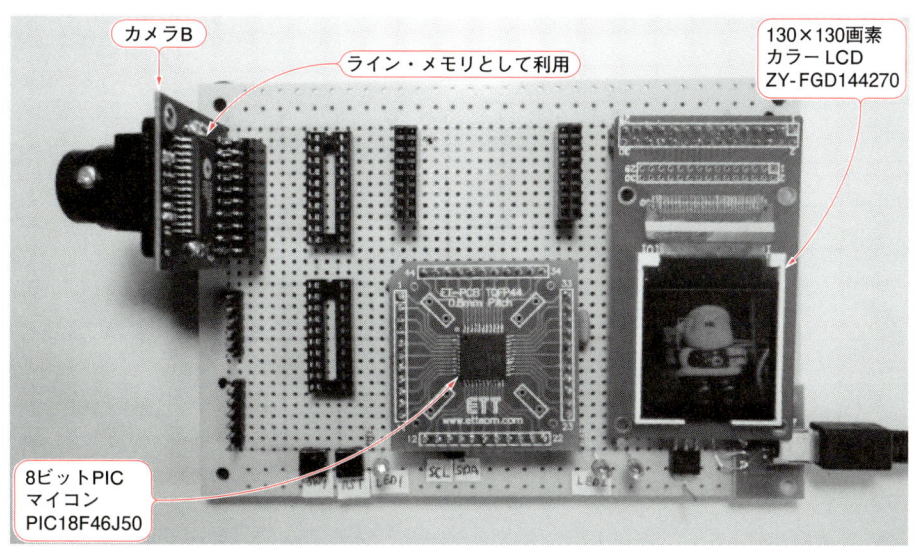

写真1 設定エリアごとの輝度の変化を検出することで侵入者を検出する装置
カメラB内のメモリと小型LCD内のメモリを活用したため外付けのメモリはなし．

(a) 誰もいないときの居間　　(b) 侵入者を検出　　(c) 侵入者発見をエリアの色を変えることで知らせる

写真2　侵入者を検出したときのようす
検出エリアに物体が進入すると，そのセルを緑色に変える．

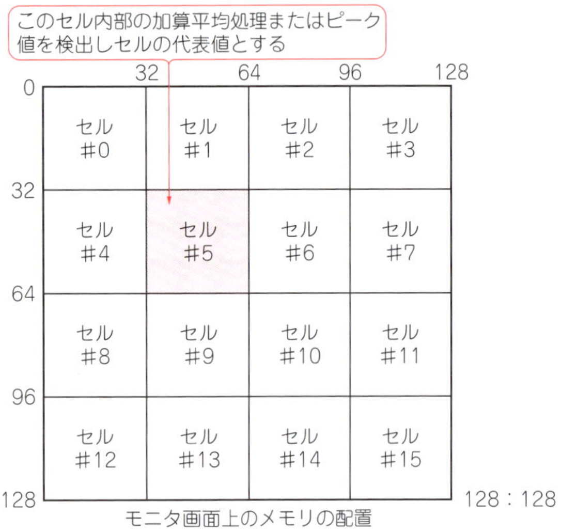

図1　エリアを16分割するために画面メモリも32×32画素に16分割した

このセル内部の加算平均処理またはピーク値を検出しセルの代表値とする

モニタ画面上のメモリの配置

マイコンは設定した検出エリアに相当する画像メモリからデータを読み出します．読み出すデータは，書き込み時の形式には関係なくRGB666の18ビットになっています（**図2**）．

この32×32画素のエリア内で，R，G，Bの画素データそれぞれに加算平均処理を施します．得られたR，G，Bそれぞれの平均値を，以下の式で輝度Yのデータに変換します．

$$Y = 0.257R + 0.504G + 0.098B + 16 \cdots\cdots (1)$$

これで1エリアを一つの輝度データとして取り込めます．一定時間後に全く同じ処理を行い，現在の輝度と過去の輝度を比べることで，侵入者を検出します．

特定の色の検出を行いたい場合は上記のR，G，Bの各平均値を使って判定します．その場合は被写体によって色データが変わることがあるため，カメラのAWB（オート・ホワイト・バランス）をオフにすると安定した結果が得られる場合があります．

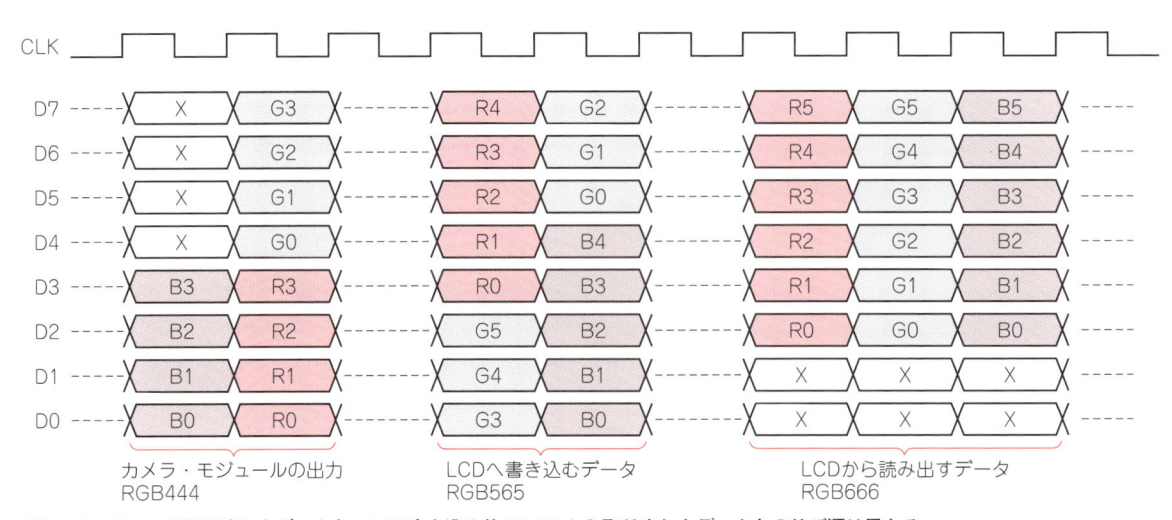

カメラ・モジュールの出力 RGB444　　LCDへ書き込むデータ RGB565　　LCDから読み出すデータ RGB666

図2　カメラBから取り出したデータと，LCD書き込み後にLCDから取り出したデータとの並び順は異なる

第**4**章　高性能 侵入者発見センサとしての応用例

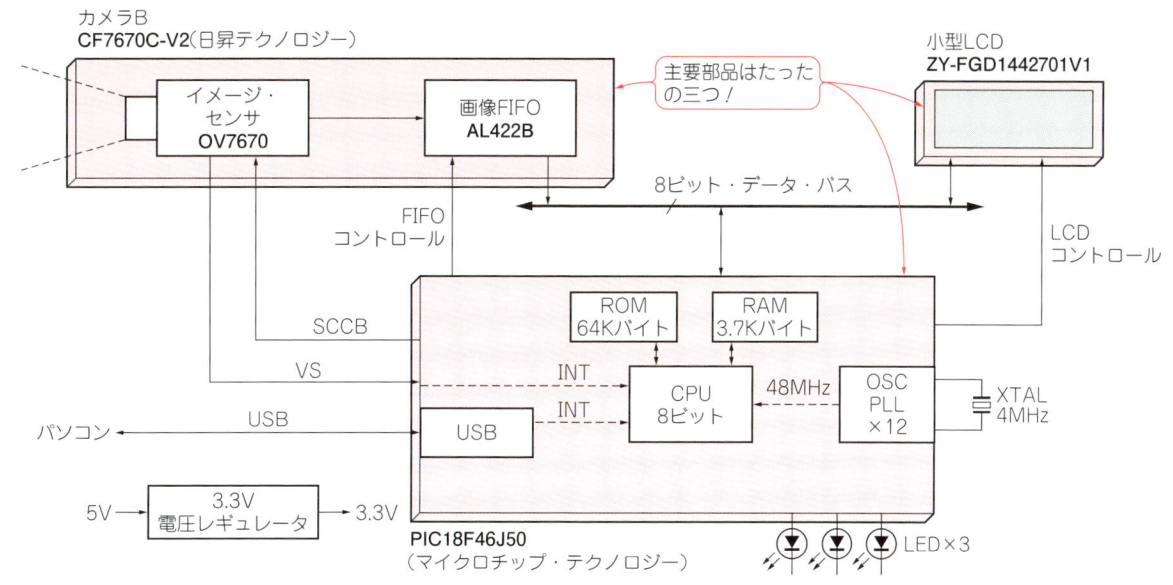

図3 侵入者を検知する装置の機能ブロック図

▶比較データを工夫することで精度が増す

　室内のように明るさの変化があまりない場合，最初に監視エリアの比較基準値を固定してしてしまえば，毎回画像データをその基準値と比較することで異常を検出できます．

　屋外の場合，日中から夜間にかけて全体の画像の輝度が徐々に変わっていきます．そのため一定時間ごとに比較データを更新しておきます．これら比較データの設定を工夫することで，精度の良い侵入者検出ができるようになります．

● 画面中の点光源を検出するときはピーク検出を行う

　上述の平均値を導出する方法では，エリア内の小さな画像の変化が薄められてしまい，進入物を十分に検出できない場合があります．その場合には画像の比較をエリア内の平均値ではなく，エリア内のピーク値で行うと効果があります．

　例えば暗い画像の中に輝度の高い小さな点が現れた場合，平均値を求めていては変化が薄められてしまいます．ピーク値で判断すれば検出できます．懐中電灯などの小さな白点を検出する際に有効です．ただしエリア内の1画素だけのピーク値で判断すると，感度が上がりすぎ，ノイズなどで誤検知することがあります．

■ ハードウェアの構成

　装置のブロック図と回路図をそれぞれ，図3と図4に示します．主要部品は三つしかありません．

● 画像をゆっくり取り込むためにカメラBを使う

▶マイコンは自分のペースで画像を読み出せる

　過去の画像を取り込むためには1フレームぶんの画像を記録するメモリが必要になります．そこでFIFOメモリ付きのカメラ・モジュール(p.6～p.7参照)を使用しました．

　写真3にカメラBに搭載されているFIFOメモリAL422Bの外観を示します．図5に内部ブロック図を示します．FIFOというのはFirst In First Outの略で，長大なシフトレジスタと思ってください．

　入力側からデータを入れると，データが次々に出力側に転がっていって底に溜まっていきます．取り出すときは底から一つずつ取り出します．従って途中のデータだけを先に取り出すことはできません．あくまでも入れた順番に取り出すイメージです(図6)．

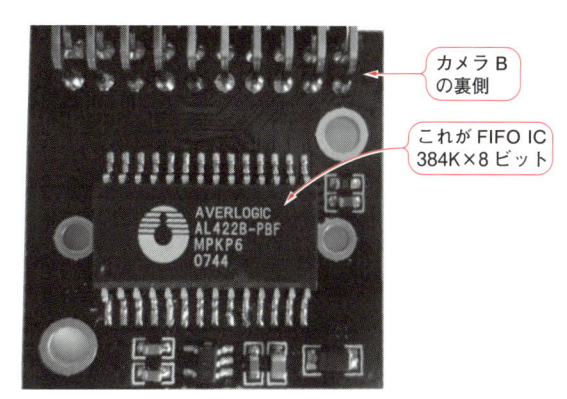

写真3　カメラBに搭載されている画像FIFO AL422Bの外観

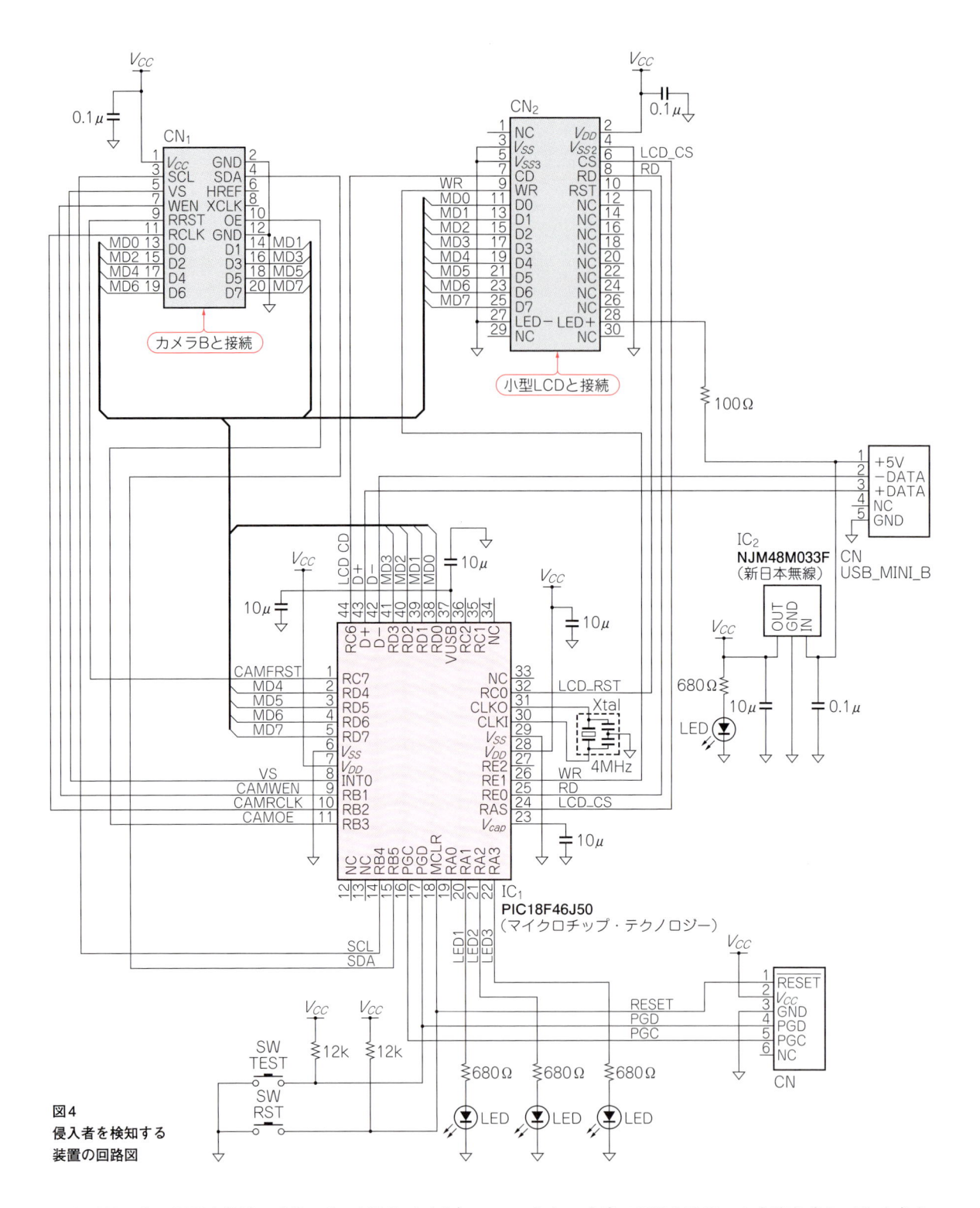

図4 侵入者を検知する装置の回路図

 AL422Bは，QVGA（320×240×2＝153Kバイト）1枚分の画像を記憶するために，内部に3MビットのDRAMを内蔵しています．書き込みアドレス・カウンタと読み出しアドレス・カウンタを独立して持つことにより，疑似的にFIFO動作を実現しています．

 なお，本当のFIFOはデータを取り出してしまうとFIFOの中身は空っぽになってしまい，再利用できません．疑似FIFOであるAL422Bは，アドレス・カウンタをリセットすることによって同じデータを何回も読み出すことができるので，テレビ・モニタや小型

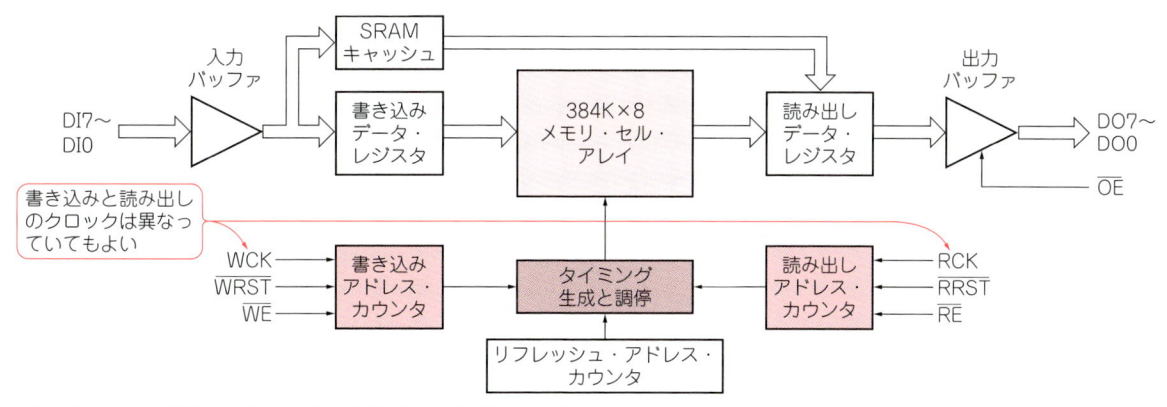

図5 カメラBに搭載するFIFOメモリAL422Bの内部ブロック図
書き込みと読み出し用に別々のクロック入力がある．

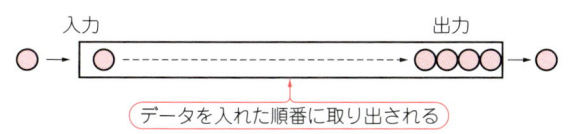

図6 FIFOメモリは先に入ったデータが必ず先に読み出される

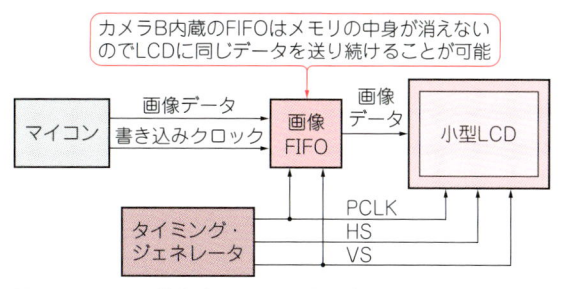

図7 カメラBに搭載するFIFOを使えば小型LCDに常に同一画像を送り出せる

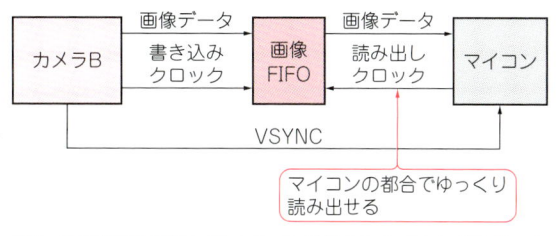

図8 画像FIFOがあればマイコンは好きなタイミングでデータを取り出せる

LCDに画像を表示する際に便利です（**図7**）．
　今回はカメラ側から1画面ぶんを高速に書き込み，CPU側からゆっくりと読み出しています（**図8**）．

▶ **AL422Bには常にクロックを与えておく**

　AL422Bの内蔵メモリはDRAMなのでリフレッシュが必要です．実際には内部で自動的にリフレッシュが行われるので，ユーザは気にする必要はありませんが，1MHz以上のクロックを常に与え続ける必要があります．AL422Bではリードまたはライト・クロックのどちらか早いほうがリフレッシュとして用いられるので，常にどちらか一方のクロック端子にはクロックを与えないと画像データが失われます．

▶ **OE，RRST入力はクロックと同期させること**

　今回はCPUのポート数が足りなかったため，AL422Bのデータ・バスを小型LCDと共用にしたのですが，カメラBからの画像を正常に表示できず悩みました．マニュアルをよく見るとOE入力，RRST入力とも動作を確定させるためにはRDクロックが必要なことが分かりました．
　OEを"H"にしてからRDクロックを1回入れることで，AL422Bのバス出力がディスエーブルになり，小型LCDに画像を表示することができました．

● **パソコンと通信できるようにUSB付き高速8ビット・マイコンを使用した**

　マイコンはPIC18F46J50を使用しました．パソコンとの通信には内蔵のUSBモジュールを使っています．画像処理の際には大量のデータ処理が必要になり

8ビット・マイコンやFPGAで小数点演算を楽に行うには　Column

　8ビット・マイコンにとって小数点演算と除算は負荷が重いため，式(1)に示した輝度の計算式の左右の両辺を32倍(5ビット左シフト)して，

$$32Y = 8R + 16G + 3B + 512$$

というように式を整数領域に簡略化し，最後に左辺を1/32(5ビット右シフト)することで演算を高速化しています．この方法は小数点演算の苦手なFPGAなどで画像処理を行う場合によく使われます．

ますのでマイコンは高速動作が求められます．PIC18F46J50は，外付け4MHzのセラミック発振子をベースに，内部PLLで48MHzをシステム・クロックとして生成しており，8ビット・マイコンとは言いながら，かなりの高速処理が可能です．

● 大容量バッファを確保するためにリンカ・スクリプトを変更した

コンパイルにはMicrochip Cコンパイラを用いました．デフォルト設定では配列変数は最大256バイトまでしか確保できないため，今回のようにカメラの画像1ラインぶんのデータ（320バイト）を配列宣言すると，リンカで"can not fit the section"というエラーが出ます．対策のためにリンカ・スクリプトを変更して512バイトまでの変数エリアを確保しています．

▶ リンカ・スクリプトの変更点
```
  START=0x100 END=0x2FF PROTECTED
  DATABANK NAME=big
  SECTION NAME=buf_scn RAM=big
```

▶ ソース・ファイルでの大容量バッファ宣言
```
  #pragma udata buf_scn
  unsigned char cambuf[320];
```

また，配列のポインタはデフォルトでは256以上の配列をアドレスできないため，別変数でポインタを指定し直してアドレスすることで，問題を回避できます．例：
```
  int lbufptr;
  char *buf_ptr=&cambuf[0];
  buf_ptr[lbufptr]=0x00;
```

なお，USBスタックを使用するにあたっては，マイクロチップのMicrochip Application LibrariesのUSB-シリアル変換モジュールを参考にしました．USB処理は1msに1回の割り込みで行われるため，ユーザ・プログラムはUSB処理を意識せずに実行でき，複雑なマルチタスク処理を簡単に実現できました．

● ハードを簡単にするためLCDに内蔵するメモリを画像処理に利用した

カメラ画像確認用に，aitendoのバックライト付きカラーLCD ZY-FGD144270（130×130画素）を使っています．この小型LCDは内部に画像メモリを持ち，2バイトでRGBデータを書き込むと，カラーで1画素を表示します．この画像メモリはアドレス指定することでランダムに読み書きが可能です．

今回はCPU内のRAMが3.7Kバイトと，1枚ぶんの画像を記録するには足りないため，この小型LCDモジュールの画像メモリを外付け画像バッファとして使用することで，ハードウェアの構成をシンプルにしました．

● カメラBへの接続と設定
▶ マイコンのI²Cは使えなかった

カメラBはSCCBと呼ばれる2本のシリアル・インターフェースでマイコンと接続します．SCCBはI²Cとほぼ同等と聞いていたため，マイコン内蔵のI²Cインターフェースに直接接続して制御しようとしましたが，うまく動作しませんでした．そこで今回はソフトウェアで出力ポートを制御することで，SCCBを実現しました．

なおカメラBのSDA端子は，カメラB内部で1kΩの抵抗が直列に入っているため，外付けプルアップ抵抗が数kΩくらいでは十分に"L"を出力できないようでした．なお今回のカメラB（CF7670C-V2）は，プルアップ抵抗が不要です．

▶ 画像サイズはQQVGAとした

小型LCDの表示サイズが130×130画素と小さいため，画像のリサイズが必要です．当初はカメラBのVGA出力をそのまま取り込んで，マイコンでサンプリングしてモニタに表示しようかと思いましたが，QQVGA（160×120）に設定できることが分かったので1ラインごとにそのまま読み出し，両端のデータを捨ててモニタに送っています．

カメラBの仕様ではVGA（640×480×16ビット＝614Kバイト）まで出力できますが，画像FIFOの容量が3Mビット（393Kバイト）のため，1画素16ビット設定時は，QVGA（320×240×2＝153Kバイト）までしか使用できません．

今回は小型LCDに合わせてQQVGA，RGB444の設定で用いました．単なる画像表示の場合はYUV形式の方がデータ効率がいいのですが，画像処理を行う場合にはRGB形式の方が便利です．QQVGA，RGB444の場合のレジスタ設定例をリスト1に示します．

▶ 各種画質調整も可能

製作した装置では，USB経由でパソコンからカメラBのレジスタの内容を確認，変更できるようにしました．パラメータを変更することでいろいろと画質調整の実験ができます．

■ ソフトウェアの要点

図9に本装置の動作フローチャートを示します．メイン・ループでは，カメラ画像の1画面取り込みと検出セルの外枠表示，セルの加算平均値／ピーク値算出を行い，比較データと比較してアラームを発生します．

カメラBからのVSYNC，パソコンからのUSB処理はいつ発生するか分からないので割り込み処理で対応します．

リスト1 侵入者を検出する装置を開発する際にカメラ・モジュールに書き込んだ値

```
{REG_ADRS,DATA}      レジスタ名              説明

{0x11,0x80}          //CLKRC               内部クロック・プリスケーラ設定
{0x3b,0x0a}          //COM11               夜間モード・ディスエーブル
{0x3a,0x04}          //TSLB                ノーマル画像出力
{0x12,0x04}          //COM7                RGB 出力選択
{0x8c,0x02}          //RGB444              RGB444 出力選択
{0x40,0xd0}          //COM15               出力データ・レンジ[00]-[FF]
{0x17,0x16}          //HSTART              HREF 出力開始位置設定
{0x18,0x04}          //HSTOP               HREF 出力停止位置設定
{0x32,0x24}          //HREF                HSTART/HSTOP 下位3ビット
{0x19,0x02}          //VSTART              VSYNC 出力開始位置設定
{0x1a,0x7a}          //VSTOP               VSYNC 出力停止位置設定
{0x03,0x0a}          //VREF                VSTART/VSTOP 下位2ビット
{0x15,0x02}          //COM10               VSYNC 極性反転
{0x0c,0x04}          //COM3                DCWイネーブル
{0x3e,0x1a}          //COM14               DCW、PCLK 設定
{0x72,0x22}          //SCALING_DCWCTR      水平，垂直方向ダウン・サンプリング設定
{0x73,0xf2}          //SCALING_PCLK_DIV    DSPスケーリング制御クロック分周比設定
```

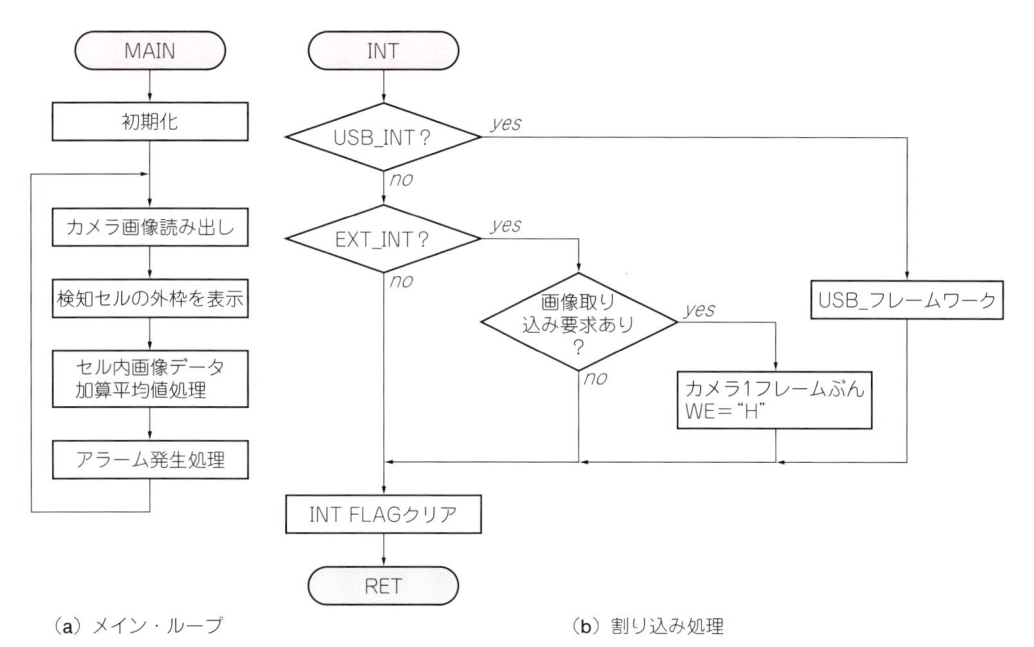

(a) メイン・ループ　　　　　　　　　　(b) 割り込み処理

図9 プログラムのフローチャート(一部抜粋)

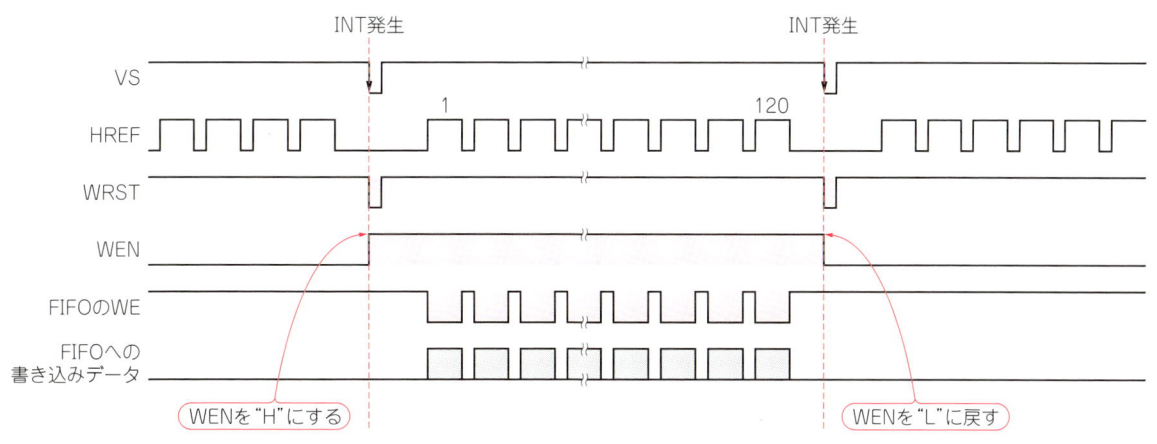

図10 FIFOへ1フレームぶんの画像を取り込む処理のタイミング

レベル3 エリアごとの輝度の総和の変化を検出

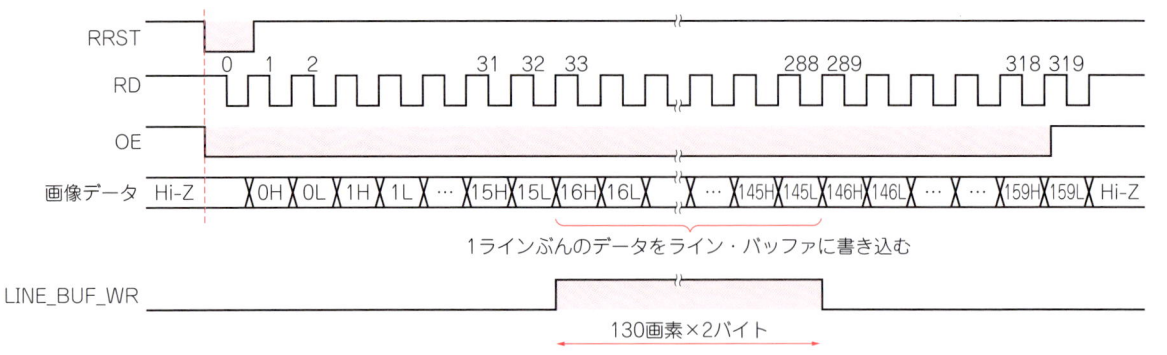

図11 LCD内のライン・バッファに画像を書き込む処理のタイミング

● 取りこぼしを防ぐためFIFOへの画像の取り込みにはVSYNC割り込みを使う

FIFOへ1フレームぶんの画像を取り込む処理では，マイコンの外部割り込み処理を使って取りこぼしを防いでいます．タイミングのクリティカルな外部機器との同期を取るには，外部割り込みを使うのが一般的です．

カメラからのVS(VSYNC)の立ち下がりエッジによる割り込みで，カメラ・モジュールからの1画面ぶんのデータを書き込むためWENを"H"にします（図10）．

FIFOのWE入力にはカメラから水平画素有効期間HREF信号とマイコンからの書き込み信号WENがNANDゲートを通して接続されており，HREFで表される画素有効期間にカメラ・クロックに同期した8ビットのデータが連続で書き込まれます．

次のVS割り込みを検出してWENを"L"に戻すと，1フレームぶんの画像データの書き込みが終了します．

● LCDのデータ形式に合わせLCDへの書き込みの際はRGB444をRGB565に変換する

カメラBからの画像データは，RGB444に設定するとRGBではなくBGRの形式で出力されます．第1ライン目だけ画像FIFOのRRSTを"L"にして読み出しカウンタをリセットします．（図11）．

次に1ライン分のデータ（160×2＝320バイト）をCPU内のライン・バッファに書き込みます．その後，LCD表示形式のRGB565に変換してLCDフレーム・メモリに書き込みます（図2）．この操作を130ラインぶん行うとLCDへの画像表示が完了します．

● CPUからパソコンへの接続にはマイクロチップ提供のUSBフレームワークを利用した

マイクロチップの提供するUSBフレームワークは，USB割り込みで駆動されますので，メイン・ループの処理を煩雑なUSB処理から隔離できます．

パソコン接続時の対話プログラムはUSBフレームワーク内に記述しますが，ここでの説明は省略します．

本装置をパソコンに接続する際には，外部COMポートとして認識されます．パソコンには仮想COMポート・ドライバが必要です．仮想COMポート・ドライバはマイクロチップからダウンロードしたUSBフレームワークに含まれています．

Tera Termなどの通信ソフトで接続することによりレジスタ設定，検出セル設定，検出セルの算出データ表示などができます．

＊　　　＊

今後，マイコンにSDカードを接続すれば，異常検出時の画像データを記録することも可能です．また，USBインターフェースを介してパソコン側で画像データを取得・処理することも可能ですから，いろいろと応用できそうです．

〈藤岡　洋一〉

◆参考文献◆
(1) PIC18F46J50 Operation Manual，マイクロチップ テクノロジー㈱．
(2) Microchip Applications Libraries，マイクロチップ テクノロジー㈱．
(3) FIFO付きCMOSカメラ・モジュール CF7670C-V2 回路図，㈱日昇テクノロジー．
(4) OV7670 Operation Manual，OmniVision Technologies, Inc.
(5) AL422Bデータシート，AverLogic Technologies, Corp. http://www.frc.ri.cmu.edu/projects/buzzard/mve/HWSpecs-1/Documentation/AL422B_Data_Sheets.pdf
(6) TFT COLOR LCD MODULE ZY-FGD1442701V1 SPEC，aitendo http://aitendo2.sakura.ne.jp/aitendo_data/product_img2/product_img/panel/ZY-FGD1442701V1/W-FGD144270111111.pdf
(7) ST7735 manual，Sitronix Technology Corp.

（初出：「トランジスタ技術」 2012年3月号　特集第4章）

第5章 設置が簡単でターゲットが複数あっても狙いを定めることができる
移動量&スピード検出器の製作実験

田中電工

捕えた現在と過去の画像の差分を抽出して，物体の移動距離を計算する移動量測定器を作りました．この移動量を撮影周期で割ると，速度も求まります．

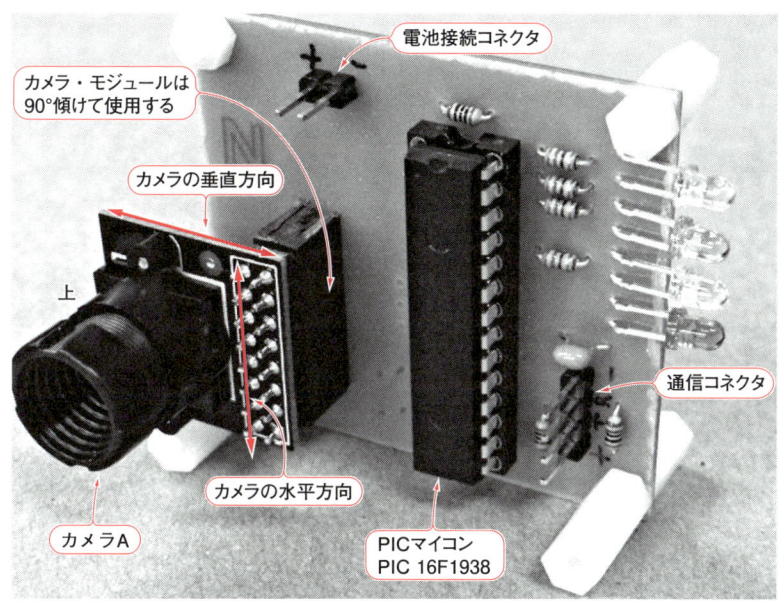

(a) 装置の外観

(b) 線の移動量検出実験のようす

写真1 製作したお手軽速度検出器…PICマイコンとカメラ・モジュール(カメラA)だけのシンプルな構成

● 従来の速度測定方法

速度を検出する方法にはこれまで，大きく二つありました．

▶ 光センサやループ・コイルを使う方法…設置がたいへん

一つは，車の通過を検知するセンサを2ケ所以上設置し，センサA通過後，センサBを通過するまでの時間を測る方法です．既知のセンサ間距離と通過時間から時速が求まります．センサには，ループ・コイルや光センサが使われます．

▶ 電磁波を利用する方法…ターゲットを特定できない

もう一つはドップラー効果を利用したものです．測定対象に電磁波を放射し，反射波の周波数変化から速度を導出します．

前者は設置に手間が掛かりますし，決まった場所でしか測定できません．後者は複数の物体が並走していると，電磁波を対象物に放射しづらいですし，本当にその対象物の速度を測れたのか，確信が持てません．

● カメラなら設置が簡単！二つ以上のターゲットも一挙に測定

カメラであればこの問題を解決できます．設置は簡単ですし，対象物に電磁波を放射しなくても速度を検出できます．

カメラは通常，1/60秒または1/30秒という速さで画像を取得しています．例えば時速5kmで歩く人は，1秒間に1.4 m移動します．撮影画像から1秒前と現在の画像の差分(移動量)を検出できれば，歩行スピードが求まります．また，時速120 kmの車は，1/60秒間に0.56 m移動します．撮影画像から1/60秒前と現在の画像の差分を抽出できれば，自動車の速度が求まります．

実際に自動車の速度が求まる装置を作るのは，大変手間が掛かります．ここでは考案した検出方法が正しいかを確認するために，数cm/sでゆっくり移動する対象物の移動量を求める実験を行います．

▶ 本書関連プログラムはトランジスタ技術SPECIAL No.124の弊社ウェブ・ページにまとめて掲載する予定です．

実験1 測定ターゲットが特定のライン上を移動している場合

実験1 測定ターゲットが特定のライン上を移動している場合
〜ディスプレイに映し出された輝線の動きをキャッチ〜

物体がある特定のライン上を移動している場合は，2次元画像を使用しなくても，水平1ラインの画素を調べることで移動量を求めることができます．水平1ラインであれば，データを保存するメモリを少なくできます．

ここではFIFOのないカメラA（p.6〜p.7参照）と8ビットPICマイコンを利用し，パソコンの画面上を移動する縦線の移動量の検出にTRYしました．

■ 実験結果

写真1（p.63）に製作した実験用基板と実験のようすを示します．主な部品はPICマイコンとカメラAだけです．

実験はパソコンで縦のラインを左から右に動かすプログラムを作成して行いました．またデバッグとピント調整用にマイコンで収集したデータを表示するソフトウェアも作成しました．

最初に検出した位置と2回目に検出した位置がどれくらい離れているかによって4段階のLED表示を行っています（図1）．条件を絞って簡単な実験を行った範囲では4段階の速度検出が可能でした（表1）．

■ 測定方法

速度の検出は図2のように考えました．カメラAからの1ラインぶんのデータを，マイコン内蔵RAM（240バイト）のアドレス上位4ビットに保存します．

一定時間経過後に再度，1ラインのデータをRAMのアドレス下位4ビットに保存します．その後，上位と下位のデータを比較することで，対象物の移動量が分かります．

● カメラAを90°回転させ，垂直1ラインを取り込む

カメラAを使って1ラインの画素データを取り込む場合，カメラの水平方向と垂直方向とでは取り込む周期に大きな差があります．図3は320×240画素（QVGA）の場合です．

水平方向のデータはPCLKのクロックに同期して取り込む必要があり，垂直方向の場合はHREFに同期して取り込みます．垂直方向と水平方向の同期の差は，フロントポーチやバックポーチを無視しても320画素×2バイト以上となり，垂直方向のデータを取り込む方が処理しやすくなります．

図4は実際に垂直方向の画素を取り込んでいるようすです．水平1ライン中，HREFは1画素ぶんしか"H"にならないため，8ビット・マイコンで処理が間に合っていることを確認できました．図4中のPIC_DBG信号は，デバッグ用にPICの空き端子を利用してデー

表1 実験結果

1秒間のドット差 [ドット]	速度 [cm/s]	輝線の移動量を 示すインジケータ [個]
30未満	3.6未満	1
30〜60	3.6以上〜7.3未満	2
60〜90	7.3以上〜10.9未満	3
90以上	10.9以上	4

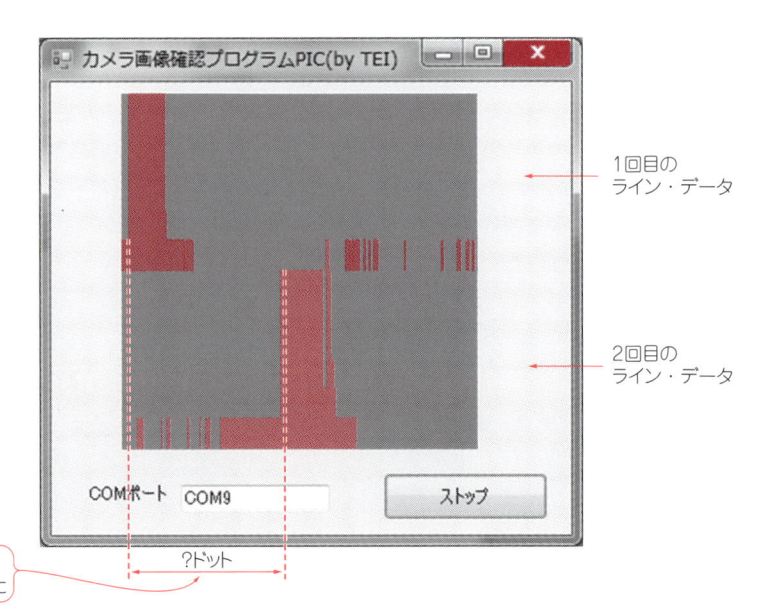

図1 1秒後に検出した位置がどれくらい離れているかによって4段階のLED表示を行う

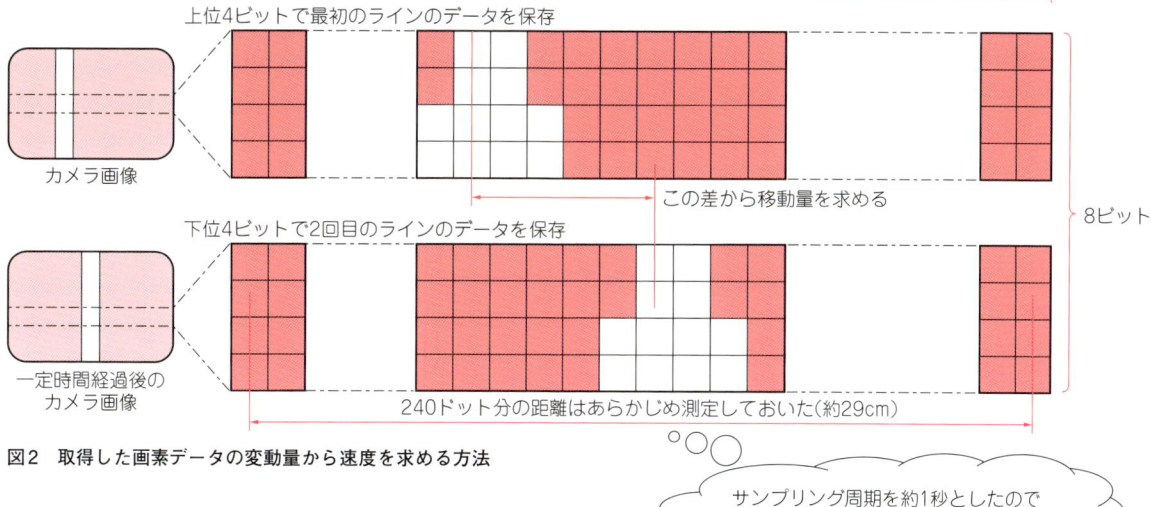

図2 取得した画素データの変動量から速度を求める方法

- 240バイトのデータ配列
- 上位4ビットで最初のラインのデータを保存
- 下位4ビットで2回目のラインのデータを保存
- この差から移動量を求める
- 240ドット分の距離はあらかじめ測定しておいた(約29cm)
- 8ビット
- カメラ画像
- 一定時間経過後のカメラ画像

> サンプリング周期を約1秒としたので
> 1ドット＝29cm÷240ドット＝0.12cm/s

タ取得のタイミングを示したものです．

今回は8ビット・マイコンでの処理を考慮し，垂直方向の240ライン分のデータを利用することにしました．パソコン画面上の縦線の位置を検出するためには，カメラ・モジュールは90°回転して(寝かして)使います(**写真1**，p.63)．

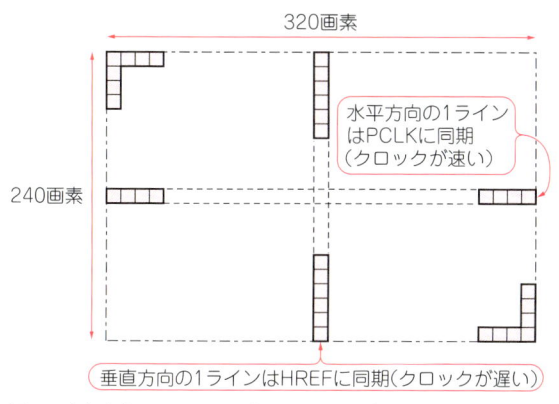

図3 垂直方向1ラインの画像を取り込めばマイコンの負荷が軽くなる

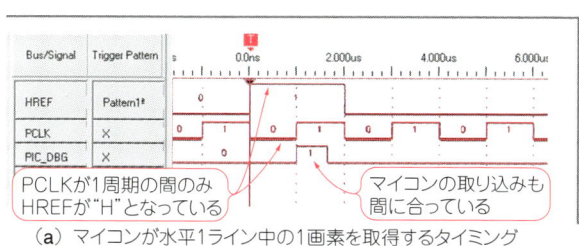

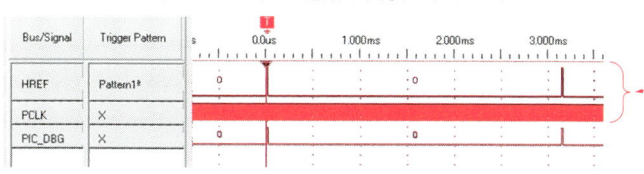

- 320画素
- 240画素
- 水平方向の1ラインはPCLKに同期(クロックが速い)
- 垂直方向の1ラインはHREFに同期(クロックが遅い)

(a) マイコンが水平1ライン中の1画素を取得するタイミング
- PCLKが1周期の間のみHREFが"H"となっている
- マイコンの取り込みも間に合っている

(b) マイコンが1フレームごと1画素を取得するタイミング
- PCLKに対してHREFは周期が長い．マイコン動作に余裕が生じている

● 色の判定を行わず明るさだけを検出する

カメラAの1画素のデータは2バイトです(第1章)．今回は相対的な明るさだけを利用することにしました．また，背景は黒で白い縦ラインの移動を検出することにしたので，カメラA出力の最初の1バイトの赤の上位2ビットと緑の上位2ビットだけを使います．実際のデータでは，最初の1バイトは青4ビットと緑の上位3ビットになっているようです．

1画素の色データを4ビットで保存する(**図5**)ので，240画素のライン・データ2本分でも，240バイトのRAMがあれば比較が可能となります．明るさへの変換は簡易的に各2ビットの加算を利用しました．

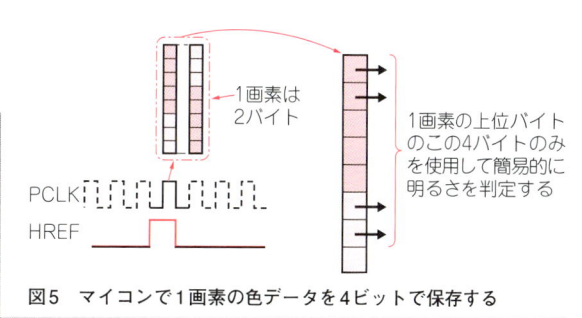

図5 マイコンで1画素の色データを4ビットで保存する
- 1画素は2バイト
- 1画素の上位バイトのこの4バイトのみを使用して簡易的に明るさを判定する

◀**図4**
マイコンがカメラAの垂直方向の1ライン分のデータを取り込んでいるときのタイミング
PIC_DBG信号が"H"のときマイコンはカメラのデータを取り込んでいる．

実験1　測定ターゲットが特定のライン上を移動している場合

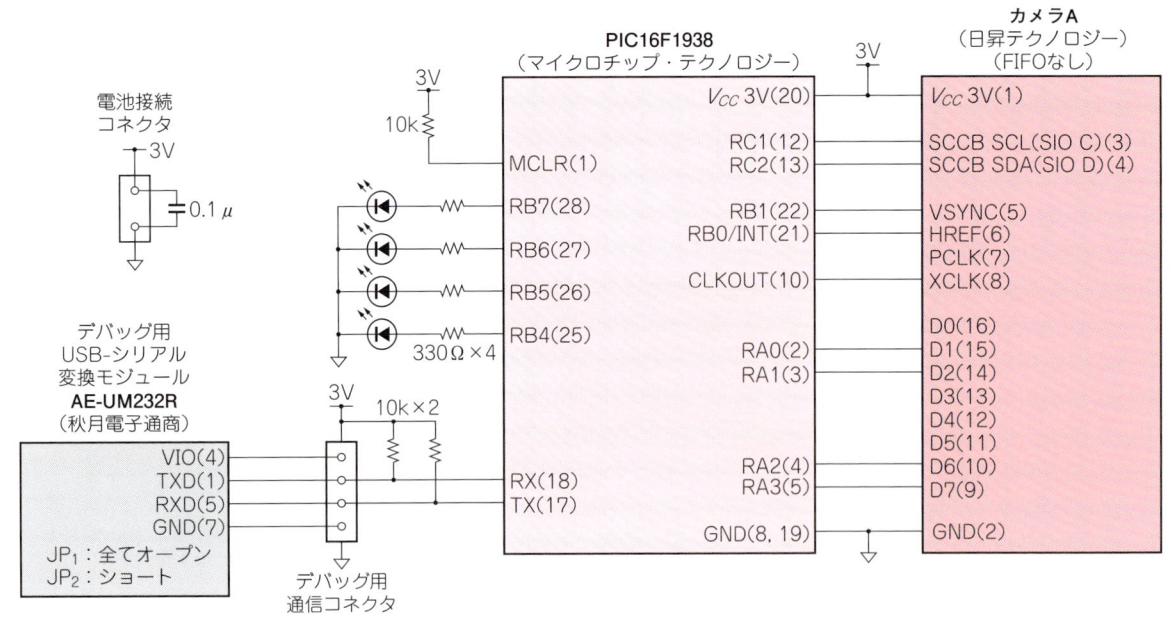

図6　1次元移動量検出の実験回路

■ ハードウェア

● 簡単にするためカメラとPICだけで作った

図6に回路図を示します．カメラA（p.6～p.7参照）と8ビットPICマイコン，LEDだけのシンプルな構成です．

PIC16F1938は8 MHzの内部クロックをPLLで4倍にして32 MHzで動きます．マイコンの内部クロックは設定により外部に出力することができるので，このクロックをカメラAで利用します．

カメラのピントや画角の確認方法　　　　　Column

カメラAのホワイト・バランスは自動で設定されますが，ピントについては手動で設定する必要があります．画像全体を目視できればピントを手動で合わせることができますが，1ラインのデータだけでピントを合わせるのは大変です．そこで1本の縦ラインの絵を準備し，それをカメラAで取り込み，パソコンで表示させます．

ピントがずれると画像がぼやけて広がるので，パソコンで表示される幅が最も狭くなる位置をピントが合っていると判断して調整しました．ピント調整のようすを図Aに示します．

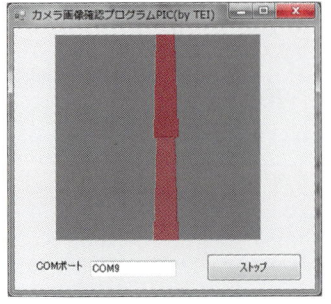

（a）ピント合わせ用画面　　（b）ピントが合った場合　　（c）ピントが合っていない場合

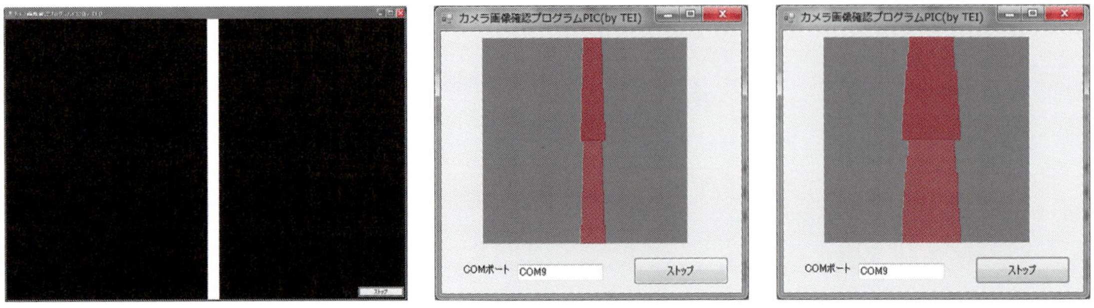

図A　ピント合わせはパソコンで行う
カメラAの画像を取り込み表示するパソコン用ソフトウェアも開発した．これもダウンロード・データとして提供する．

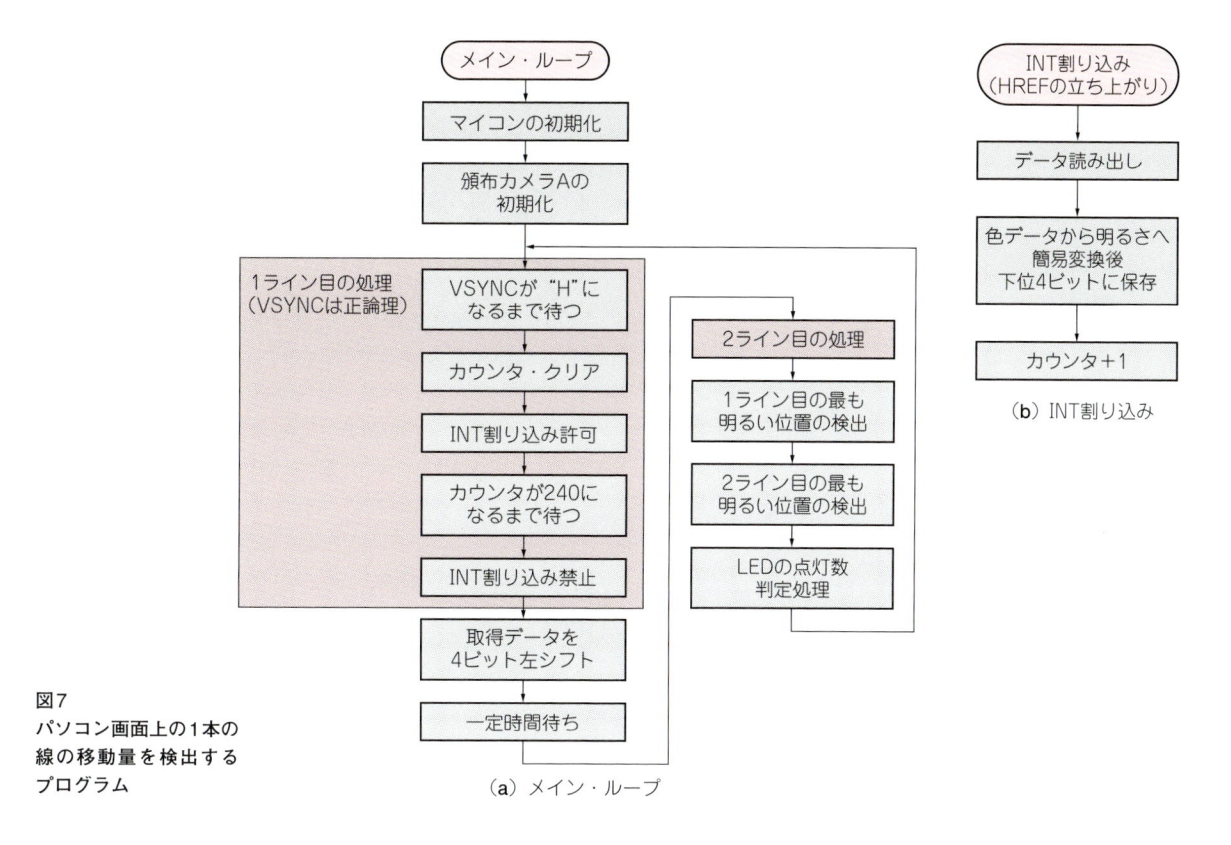

図7
パソコン画面上の1本の
線の移動量を検出する
プログラム

(a) メイン・ループ

(b) INT割り込み

カメラAのクロック範囲は10 M～48 MHzとなっているので，マイコンから出力される8 MHzをカメラ・モジュールのPLL回路で4倍に設定して32 MHzで動かします．ただし画像の取り込みは，このままでは早すぎたので，カメラAのレジスタ設定でPCLKを1/32に分周しました．画像の大きさはQVGAとしたのでPCLKは500 kHzまで下がります．

■ ソフトウェア

● 画像の出力開始/終了はアドレスで設定できる

カメラAはレジスタ設定により画像データの水平フレームの出力開始アドレスと終了アドレスを設定できます．これらのアドレスは上位8ビットと下位3ビットで設定します．同じライン上の1バイト目のデータだけを取得するならば，上位8ビットは同じで下位3ビットでアドレスを一つずらして設定します．

● 1本の線の移動量を求める際には割り込み処理をうまく使い分ける

HREF信号の立ち上がりはマイコンの割り込み端子（INT）を利用して高速に検出するようにしました．VSYNCの立ち上がりを待ち，INT割り込みを許可します．割り込み処理内で4ビットのデータを収集し，また取り込んだバイト数をカウントします．240回の取り込みを終えるとINT割り込みを禁止します．一定時間後に同じ処理を行い，処理結果によって四つのLEDの点灯数を決めます．プログラムのフローチャートを図7に示します．

プログラムの開発はマイクロチップ テクノロジー社のMPLAB IDEを使用し，プログラムのダウンロードはPICkit3を使用しました．

動作確認用のパソコン・ソフトはマイクロソフトのVisualC#2010を使用しました．サンプル・プログラムはCQ出版社のトランジスタ技術SPECIAL No.124のウェブ・ページから入手できます．

実験2 測定ターゲットが複数の場合
~ディスプレイに映し出された車のシルエットをキャッチ~

車までの距離が分かっているとして，1フレーム目に車を撮影し，同じ車を一定時間経過後に2フレーム目に撮影し比較すれば，その車がどれくらい動いたかが分かります（図1）．

■ 実験結果

カメラBを使って，二つの画像を比較演算処理することで，物体の移動量を検出する実験を行ってみました．実験のために製作した基板と実験のようすを**写真1**に示します．実験ではパソコン上で車画像の移動表示を行うテスト・プログラムを実行し，これをカメラB（p.6～p.7参照）で撮影しました．

写真2は1秒前と現在，二つの画像の差分を合成表示したものです．速度を求めるためには，移動した実距離を知る必要があるため，パソコン画面の下に30 cmの物差しを置き，カメラBの映像が物差し全体を映せる位置にカメラBを設置しました．

画像の合成は二つの画素に一定以上の差がある場合に白，差が小さい場合には黒となるように2値化して行いました．

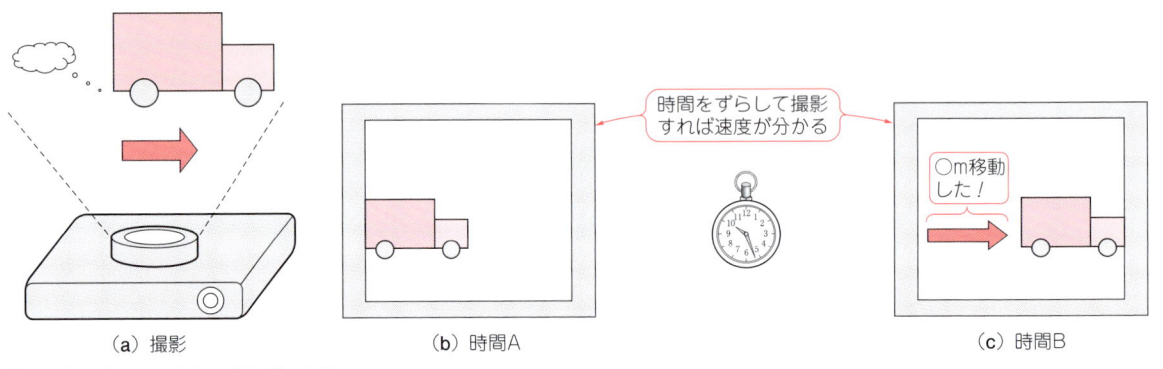

（a）撮影　　（b）時間A　　（c）時間B

図1　カメラは速度のセンサにピッタリ

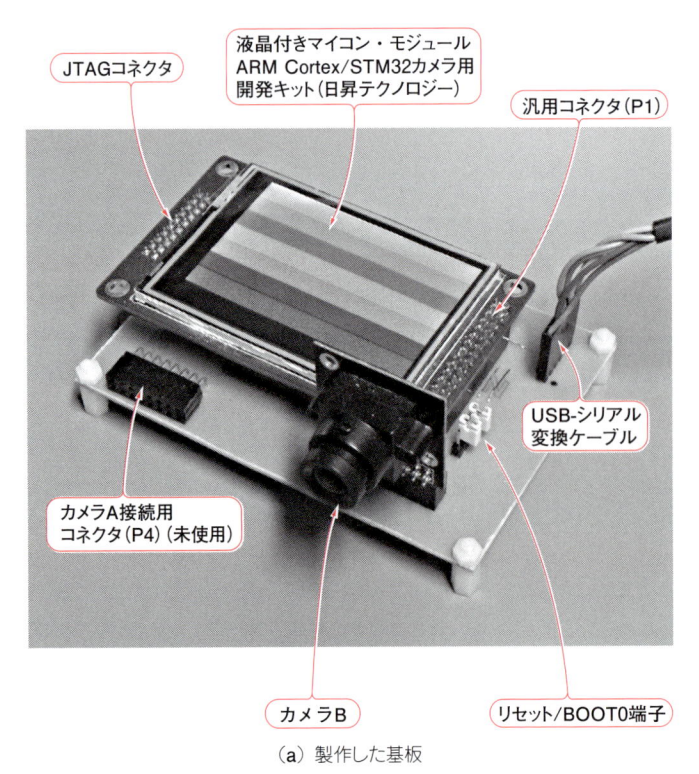

（a）製作した基板　　（b）実験のようす

写真1　車の速度検出実験のために製作した基板と実験のようす

変化量が分かりやすいように緑のグリッドも表示しました．約1秒周期で比較画像を表示すると7 cm/sの移動速度（時速0.25 km）を検出できました．これはパソコンでプログラムした速度とほぼ等しいです．

■ 二つの画像を演算処理するために

● メモリ内蔵のカメラBを利用する

複数のフレーム画像を扱う場合に問題になるのは，画像を保存しておくためのメモリ容量です．パソコンであればかなりのメモリを使うことができますが，組み込み用マイコンだけで処理する場合は限られたメモリで処理しなければなりません．カメラからの映像データは数十MHzでやってくるので処理時間の問題もあります．

そこで少し高価になりますが，フレーム・メモリ付きのカメラB（OV7670 + FIFOカメラ・モジュール）を使いました．

● LCD付きマイコン・モジュールのフレーム・メモリも活用

演算処理した内容の確認には，日昇テクノロジーのLCD付きマイコン・モジュール ARM Cortex-M3/STM32カメラ用開発キット（以降，開発キット）を使用しました．搭載しているマイコンはSTM32F103RBT6（STマイクロエレクトロニクス）です．320×240画素のカラー液晶を搭載し，フレーム・メモリも搭載

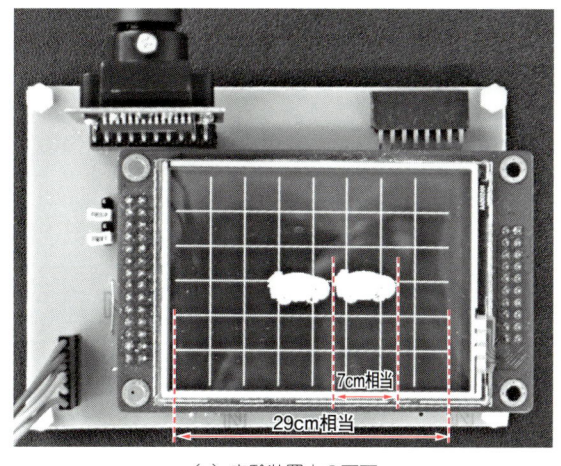

(a) 実験装置上の画面

(b) パソコン上の画面

写真2　1秒前と現在，二つの画像の差分を合成表示した結果

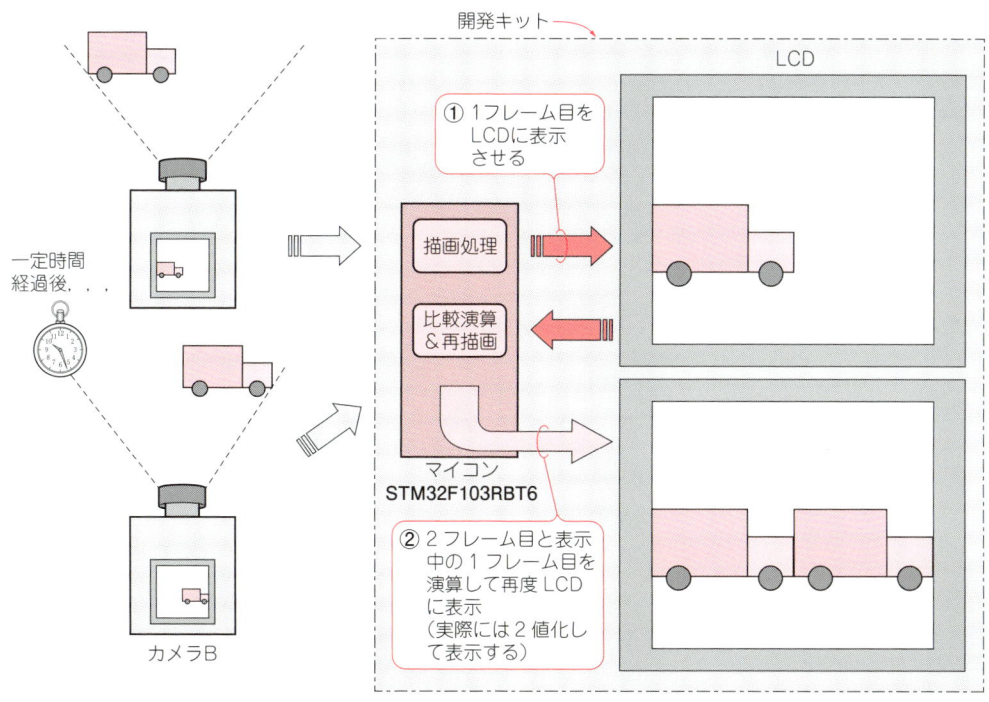

図2　カメラBと開発キットを使った差画像抽出の手順

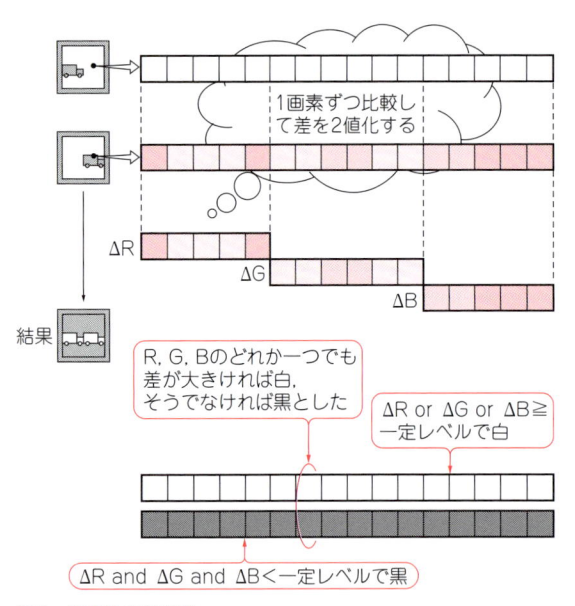

図3 差分抽出の方法
過去と現在の画素の色の変化を抽出．抽出した値を設定値と比較する．

● 二枚の画像を1画素ずつ比べる

図2にカメラ・モジュールと開発キットを使った差画像抽出の概要を示します．まずカメラBのFIFOに最初のフレーム画像を保存します．その後，LCDに表示します．

次に2フレーム目の画像をカメラBのFIFOに保存し，その画像データとLCDに保存しておいた1フレーム目の画像データを比較演算することによって，差分を得ました．差分を得るために二つの画像を1画素ずつ比較して，再びLCDに書き込みます．

▶ 二つの画像の差を求めて2値化する

LCDに書き込む差分データについて説明します．まず各画素についてR，G，Bのそれぞれの差ΔR，ΔG，ΔBを求めました（図3）．

次にその差がR，G，Bのどれか一つでも一定レベル以上であれば，その画素を白にし，差が無ければ黒にします．基準となるレベルは実験により設定しました．

この処理を全画素について行い，LCDに表示します．LCDには移動量が把握しやすいように一定間隔で緑のグリッドを表示します．

単純な方法ですが画面上で変化した内容が簡単に把握できました．取得する2画像の周期を変えることで変化が大きい場合や小さい場合にも対応できると考えています．プログラムのフローチャートを図4に示します．

■ ハードウェア

● カメラBと開発キットをつなぐだけ

図5に回路図を示します．カメラBは汎用コネクタを使って接続しました．図5の回路にはデバッガを接続するためのJTAGコネクタがあり，プログラムの書き込みに使用しました．

開発キットからカメラBへの接続には，SCCB（シリアル通信）端子，VSYNC端子，FIFOコントロール端子，FIFOデータ入出力端子が必要です．

プログラムの開発はKEIL社のuVision4を使用し，プログラムのダウンロードはSTマイクロエレクトロニクスのST-LINKを使用しました．

● カメラB用開発キットのPA8～PA15端子はほかの用途にも使われている

FIFOからのデータ読み出しに使ったPA8～PA15端子は，開発キット基板上でほかの用途に使われています．PA11とPA12はUSBコネクタに接続され，

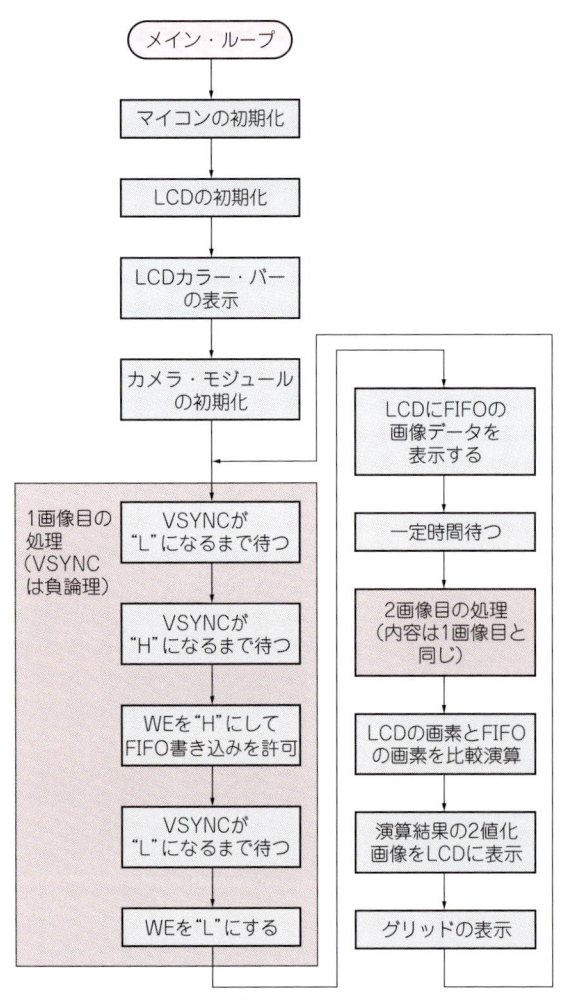

図4 過去と現在の画像の差分を抽出するプログラム

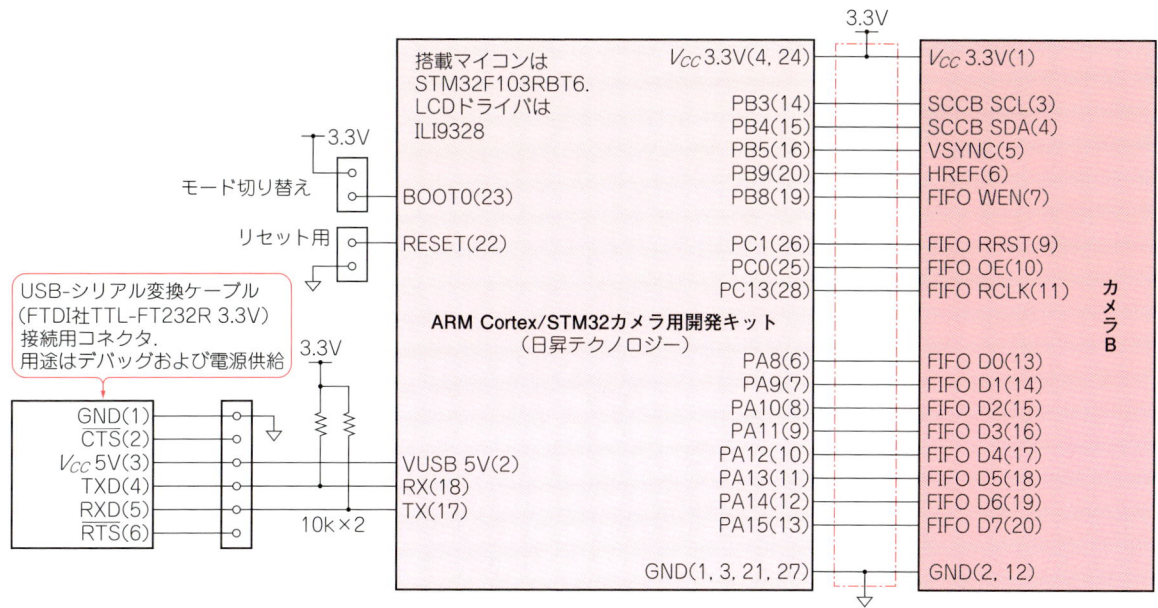

図5 2次元速度検出の実験回路

PA13～PA15はJTAGなどに接続されています．JTAG端子を汎用I/Oとして使用する場合はマイコンのレジスタでJTAGを無効にしなければなりません．JTAG端子はプログラムの書き込みに使用したので書き込み時はJTAG有効，プログラム実行時はJTAG無効にする必要があり，そのためにBOOT0端子を使用します．

BOOT0端子は開発キット基板上でプルダウンされており，通常はユーザ・プログラム（フラッシュ・メモリ）が起動し，JTAG端子を無効にする処理が実行されます．BOOT0端子を"H"にすればシステム・メモリから起動し，各端子は初期状態のままになるので，JTAG端子が有効となり，デバッガからプログラムの書き込みが可能になります．

USB端子もデータ読み出しに使うので，標準搭載のUSBコネクタは使用せず，外付けのUSB-シリアル変換ケーブルを使って電源供給やデバッグを行いました．

■ ソフトウェア

● 販売店のサンプル・プログラムを利用する

カメラBやLCDの初期設定には，日昇テクノロジーのホームページ（http://csun.co.jp/SHOP/2011102201.html）からダウンロードできるサンプル・プログラム（stm32_Demo_cam.zip）を参考にしました．

カメラBの初期設定はSCCB端子を使って行います．取り込む画像は液晶画面に合わせて320×240画素RGB565としました．

LCDとマイコンは購入した基板上で接続されています．タッチ・パネル・インターフェースやSDカード・スロットは使っていません．

カメラBの向きと液晶の向きに合わせて映像の表示方向などの初期設定を行いました．

● 画像を比較する際にはRとBを入れ替える

イメージ・センサOV7670からのビデオ信号は，上位バイトでR5ビット，G3ビット，下位バイトでG3ビット，B5ビットの順で出力されるとデータシートに記載されています．実際に表示させるとRとBが入れ替わっていました．そこでLCD側のレジスタ設定でRとBを入れ替えます．ただしLCDに書き込むときはRとBが入れ替わるのですが，読み出すときは入れ替わらないので，2画素を比較するときの処理でも対策しています．詳細はダウンロード・サービスから入手できるプログラムを参照してください．

＊　　　＊

今回は目視での移動量判定となりました．二つのフレーム画像の比較画像を再度マイコンで処理すれば，物体の速度を自動計測できます．

物体の移動量が少ない場合，画像が重なって判別しにくいこともありました．今後の課題です．

（初出：「トランジスタ技術」2012年3月号 特集第5章）

第6章 これぞカメラ・センサならでは！
バーコードとナンバープレートの数字認識に挑戦

画像認識装置の製作研究

大野 俊治

バーコードや自動車のナンバープレートを撮影して，数字データに変換する実験をしました．画像データの加工には最近，利用者が増えている ARM Cortex-M3 マイコンを使います．

カメラを使って形状を検出するためには，取り込んだ画像を基準画像と比較したり，画像の中に潜む特定のデータ・パターンを抽出したりする必要があります．

本装置では実際には1ラインぶんのデータだけを用いてデコードを行いました．光沢による反射がなければ，ほぼ問題無く読み取りが行えることが分かりました．読み取りのためにはピント合わせのための操作が必要となることから，読み取り速度が要求されるような用途には向きませんが，簡易的な入力装置としては使い物になります．

製作研究その1　バーコード・リーダ
1次元ライン・センサとしての応用

写真1に製作したバーコード・リーダの外観を示します．主要部品はマイコン，カメラA，モニタ（液晶ディスプレイ），操作用のスイッチです（表1）．

● 正しく取り込むための条件
▶決められた範囲にバーコードを映す

本装置はUSB給電にて動作します．電源が投入されると写真2に示すようにモニタ画面上にカメラAのモニタ画像と白線ガイドが表示されます．

白線ガイド内にバーコードが収まるように本装置をバーコード上に移動させていき，画像のピントが合うようにカメラAと対象バーコードの距離を調節します．

▶? 表示がなくなるまでカメラを上下左右に動かす

本装置では22フレーム/sでカメラ画像を取り込み，そのたびにモニタ画像を更新するとともにバーコードの読み取りを試みます．バーコードとおぼしき本数の線が見つかると実際にデコードを試みます．

デコードに失敗したけたがある場合には「?」を含む数列が表示されます［写真2(a)］．この数列表示が始まったならば，ゆっくりとカメラを上下左右に動かしてカメラとバーコードの距離を調節します．

コードの読み取りが成功した時点でその結果が表示されるとともに，モニタ画面の更新が止まります［写真2(b)］．

(a) 読み取りエラーのあるけたは「?」表示される

(b) 全けたを読み取ると画面更新が止まる

写真2　確実に読み取るためにはカメラの位置合わせが大切
モニタ画像上に白線によるガイドを設けた．

▶本書関連プログラムはトランジスタ技術SPECIAL No.124の弊社ウェブ・ページにまとめて掲載する予定です．

表1 バーコード読み取り装置の主要部品と参考価格(いずれも初出時の参考価格. 購入時には確認が必要)

部　品	型　名	製造，販売元	参考価格
カメラA	OV7670カメラモジュール	日昇テクノロジー	1,980円
マイコン・ボード	SAM3-H256	Olimex	約2,300円*
小型液晶ディスプレイ	JD-T1800	Aitendo	999円
ナビ・スイッチ	COM-08184	Sparkfun	約120円

＊為替変動により異なる．

(a) 歯みがき粉　　(b) ニンテンドーDSの箱　　(c) セロファン・テープ

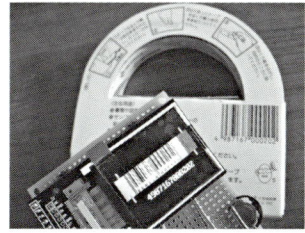

写真3　製作した装置で日用品のバーコードを読み取ることができた

操作スイッチをプッシュまたは上下に回すと読み取り結果がクリアされ，再び対象画像の表示動作が始まります．

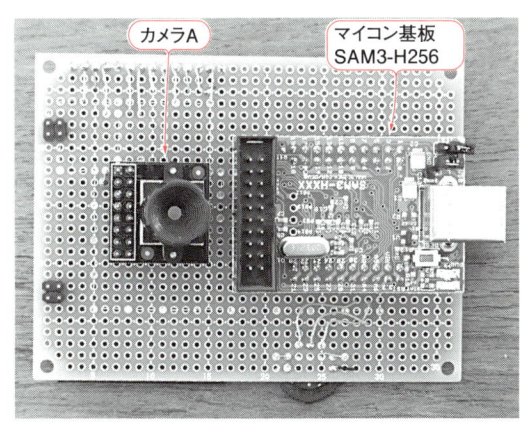

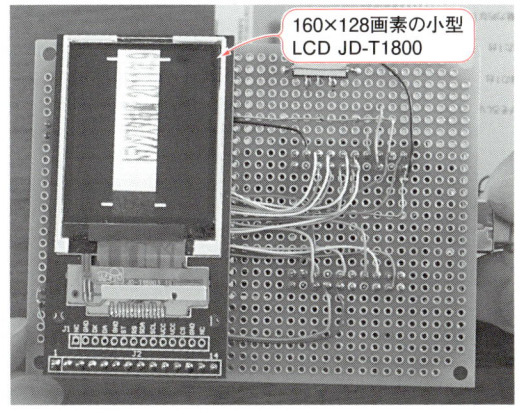

▶日用品につけられたJAN 13けたコードに対応

バーコードにはいくつかの種類がありますが，本装置では日常生活で最も頻繁に見かけるJAN 13けたコードに対応しました．コンビニやスーパで扱っている商品にはほぼ間違いなくJAN 13けたコードで表現されるバーコードが商品にあらかじめ印刷されていたり，バーコードを印刷した商品シールが貼られています．

写真3に示すように，いろいろなバーコードの読み取りに成功しました．

■ バーコードの基礎知識

● 太い線は'1'が連続してできたもの

JAN 13けたコードの構成を図1に示します．コードの数字を表現するキャラクタ・データ以外にも，左右のマージン，ガイドと中央のセンタ・バーの仕様が規定されています．

キャラクタ・データは，センタ・バーの左右に6けたずつしかありません．また右側の最終けたの数字はチェック用の文字であり，商品コードとしての意味は

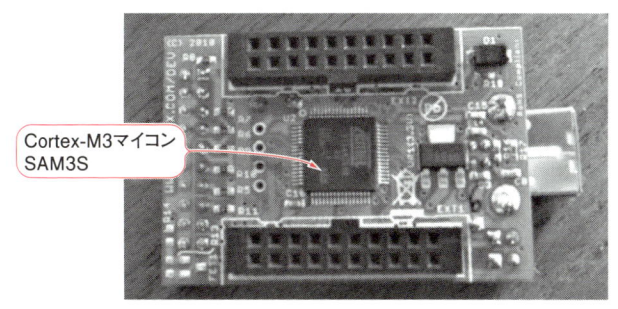

(a) 表面
(b) 裏面
(c) マイコン基板の裏面

写真1　製作したバーコード読み取り装置の外観
1次元ライン・センサや本来の2次元イメージ・センサとして利用する．カメラAとマイコン，モニタ・ディスプレイをつなぎ合わせただけのシンプル構成．

製作研究その1　バーコード・リーダ　73

持っていません．最初の1けたは，後述するように左側6けたの表現形式から求められるしくみです．

キャラクタ・データの各けたは必ず白2本，黒2本の合計4本のバーから構成されています．各バーには4種類の幅があり，最小幅の1倍〜4倍の幅になっています．バーの最小幅の単位は「モジュール」と呼ばれ，各キャラクタ・データは必ず7モジュールの幅を持つように規定されています．また左右のガイド・バーは3モジュール幅，中央のセンタ・バーは5モジュール幅です［図2(a)］．

従って13けたのコード全体では，$3 + 7 \times 6 + 5 + 7 \times 6 + 3 = 95$ モジュールの幅とその左右に十分なマージンが必要です．また，バーの本数では左右のマージン部分の白色部分を勘定に加えれば，$1 + 3 + 4 \times 6 + 5 + 4 \times 6 + 3 + 1 = 61$ 本のバーから構成されています［図2(b)］．

対象とするバーコードを読み取るためには，バーの太さを正しく判別する必要があります．多少のピンぼけや手ぶれを許容するためにも，水平方向には十分な解像度を持った画像を取得します．

■ ハードウェア

図3に本装置のハードウェア構成を，図4に回路図を示します．マイコンSAM3S4Bが持つパラレル・キャプチャという機能によってカメラAからの映像をすべてマイコンで取り込みます（詳細は76ページ）．SAM3S4Bはアトメルの Cortex-M3 マイコンの一つです．システムの動作電圧についての注意点がColumn（p.87）にあります．

● カメラAを使用

カメラAを使用します．イメージ・センサOV

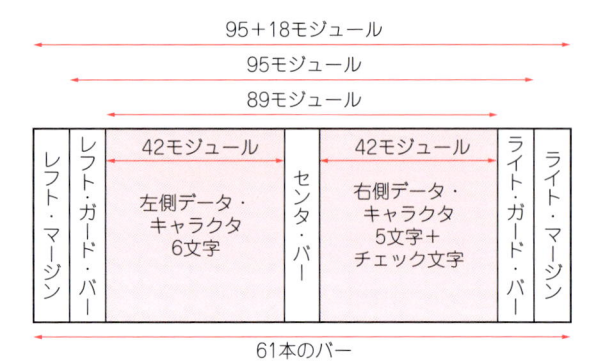

図1 バーコード上に並んでいる棒状の記号の意味…JAN13けたコードのおおまかな構成

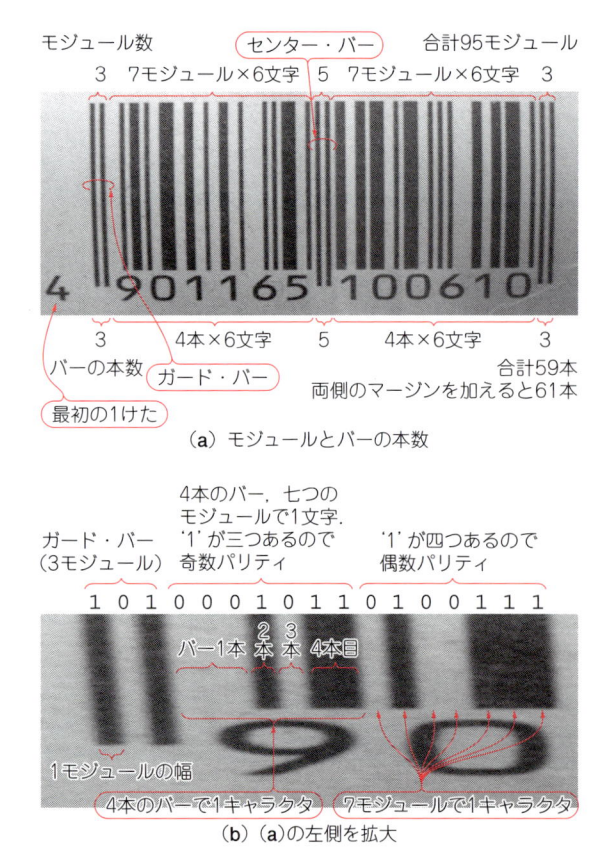

図2 バーコード上に並んでいる棒状の記号は何を表すのか…棒状の記号の羅列は '0' と '1' を表現している

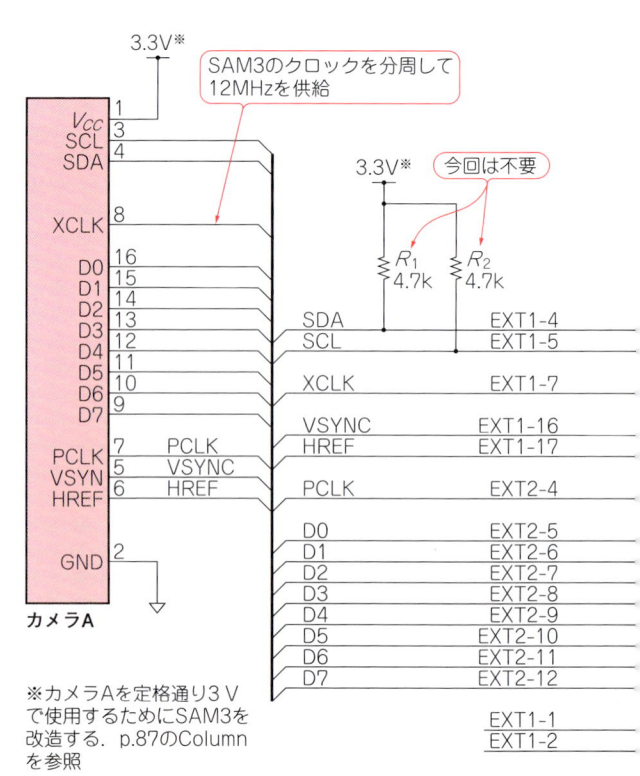

(a) モジュールとバーの本数
(b) (a)の左側を拡大

図4 製作したバーコード読み取り装置の回路図

※カメラAを定格通り3Vで使用するためにSAM3を改造する．p.87のColumnを参照

第6章 画像認識装置の製作研究

7670を搭載しているカメラ・モジュールであれば，他社のものでも構いません．

　オムニビジョンのイメージ・センサは，SCCB（Serial Camera Control Bus）と呼ばれるシリアル・インターフェースを使って制御します．SCCBはI²Cのサブセットと見なすことができ，SAM3S4BのTWIと接続することで制御します．

　カメラAの基本クロックには，10M～48MHzのクロックが必要です．本器ではマイコンのUSB用クロックを分周して生成した12MHzを供給してやります．カメラAから出力される画素クロック（PCLK）やフレーム・レートは，画像の解像度やカメラAの設定によっても変わりますが，本機ではPCLKが18MHz，VSYNCはおよそ22Hzです．

● モニタは少ないピン数で接続できる品を使った

　モニタは，SPI（Serial Peripheral Interface）で接続できるJD-T1800を使っています．8ビットや16ビット・パラレルで接続するタイプのLCDと同じように，フレーム・メモリを内蔵したコントローラを搭載しており，ホスト側のマイコンからコマンドとデータを送ることで，ドット単位での描画ができます．

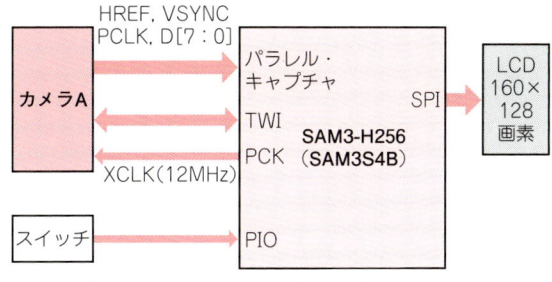

図3 製作したバーコード読み取り装置の構成

　シリアルでコマンドやデータを送信するため，パラレル・バス接続品に比べると描画処理に時間がかかってしまいますが，少ない端子数での接続が可能ですので，少ないピン数のマイコンでも利用できます．

● マイコンとカメラAの接続のコツ
▶ SAM3Sマイコンには画像取得に使えるパラレル・キャプチャ機能がある

　作成したプログラムのサイズは32Kバイト以下です．SAM3S4Bには256Kバイトのフラッシュ容量がありますので，ほかのコードのデコードを追加するといった機能拡張を行う余地が十分にあります．

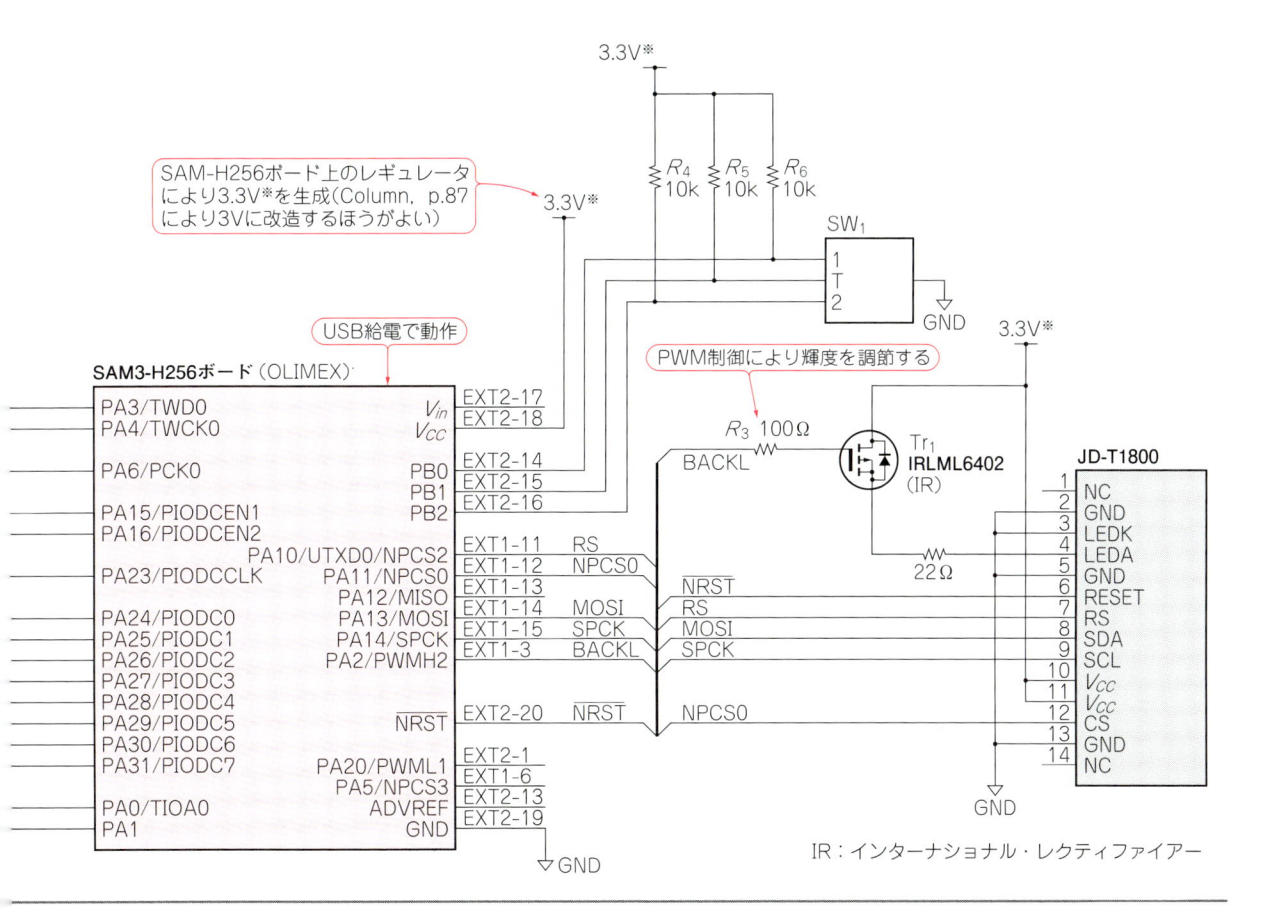

SAM3Sシリーズには，外部メモリを接続可能な100ピン・パッケージのSAM3SCもありますので，このデバイスを使えばより多くの画像情報を保持することができ，2次元バーコードであるQRコードの読み取りも可能になるでしょう．

　SAM3Sはピン数に応じてSAM3SxA（48ピン），SAM3SxB（64ピン），SAM3SxC（100ピン）の3種類に大別できますが，このうちピン数の多いSAM3SxBとSAM3SxCにおいて，カメラAの接続に利用できるパラレル・キャプチャ機能が利用できます．

　本装置は部品数を少なくして製作を容易にするために，すべての画像処理を内蔵RAMだけで済ますことにしたので，RAM容量が豊富なSAM3S4B（フラッシュ256Kバイト，SRAM 48Kバイト）を選択し，このデバイスを搭載するOlimex社のSAM3-H256を使用しました．

　パラレル・キャプチャは，SAM3S4BのGPIOが備える機能の一つです．図4の回路図に示すように特定のピンを8ビット幅のパラレル入力用に用いることができ，カメラAから出力されるデータを画素クロック（PCLK）に同期して読み出すことができます．

　読み込んだデータはPDC（Peripheral DMA Controller）を用いることで，メモリにDMA転送できます．従ってCPUが介在することなく，カメラAからのデータを連続して直接メモリに取り込むことが可能です．

▶ PIODCEN端子はデータの有効期間を指定できる

　二つのPIODCEN端子は，データを取り込む区間を限定するのに利用します．カメラ出力のVSYNC/HREF信号と接続することで有効な画素の出力だけを取り込むことができます．SAM3S4B側の処理は二つのPIODCEN端子がどちらとも"H"である場合にだけ，PLCKの立ち上がりでデータをサンプリングするという至って単純なものです．基本的なタイミングを図5に示します．この例では設定により32ビット単位でDMA転送を行う場合を示しています．

▶ PIODCEN端子の要求に合わせるためVSYNCの極性を逆にする

　SAM3S4Bのパラレル・キャプチャ機能が要求するタイミングは分かりましたので，カメラAの出力タイミングを確認しておきましょう．

　水平方向のビデオ・データ出力は，HREFが"H"の

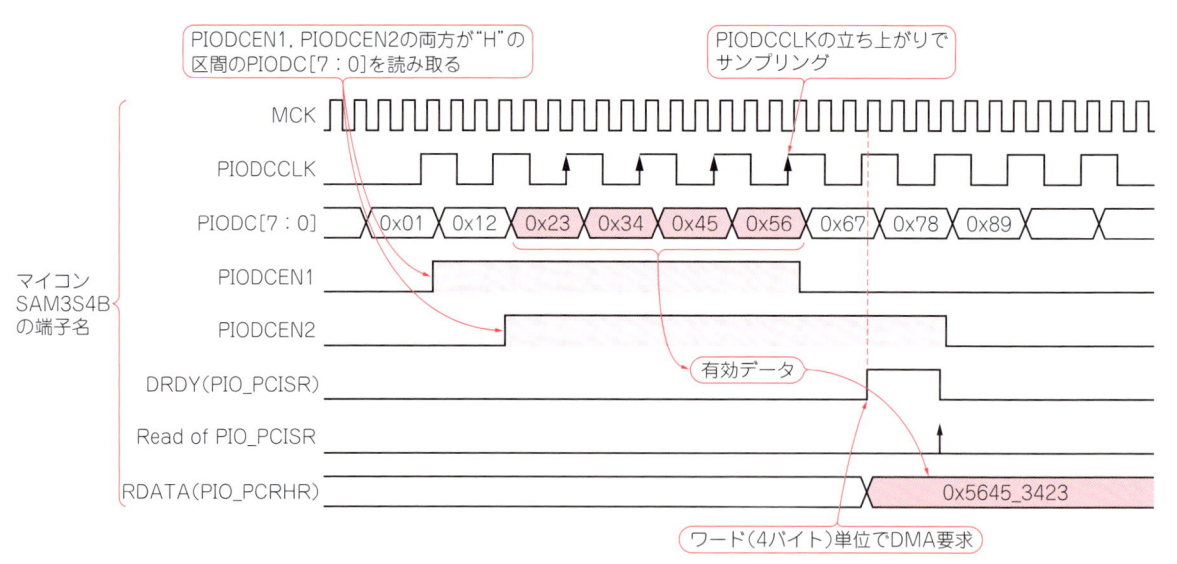

図5 SAM3Sマイコンのパラレル・キャプチャ機能を使えばカメラAからマイコン内蔵のSRAMに一気に画像を転送できる

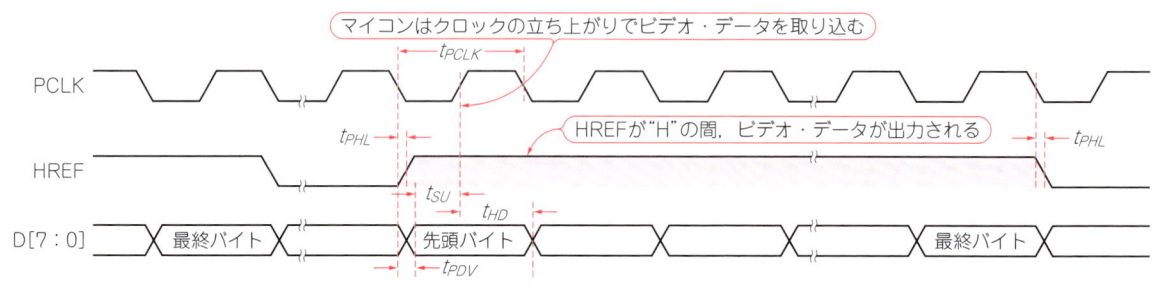

図6 カメラAの水平方向のビデオ・データ出力は，HREFが"H"の間，有効

間，有効です（**図6**）．これはSAM3S4Bが要求するタイミングと同一ですので，これらの信号はSAM3S4Bと直結できます．

ところが図7に示すVSYNC信号は有効期間の間"L"となっており，SAM3S4BのPIODCEN端子の要求と逆になっています．カメラAの出力するVSYNC信号の極性はCOM10レジスタの設定によって反転できますので，この問題はソフトウェアで回避することにします．

▶ マイコンのI/Oには36Ωのダンピング抵抗が入っているため反射防止の外付け抵抗は不要

SAM3S4Bでは端子をTWIに割り当てると，その端子は自動的にオープン・ドレイン出力となります．回路図に示したようにTWIの各線にはプルアップ抵抗が必要となるところですが，使用したカメラA上に既にプルアップ抵抗が実装されていますので，この2本の抵抗は省略できます．ほかの配線についても直接両者をつなげるだけで構いません．

SAM3S4BにはODT（On-Die Termination）と呼ばれる機能があり，各パラレルI/O端子の出力には反射防止のダンピング抵抗36Ω（一部の端子は18Ω）が直列に入っています．そのためカメラAを直結することができます．

● **本装置をパソコンと接続するとUSBデバイスとしても機能する**

本装置はUSB給電にて動作するので，モバイルUSB電源を利用すれば，スタンドアロンの読み取り装置として機能します．パソコンと接続すれば仮想COMポートをサポートしたUSBデバイスとしても動作します．この場合には，読み取り成功のたびに読み取り結果の13けたの数値＋CRLFの合計15文字をホストに対して送出します．

● **最良の状態で読み取るために常にピントを合わせる**

カメラAにはレンズ筒がありますが，この筒を回すことでピントの調節ができます．バーコードを正確

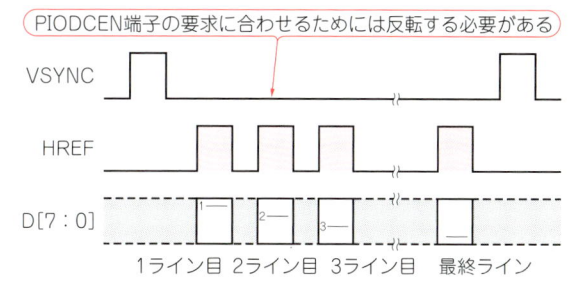

図7 カメラAの垂直方向のビデオ・データ出力は，VSYNCが"L"の間，有効

（PIODCEN端子の要求に合わせるためには反転する必要がある）

に読み取るためには，バーの太さを判別することが必要であり，そのためにはピントの合った鮮明な画像を得ることが重要な条件となります．バーコードとカメラAの間の距離を調節したり，バーコードの大きさに応じてピントを合わせ直す操作が必要となることがあります．

本装置は自然光や屋内照明を用いてバーコードを読み取ります．明るさが不足すると手ぶれの影響を受けやすくなり，読み取りが困難です．また，光沢のある素材にバーコードが印字されている場合には，反射光によりバーが読み取れない場合があります．

■ ソフトウェア1… マイコンに取り込む画像データの最適化

カメラAはSCCBを介してレジスタを設定することにより，その映像出力の形式や画像サイズを変更できます．マイコンの負荷を軽減するために，カメラAからのデータ量を必要最小限に絞ります．

● **映像信号は輝度成分だけを利用**

本装置ではバーコードの白黒を判別できればよいので，カメラAからの出力形式としてYUV形式を指定し，実際には輝度信号であるY（輝度）成分だけを利用します．カメラAではCOM7レジスタの設定によってYUV出力が選択できます．

YUV形式では，**図8**に示すようにY成分は各画素

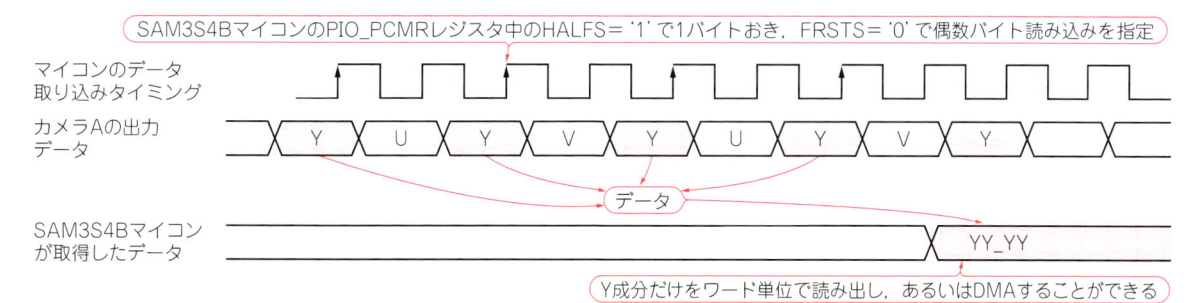

図8 YUV形式では，Y成分は各画素ごとに出力され，UV成分は1画素ごとに交代で出力される
カメラAではCOM7レジスタの設定によってYUV出力が選択できる．

（SAM3S4BマイコンのPIO_PCMRレジスタ中のHALFS='1'で1バイトおき，FRSTS='0'で偶数バイト読み込みを指定）

（Y成分だけをワード単位で読み出し，あるいはDMAすることができる）

ごとに，UV成分は1画素ごとに交代で出力されます．そのため偶数バイト位置のデータだけを読み出すことができれば，Y成分を読み取ることができ，使用するメモリも半減します．

　SAM3S4Bのパラレル・キャプチャ機能では，このようにY成分だけを必要とする用途に対応できるように，PIO_PCMRレジスタを設定することで，偶数バイト位置あるいは奇数バイト位置の片方だけのデータを読み出す機能が用意されています．本装置では図8に示したようにHALFS＝1，FRSTS＝0を設定することで偶数バイト位置にあるY成分だけを読み出します．

● 画面真ん中の40ラインだけを取り込む

　前述したように正しくコードを読み取るためには，十分な水平方向解像度が必要なので，カメラAの解像度としてはVGA（640×480）を使います．しかし，そんなに大きな画像データを出力しても，SAM3S4BのRAM容量（48Kバイト）の制約からそのすべてを取り込むことはできません．そこで40ラインぶんだけのデータを取り込み，表示することとします．また，縦方向480ラインのうちの最初の40ラインをとるよりは，中央部分の40ラインを用いた方が，ひずみの少ない画像を取得できるでしょうし，操作上も違和感がありません．

● ウインドウ機能を利用して両サイドも取り込まない

　カメラAの持つウインドウ機能を用いると，HREF信号の有効期間を限定することにより，選択した領域の画像だけを出力できます．この機能を利用することで，選択部分を読み出すのに必要な最低限のメモリしか消費せずに済みます．

　図9に示すように，HSTART/HSTOP，VSTART/VSTOPの各レジスタを設定することで，実際に画像データを出力する範囲を指定します．本装置ではVSTART/VSTOPを調整することで，画面中央部の40ラインぶんの信号を出力するように設定します．

　このように設定することによってカメラAは，1フレーム当たり640×40×2＝51200バイトのデータを出力しますが，SAM3S4Bではその半分の25600バイトだけを読み取ることとなり，48KバイトのRAM容量で賄うことが可能となります．

■ ソフトウェア2…モニタに映すまで

　カメラAのつなぎ方とその設定が分かったので，次に実際に画像データを取り込んでバーコードをデコードするまでの処理概要を確認しておきましょう．

① 最初にカメラAの持つレジスタをSCCB（TWI）を使って操作することで，画像サイズや出力フォーマットを選択します．COM10レジスタのB1をセットすることで，VSYNC信号を反転させます．
② VSTART/VSTOPレジスタを設定し，中央部分の40ラインぶんだけのデータを出力するようにウインドウを設定します．
③ VSYNC信号の立ち上がりをPA15の状態変化割り込みを利用して検出します．割り込み処理において，DMA転送による画像データの読み出し準備します．出力されるデータのうち，偶数バイトに位置するデータだけを読み取るようにPIO_PCMRレジスタ

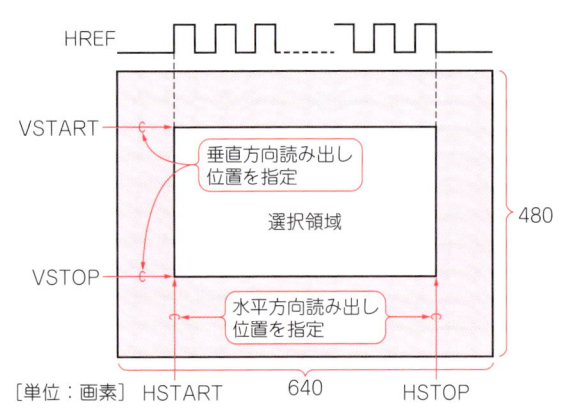

図9 カメラAの持つウインドウ機能を用いると，選択した領域の画像だけを出力できる

リスト1　パラレル・キャプチャとDMAの設定
カメラAからメモリに画像を高速転送するプログラムの一部．

```
uint8_t OV_buffer[640*40];
Pio *pPIOA=PIOA;
…
…
/*
 * パラレル・キャプチャの動作モードを設定
 * 1バイトおきに読み込み，32ビット単位でDMA転送
 */
pPIOA->PIO_PCMR=PIO_PCMR_HALFS | PIO_PCMR_DSIZE(2);
pPIOA->PIO_RPR=ov_buffer;                 /*DMA転送先アドレス*/
pPIOA->PIO_RCR=sizeof(ov_buffer)/4;       /*DMAカウント(32ビット単位)*/
pPIOA->PIO_PTCR=PIO_PTCR_RXTEN;           /*受信DMAをイネーブル*/
pPIOA->PIO_PCIER=PIO_PCIER_ENDRX;         /*DMA完了割り込みをイネーブル*/
pPIOA->PIO_PCMR |=PIO_PCMR_PCEN;          /*キャプチャ開始*/
```

を設定します．読み取るデータは40ラインぶんですので640×40＝25600バイトとなりますが，1度のDMA転送で4バイトずつ転送するように指示しますので，DMA転送回数を指定するPIO_RCRレジスタには6400を指定します．

リスト1にパラレル・キャプチャとDMA転送のために必要なプログラム・コードを示します．SAM 3S4BではDMA転送がデバイス機能の一部として実装されており，とても簡単に使えることも大きな特徴です．

④ DMA完了割り込みを用いて読み出し完了を検出します．
⑤ 読み取られた40ラインぶんの画像データをLCDに表示します．使っているLCDは幅160ドットしかありませんので，横方向のデータは4ドットおきにサンプリングし，その輝度データをLCD表示に必要とされるRGB565形式に変換し，SPIを用いてLCDへ出力します．つまりLCD画面には横方向に1/4に縮小された画像が表示されます．
⑥ 読み取られた40ラインぶんの画像データのうち，中央の1ラインだけに着目し，バーコード認識処理を行います．バーコードが上下逆さまであっても読み取りできるように，「左から右」と「右から左」の両方向での走査を行い認識を試みます．
⑦ バーコードのデコードに成功したならば，その結果をLCD画面に表示し，PA15の状態変化割り込みを禁止します．新しい画像データが入らなくなるので，LCD画面の更新が止まります．
⑧ キーが押されるのを待ち，PA15の状態変化割り込みを許可することで，画像取り込みと画面更新を再開させます．

■ デコードと数字化のアルゴリズム

● バーコードのデコード

バーコードのデコードは，次のような比較的単純な手順で行っていますが，まずまずの読み取り成功率を得ることができています．

① 取得した輝度信号データを'0'と'1'に2値化します．ある輝度信号値を境に'0'と'1'に振り分ける処理をするわけですが，どこをしきい値とするかを動的に決定したうえで振り分け，2値化します．
② 次に61本のバーを見つけます．左端の白部分から始まって，それぞれのバーの幅をドット単位で求めていきます．JAN13けたコードに必要な61本のバーを見つけられないうちに右端までいきついてしまったら，デコード失敗と判定します．
③ 左右のマージンが十分な幅を持っていることを確認します．
④ 得られたバーの幅データがJANコードを表現しているると想定し，キャラクタ・データのデコードを行います．各文字の位置に相当するバー4本の幅情報から，対応する数字を求めます．対応する数字がなければエラーとします．
⑤ 左側6けたの表現形式から，最初のけたを示すプリフィックス文字を求めます．
⑥ 最初の12けたの数値から，チェック文字を演算により求めます．求めた値が最後のけたの数値と一致しなければエラーです．

● 2値化処理…輝度分布データをあるしきい値でフィルタリング

カメラAから入力された画像は，0～255の値をとる輝度信号により表現されるグレー・スケール画像です．これを'0'と'1'のモノクロ画像に変換する2値化処理を行います．この変換は，単純に輝度値の最上位ビット(MSB)だけを見て判断してもほぼ問題なく読み取れるようですが，照明の具合やバーコードが印刷されている媒体によっても，カメラAから見たバーコードの明るさは変化します．そこで輝度値を32段階に分けて，その分布を調べたうえで，しきい値を決定しました．

具体的には**図10**のように，32のそれぞれの輝度段階を持つ画素数をカウントしたヒストグラムを作成して，輝度値の分布を調べます．二つの山が白地部分と黒地部分に相当しますので，両者の間にしきい値をとります．しきい値よりも輝度が大きい(明るい)右側を'0'(白)と判定し，逆側を'1'(黒)と判定します．

● 数字の判読…検査数字も用いて確実に行った

4本のバーの幅から対応する数字を見つけるには，それぞれのバーの幅が何モジュールに相当するかを求めなくてはなりません．4本のバーの合計幅は7モジュールと決まっているので，次のような手順で各バーのモジュール幅を決定します［**図11(a)**］．

▶ ステップ0

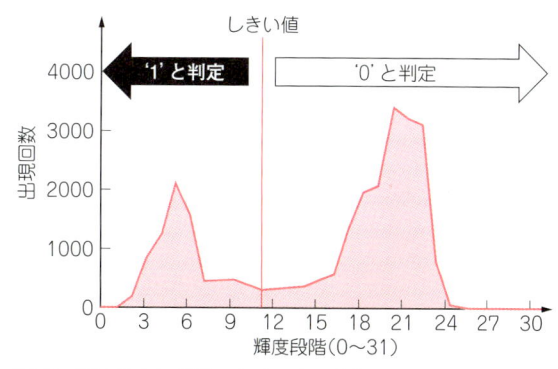

図10 輝度値を32段階に分けてその分布を調べたうえでしきい値を決定した

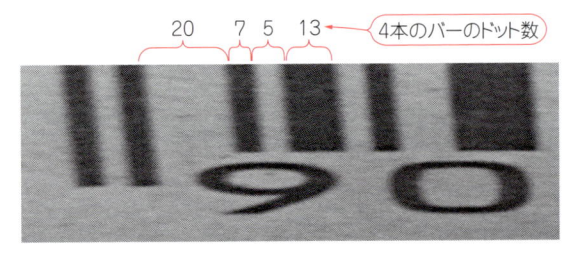

ステップ	ドット数	操作	割り当てモジュール数	残りモジュール数
0	20, 7, 5, 13	誤差を小さくするためにドット数を4倍	0, 0, 0, 0,	7
1	80, 28, 20, 52	各バーに1モジュール割り当て,平均ドット数(25)を引く	1, 1, 1, 1	3
2	55, 3, −5, 27	ドット数最大のバーにもう1モジュールを割り当て,平均ドット数を引く	2, 1, 1, 1	2
3	30, 3, −5, 27	ドット数最大のバーにもう1モジュールを割り当て,平均ドット数を引く	3, 1, 1, 1	1
4	5, 3, −5, 27	ドット数最大のバーにもう1モジュールを割り当て,平均ドット数を引く	3, 1, 1, 2	0
5		モジュール数をビット列に置き換え	0001011	
6		表2からビット列を検索	9(奇数パリティ)	

(a) モジュール幅の決定例1

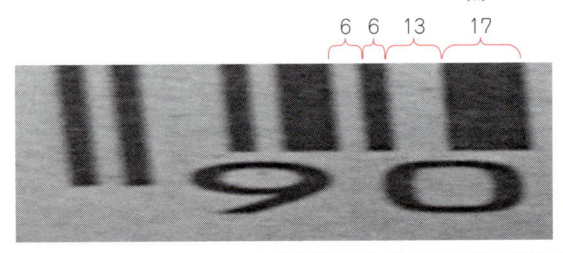

ステップ	ドット数	操作	割り当てモジュール数	残りモジュール数
0	6, 6, 13, 17	誤差を小さくするためにドット数を4倍	0, 0, 0, 0,	7
1	24, 24, 52, 68	各バーに1モジュール割り当て,平均ドット数(24)を引く	1, 1, 1, 1	3
2	0, 0, 28, 44	ドット数最大のバーにもう1モジュールを割り当て,平均ドット数を引く	1, 1, 1, 2	2
3	0, 0, 28, 20	ドット数最大のバーにもう1モジュールを割り当て,平均ドット数を引く	1, 1, 2, 2	1
4	0, 0, 4, 20	ドット数最大のバーにもう1モジュールを割り当て	1, 1, 2, 3	0
5		モジュール数をビット列に置き換え	0100111	
6		表2からビット列を検索	0(偶数パリティ)	

(b) モジュール幅の決定例2

図11 カメラの1ラインから読み取ったドットの数が数字に変換されるまで

このあとの計算誤差を小さくするために,4本のバーのドット幅を4倍しておきます.

▶ステップ1

4本のバーのドット数を合計し,これを7で割ることにより,モジュール当たりの平均ドット数を求めておきます.

▶ステップ2

4本のバーには,それぞれ少なくとも1モジュール幅が必要です.各バーのドット数から平均ドット数を引き算します.残ったドット数に応じて残る3モジュールを割り当てればよいことになります.

▶ステップ4

残りドット数が最大のバーに対して1モジュール幅を割り当て,平均値を引き算します.モジュールすべてを割り当てるまで,この処理を繰り返します.ここまでで,4本のバーのドット数に対応するモジュール数が求まります.

▶ステップ5

各モジュール数をバーの色に応じて置き換えます.白バー部分は'0',黒バー部分は'1'です.図11(a)の例ではモジュール数が(3, 1, 1, 2)で,白バーから始まりますので,'0'を三つ,'1'を一つ,'0'を一つ,'1'を二つ並べて0001011というビット列が求まります.

▶ステップ6

こうして求めたビット列を表2の値と比較して,対応する文字を決定します.左側の6けたについては,黒のモジュール数が偶数(evenパリティ)あるいは奇数(oddパリティ)の2種類の表現が存在します.表3

表2 バーコードで表される値と整数値の対応

10進数	左側けた桁のデータ・キャラクタ 奇数パリティ(O)	左側けた桁のデータ・キャラクタ 偶数パリティ(E)	右側6けたのデータ・キャラクタ
0	0001101	0100111	1110010
1	0011001	0110011	1100110
2	0010011	0011011	1101100
3	0111101	0100001	1000010
4	0100011	0011101	1011100
5	0110001	0111001	1001110
6	0101111	0000101	1010000
7	0111011	0010001	1000100
8	0110111	0001001	1001000
9	0001011	0010111	1110100

表3 プレフィックス文字とパリティ並びの対応

プレフィックス	左側6けたのパリティ
0	OOOOOO
1	OOEOEE
2	OOEEOE
3	OOEEEO
4	OEOOEE
5	OEEOOE
6	OEEEOO
7	OEOEOE
8	OEOEEO
9	OEEOEO

図12 プレフィックス文字の導出方法

に示すように6けたがそれぞれどちらの表現で示されるかによって，最初のけたであるプレフィックス文字を求めることができます．

例として図2のバーコードでは，左側6けたは901165となっていますが，この6けたのパリティを調べると奇数(O)，偶数(E)，奇数(O)，奇数(O)，偶数(E)，偶数(E)となっています．これを並べるとOEOOEEであり，表3でこのパターンを探すと，プレフィックスが4であることが分かります（図12）．プレフィックス文字を含む最初の12けたからチェック・ディジットを算出し，最後のけたと一致すれば読み取り成功です．チェック・ディジットの算出手順については参考文献(2)を参照してください．

◆参考文献◆
(1) JANコード規格，大洲商工会議所．
 http://www.ozu-cci.com/kikaku/jan.html
(2) チェックデジット計算方法，(財)流通システム開発センター．
 http://www.dsri.jp/jan/check_digit.htm
(3) OV7670 Datasheet, Version 1.4, August 21, 2006, Omnivision.
(4) SAM3S Preliminary Datasheet, Rev. C., February 8, 2011, ATMEL Corporation.

製作研究その2　ナンバープレート自動認識装置
2次元イメージ・センサとしての応用

製作研究その1ではカメラAを使ってバーコードを読み取りました．その際に着目していたのは，カメラAが取得した画像データのうちの1ラインぶんだけでした．

ここでは2次元画像データの処理例として，ナンバープレート(以降，ナンバ)上の数字を読み取る装置を作ります．読み取れるのは数字だけで，管轄地域や用途を示す漢字/かな部分は対象外とします．

■ 仕様と使い方

● 真正面，決められた大きさで撮影すれば確実に読み取れる

使用するハードウェアの構成は製作研究その1で作成したバーコード・リーダと同一です．ここではソフトウェアを変更するだけでナンバを読み取ることにします．

処理をできるだけ簡単にするために，画像を捕える際には次のような前提条件を設けました．
- ナンバはできるだけ正面から捕え，モニタ画面の中央部に表示する
- 読み取り対象の数字4けたがモニタ画面内にちょうど収まるようにする

この条件に従って画像を取得した場合，本装置はおよそ0.4s～1s程度で数字を認識して結果を表示できます．

● 使い方

▶取得画像のプレビューでナンバの位置を合わせる

ナンバ読み取り装置の処理の流れを以下に示します．カメラAから取得した画像データをモニタに表示することで，読み取りを行う対象を画面内に位置付けます．

カメラAの出力画像形式をRGB565に設定し，モニタの扱うデータ形式と同一としています．カメラAから出力される画像サイズもLCDとほぼ同一にすることで，カメラAから取得したデータを何の加工もせずにモニタへ出力できます［写真1(a)］．

操作者は車両ナンバの数字部分を正面から捕えてモニタ画面中央部に入るようにカメラAを動かします．読み取り個所が決まったらスイッチを回すことで，カメラAからの新たな画像取得処理を停止し，読み取り対象画像を固定します［写真1(b)］．

■ 処理の流れ

(1) 輝度成分の取得

認識の対象となる画像を取得したら，認識の前処理として，RGBのデータから輝度成分(Y信号成分)を取り出します．求めたYの値をRGBの各値としてモ

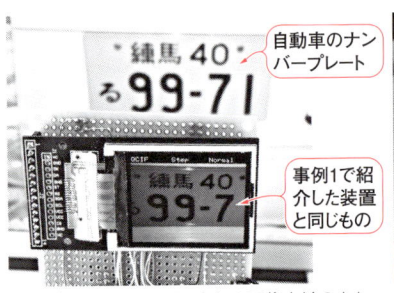

(a) プレビュー．カメラからの画像をそのままLCDに表示する

(b) 画像決定．スイッチ操作により，認識する画像を決定する

(c) グレー・スケール変換．RGBの値から輝度(Y)を算出し，グレー・スケール表示

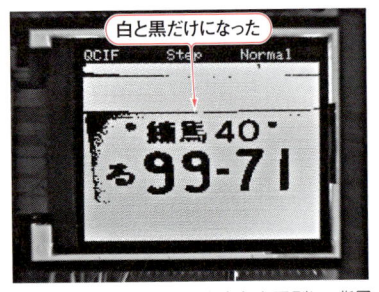

(d) 2値変換．背景色と文字色を区別し，背景を白，文字を黒とするモノクロ2値変換

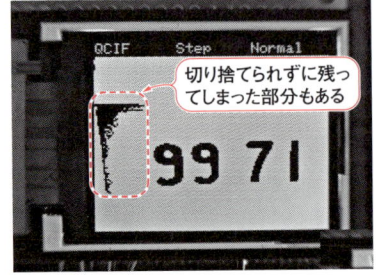

(e) 不要部分の切り捨て

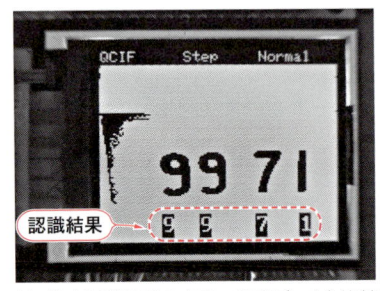

(f) 数字認識結果の表示．辞書データと比較し，最も類似した値を認識結果とする

写真1　ナンバープレートの数字を読み取っているようす

表1
車両の種類とナンバープレートの色

車両種類	背景色	文字色
自家用自動車	白	緑
自家用軽自動車	黄色	緑
事業用自動車	緑	白
事業用軽自動車	黒	黄色
外交官用	青	白

ニタに出力すれば，グレー・スケール画像をモニタに表示できます［**写真1(c)**］．

(2) 2値画像への変換

バーコード読み取りの場合と同じように，グレー・スケール画像を2値画像に変換します．ナンバ画像中の数字部分が奇麗に白黒画像として抽出されていないと，数字認識を正しく行うことができませんので，全体の性能に影響する重要な処理です．

ナンバの数字部分を判別するには，ナンバの数字部分とその背景部分をグレー・スケール画像から判別して，白黒の2値に切り分ける必要があります．ナンバの種類によって数字/背景色が変わるので，それらに対応できることが求められます．**表1**に車両の種類とナンバの色の関係を示します．本装置ではナンバの種類にかかわらず，背景部分を白('0')，数字部分を黒('1')に変換します［**写真1(d)**］．

(3) 部分画像への切り分け

黒色画素が連続している部分を調べて番号付けを行うことで，部分画像への区分を行います．同じ番号を持った画素を調べることで，その画素が属する部分画像の位置やサイズといった属性情報を求めることができます．

(4) 不要部分の切り捨て

部分画像の属性情報を用いて，画像のうちナンバ情報ではないと考えられる部分を切り捨てます．幅や高さが小さ過ぎるものや，大き過ぎるものを除外します［**写真1(e)**］．

(5) 数字を認識する

切り捨て処理後に残っている部分画像が，認識しようとしている数字が含まれている部分画像の候補となります．本装置では判別しようとしている数字に対応する辞書データを用意しておき，認識対象となる部分画像が辞書データとどの程度類似しているかを調べていき，最も類似しているものを認識結果とします．

(6) 認識結果を表示する

認識により求めた判読結果の文字を部分画像の下部に表示します［**写真1(f)**］．

(7) 動作の切り替えはスイッチで行う

写真1(a)から**写真1(f)**に示したように，各段階の処理結果が視認できるようにLCD画面が更新されるとともに，操作スイッチの入力待ちになります．スイッチを上あるいは下に回すことで，次の段階の処理が

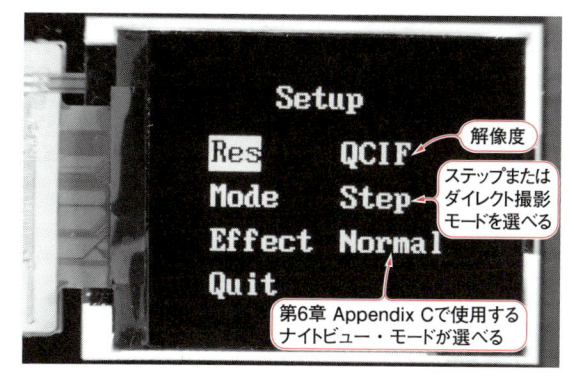

写真2　セットアップ中のモニタ画面

（解像度／ステップまたはダイレクト撮影モードを選べる／第6章 Appendix Cで使用するナイトビュー・モードが選べる）

実行されて，再び入力待ちとなります．認識結果の表示まで達した場合には，スイッチ操作によりプレビュー動作に戻ります．

プレビュー動作中にスイッチを押すと，セットアップ画面が表示されます．スイッチを上下に回して項目を選択，押すことで設定変更が行えます（**写真2**）．Res項目では，カメラAの解像度を選択できます．Mode項目ではStepあるいはDirectを選択できます．

Stepでは，上述のとおり認識処理の各段階での画面表示とスイッチ操作待ちを行いますが，Directに設定するとこれらの待ちを省略して，認識処理と結果表示を行います．Effect項目についてはAppendix Cで説明します．

■ ソフトウェア

ソフトウェアでは，どのようにしてナンバを認識するのでしょうか．ステップごと処理を詳しく見ていくことにします（**リスト1**）．

● ステップ1…カメラAからの画像をナンバ読み取りに最適の状態に

使用するハードウェアは製作研究その1（バーコード・リーダ）と同一ですが，カメラAの使い方は次の2点で違ってきます．

▶画素…640×40画素を160×120画素に

バーコードではバーの太さを正しく判別するために，取得する画像にも解像度が求められました．そのため垂直方向の画素数を40画素に制限して，水平方向は640画素のデータを取得していました．

ナンバを読み取るためには，数字の置かれている領域を見つけ，その数字を判別する処理が必要となります．その際に数字があらかじめ画面中央部分に配置されていることを前提とすることで，全体の処理を簡略化するとともに，必要とされる画素数を低減することにします．

今回はモニタ用LCDの画素数に合わせて160×120

リスト1　ナンバを認識するために画像を2値化し明るさの統計を作成するプログラム

```
#define        IMG_WIDTH 160
#define IMG_HEIGHT 120
/* 画素を表現する共用体 */
typedef union {
 uint8_t rgb[2];         /* RGB565フォーマットの時 */
 struct s_pl {
   uint16_t pixel:1;     /* 白/黒 */
   uint16_t label:15;    /* 輝度またはラベル番号 */
 } __attribute__((packed)) pix_label; /* 画像処理時 */
} __attribute__((packed)) IMAGEDATA;
uint8_t raster[IMG_WIDTH*2]; /* LCD表示時に使用する1ラスタ分のバッファ */
/* 輝度出現頻度をヒストグラムデータとして保持する */
#define       N_HIST     32
short histogram[N_HIST];
/* 輝度は小数点以下8ビットの固定小数点表現を用いて計算する */
#define       FIX0299    77    /* 0.299 * 256 = 76.544 */
#define       FIX0587 150/* 0.587 * 256 = 150.272 */
#define       FIX0114 29 /* 0.114 * 256 = 29.184 */
/* 画面中央部 (40, 50) ~ (120, 70) の矩形領域のみをヒストグラムデータを
 * 収集する対象領域とする */
#define       HIST_AREA_X0 40
#define       HIST_AREA_Y0 50
#define       HIST_AREA_X1 120
#define       HIST_AREA_Y1 70
/* カメラからのRGB565画像をグレースケールに変換する。同時に輝度ヒストグラムを
作成する
 * 引数: direct_mode : ダイレクトモード時1、ステップモード時0、img : フレー
ムバッファへのポインタ */
void gray_scale(int direct_mode, IMAGEDATA *img)
{
 uint8_t *pRaster;
 uint8_t red, green, blue;
 uint16_t yval, pixel;
 int x, y;

 for (y = 0; y < IMG_HEIGHT; y++) {
   for (x = 0; x < IMG_WIDTH; x++) {
     /* RGB565形式の画素データから8ビットのRGB値に変換 */
     red = img->rgb[0] & 0xf8;
     green = (img->rgb[0] << 5 | img->rgb[1] >> 3);
     blue = img->rgb[1] << 3;
     /*
      * RGB値から輝度 (Y) を計算する
      * Y = RED * 0.299 + GREEN * 0.587 + BLUE * 0.114
      */
     yval = red * FIX0299
          + green * FIX0587
          + blue * FIX0114;
     yval >>= 8;           /* 最後に256で割る */
     img->pix_label.label = yval;

     /* 画面中央部であれば、ヒストグラムデータを記録 */
     if (y >= HIST_AREA_Y0 && y <= HIST_AREA_Y1 && x >= HIST_
     AREA_X0 && x < HIST_AREA_X1) {
       histogram[yval >> 3]++;   /* 32段階で記録 */
     }
     img++;
   }
   if (!direct_mode) { /* ステップモードであれば、グレースケール画像を表示 */
     img -= IMG_WIDTH;
     pRaster = raster;
     for (x = 0; x < IMG_WIDTH; x++) {
       yval = img->pix_label.label;
       /* RGB565の各値を輝度Yとする */
       pixel = ((yval & 0xf8) << 8) | ((yval & 0xfc) << 3)
             | ((yval & 0xf8) >> 3);
       *pRaster++ = pixel >> 8;
       *pRaster++ = pixel & 0xff;
       img++;
     }
     lcd_copy_line(raster, y); /* LCDに1ラスタずつ表示 */
   }
 }
}
```

画素（QQVGA）の画像を取得します．LCDの画面上にプレビュー表示していたデータを，サイズ変更なしに，そのまま画像認識の元データとして使用できる点も便利です．

▶ 画像出力形式…YUVをRGBに

バーコードではカメラAからの画像出力形式にYUVを設定し，その輝度信号データだけを利用することで，作業用メモリを節約しました．

今回はプレビュー時にはカラーでの表示を行うこととし，カメラAからはRGB形式で画像データを出力します．後述するように実際の画像処理時には輝度信号だけを拾い出して，数字認識処理を行います．

● ステップ2…プレビュー動作

本装置では，製作研究その1でも説明したOV7670の持つウィンドウ機能を用いることで，QQVGA（160×120）サイズの画像データを出力させます．カメラ側の解像度としてVGA（640×480），QVGA（320×240），QCIF（192×144）の3種類を選択でき，現在選択されている解像度はLCD画面上部に表示します［写真1（a）］．いずれの解像度を用いてもカメラA上のイメージ・センサが捕える画像範囲は同じですが，ウィンドウ機能によって切り出す画像の占める範囲は図1に示すように変化するので，ズーム効果を得ることができます．

プレビュー時にはカメラAからの画像を，パラレル・キャプチャ機能を用いたDMA転送により，内蔵SRAM上に用意したフレーム・バッファに一気に取り込みます．そして，その内容をそのままSPIのDMAを使ってLCDに送り出します［図2（a）］．

本装置で使っているマイコンSAM3S4Bは，フラッシュこそ256Kバイトの容量がありますが，RAMは48Kバイトしかありません．カメラAからは160×

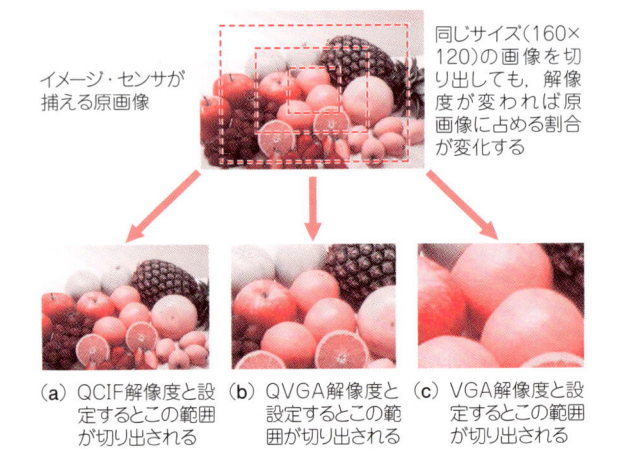

（a）QCIF解像度と設定するとこの範囲が切り出される　（b）QVGA解像度と設定するとこの範囲が切り出される　（c）VGA解像度と設定するとこの範囲が切り出される

図1　ウィンドウ機能によって切り出す画像範囲は設定した解像度によって変わる

```
┌────────┐ RGB565           ┌──────────┐  RGB565            ┌──────────┐
│ カメラA │ ▸R▸▸G▸▸B▸      │マイコン内蔵│ ▸R▸▸G▸▸B▸         │モニタ用LCD│
└────────┘                  │ SRAMを利用した│                 └──────────┘
   マイコンのパラレル・       │フレーム・バッファ│  SPIによる
   キャプチャ機能による       └──────────┘     DMA転送
   DMA転送
```
(a) プレビュー時…1フレームぶんをいちどにDMA転送

演算中の画像データが入っている（グレー・スケールだったり2値だったり）

```
┌──────────┐                ┌──────────┐  RGB565            ┌──────────┐
│マイコン内蔵│  ⇒            │マイコン内蔵│ ▸R▸▸G▸▸B▸         │モニタ用LCD│
│ SRAMを利用した│ 1ラインずつ  │ SRAMを利用した│                 └──────────┘
│フレーム・バッファ│ RGB565に変換 │ライン・バッファ│  SPIによる
└──────────┘                └──────────┘     DMA転送
```
(b) 画像処理時…1ラインずつRGB565に変換しながらDMA転送

図2 画像がモニタに表示されるまで

120画素の画像データをRGB565形式（1画素当たり2バイト）で取得していますので，フレーム・バッファには160×120×2＝37.5Kバイトを要します．

フレーム・バッファは一つしかとれませんので，カメラAからの画像取り込みとLCDへの出力を並行して行うことはできません．フレーム・バッファでRAM領域の大半を使ってしまうので，このあとの処理では，追加で必要とする作業領域をできるだけ少なくする工夫が必要となります．

● **ステップ3…演算によりY成分を求める**

前章のバーコードの事例では，カメラAからの画像データ出力形式としてYUV形式を設定することでY成分を得ていました．今回もカメラAの出力形式をYUV形式に変更して画像を取得し直すこともできますが，その場合には50m～100ms程度の時間が必要です．そこで今回はRGBデータから演算により輝度成分を求めることとします．輝度成分(Y)は次の演算によって導出できます．

$$Y = 0.299R + 0.587G + 0.114B$$

実際の処理コードでは，RGB565のデータをRGB888（それぞれ8ビット）に変換してから行います（**リスト1**の②）．こうすることで結果のYの範囲も0～255の範囲になり，分かりやすくなります．また，演算の際には小数点以下8ビットの固定小数点表現を用いることで，実際には整数演算で処理を行います．固定小数点表現といっても，難しい処理ではありません．小数を256倍することで整数化して表現しているだけです．そのため，**リスト1**の③に示したように演算の最後で256での割り算を行います．

● **ステップ4…2値化によりマイコン内蔵メモリの作業領域を確保する**

カメラAから取得した画像はRGB565形式であるため，1画素当たり16ビットが必要ですが，輝度成分だけを取り出せば，必要なメモリは半分にできます．さらに実際の画像処理は2値データを元に行いますので，1画素当たり1ビットで表現できます．そこで残りの15ビットを画像処理のための作業領域として用いることができます（**図3**，**リスト1**の①）．

プログラム上では**リスト1**に示したように，共用体（IMAGEDATA）を使ってこのメモリの使い分けを表現しています．処理の途中段階のようすをモニタに表示するためにはRGB565形式に変換してやる必要がありますが，1ラインずつ順次変換処理と表示を行うことにすれば，作業用のバッファとしては1ラインぶんを用意すれば足りることになります［**図2**(b)］．

● **ステップ5…ヒストグラムにより背景と文字を識別**

2値化処理に際しては，バーコードの場合と同じように32段階の輝度値ヒストグラムを作成して，しきい値を求めます．**図4**に示したように，ナンバの種類にかかわらず文字色と背景色に対応する輝度の部分に山が生じるので，山の面積の広い方を背景色と判断し，2値化では'0'（白）に変換します．山の高さだけで判断してしまうと，判別を誤ることがあるので，面積を求める必要があります．

取り込んだ画像にはナンバ部以外にもバンパーや車体部分が含まれている可能性がありますから，ヒストグラムによる解析は画像中央の80×20画素の部分だ

R	R	R	R	R	G	G	G	G	G	G	B	B	B	B	B

(a) プレビュー時　RGB565形式

未使用	輝度値(0～255)

(b) グレー・スケール表示，ヒストグラム解析時

	ラベル番号(15ビット)

画素値（'0'または'1'）

(c) 2値化以降

図3 マイコン内蔵RAMに記録される画像データは各処理を経るごとにシンプルになっていく

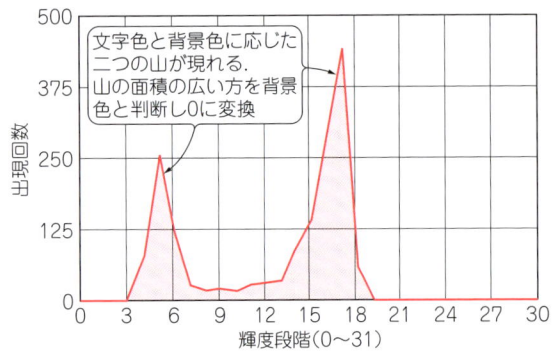

(a) 自家用軽自動車(文字：緑，背景：黄色)

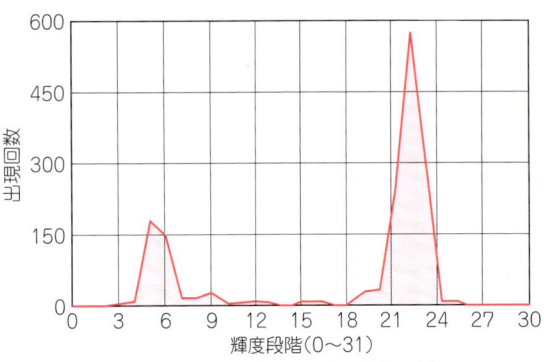

(b) 自家用自動車(文字：緑，背景：白)

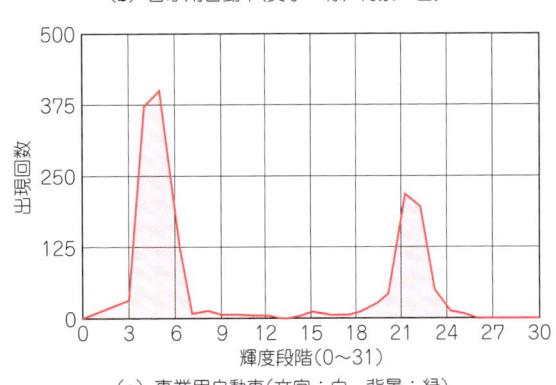

(c) 事業用自動車(文字：白，背景：緑)

図4　ナンバープレートの種類と輝度のヒストグラム解析結果

けを対象に行うことにしています．実際のプログラムでは，**リスト1**の④に示したように輝度値(Y成分)を計算する際に，ヒストグラムの作成処理も行っています．

● **ステップ6…ラベル付け処理**

2値化終了後，画像データの左上からスキャンしながら，つながりのある黒画素に(1以上の)番号を与えるラベル付け処理を行います．ここでは，参考文献(1)で紹介されているアルゴリズムを用いています．**図5**に示したように，着目している画素の上側3画素と左側の1画素の周囲4画素を調べながら，着目画素に付

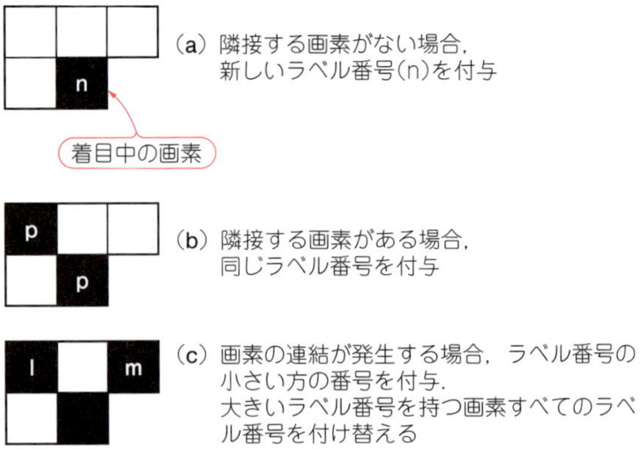

(a) 隣接する画素がない場合，新しいラベル番号(n)を付与

(b) 隣接する画素がある場合，同じラベル番号を付与

(c) 画素の連結が発生する場合，ラベル番号の小さい方の番号を付与．大きいラベル番号を持つ画素すべてのラベル番号を付け替える

図5　つながりのある黒画素に(1以上の)番号を与えるラベル付け処理

与するラベル番号を決定します．次の3種類が考えられます．

● 周囲に隣接する黒画素がない場合
　着目画素に新しいラベル番号を付与します．
● 隣接する黒画素があるが，連結を伴わない場合
　着目画素と隣接する黒画素のラベル番号がすべて同じであれば，その番号を付与します．
● 着目画素により，二つの異なるラベル番号を持つ画素が連結される場合
　番号の小さい方と同じラベル番号を与えます．そして番号の大きいラベル番号を持つ画素を，すべて小さい番号に振り直します．

このようにして，画像データの右下隅まで行き着けば，連続する画素から構成される部分画像には同一のラベル番号が振られていることになります．なお，白画素部分にはラベル番号として0を与えておきます．

● **ステップ7…不要部分の切り捨て処理**

ラベル付けによってすべての黒点にはラベル番号が振られています．認識しようとするナンバ数字も，同一のラベル番号を持つ点から構成されているはずです．同一ラベル番号を持つ部分画像には，数字以外にもナンバの地域や区分記号などの文字，プレートの枠，2値化の際に生じたシミや影などの要素も含まれています．そこで，まず数字ではないと考えられる部分を削除する処理を行います．

処理手順としては，最初に同一ラベル番号を持つ画素を含む矩形領域の位置(X座標，Y座標)，大きさ(幅，高さ)を調べます．そして，これらの特徴情報を元に，次の基準に照らし合わせて数字部分候補として適切でないものを見つけます．

● 部分画像が画面の上下，中心線をまたいでおらず，上半分あるいは下半分の領域内にある場合→認識対象範囲外であると判断
● 部分画像の幅が全体幅(160画素)の1/4以上ある場

合→大きすぎ
- 部分画像の幅が3画素に満たない場合および部分画像の高さが16画素に満たない場合→小さすぎ
- 部分画像の幅が高さより大きい場合→数字ではない

このように「数字部分を見つける」のではなく「数字らしくない部分を見つける」という消去法により，数字部分以外のかなりの部分を切り捨てることができます．プログラムを**リスト2**に示します．メモリが豊富にあれば，フレーム・バッファを1度スキャンするだけで，すべてのラベルについての矩形領域情報を収集/保持できます．本装置ではメモリ量が限定されていますので，各ラベルを調べるたびにフレーム・バッファをスキャンします．そのため処理時間がかかります．

切り捨てる部分はラベル番号と画素値を0にして，LCDに表示し直すことで切り捨て結果を確認できます．**写真1**(e)の例では漢字やひらがなの部分は切り捨てることができましたが，2値化の際に生じた影が残ってしまいました．

● ステップ8…数字判別

本装置では数字の判別に単純な重ね合わせ法を用いています．あらかじめ8×16画素で表現されるビットマップを用意しておき，対象画像も同一サイズの8×16画素に縮小しておきます．そして辞書と画素単位で比較して，白と黒が最もよく一致した文字を認識結果とします（**図6**）．対象となるナンバの数字書体が決まっているので，このような単純なビット比較でも数字判別が可能です．対象ナンバが傾いていると誤認識

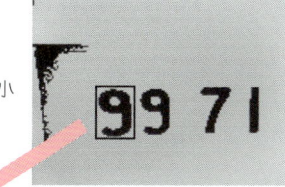

図6 文字を特定する
辞書となるビットマップと重ね合わせて文字を特定する．

しやすくなります．

この数字判別処理だけでは，前段の切り捨て処理の結果に数字以外の部分画像が含まれていた場合にも，最も類似した数字パターンが選択されてしまいます．そこで重ね合わせの結果，一致する画素が少な過ぎる場合には，対象画像は数字ではないと判断します．また，対象画像に含まれる縦棒や横棒の数が多過ぎる場合にも，数字ではないと判断しています．

本装置のソフトウェアでは，「不要部分切り捨て」と「数字認識」の二つに段階を分けて処理しています．「不要」と判断されない部分が見つかるたびに数字認識を試みるように修正すれば，若干処理速度を向上できるでしょう．

*　　　*

カメラの動作電圧について　Column

● カメラAの動作電圧は3.0V

図4(p.74)の回路図では，カメラAを3.3Vで使っていますが，同カメラの定格最大動作電圧は3.0Vですので，定格をオーバしています．

筆者が試した限りでは，3.3Vでも動作していましたが，好ましいことではありません．

● 3.0V動作の設定

定格の3.0Vで動作させるためには，SAM3-H256ボード上に実装されているレギュレータの出力電圧を変更することによって対応できます．

具体的には，**写真A**に示すようにUSBコネクタの近くに実装されているR1を，240Ωから270Ωに変更してください．

この変更によってEXT2-18端子から出力される電圧が3.3Vから3.0Vに変わり，装置全体が3.0Vで動作するようになります．

写真A 出力電圧設定抵抗R1を変更して，動作電圧を3.0Vに変更できる

リスト2　取得した画像から不要部分を切り捨てるプログラム

```c
/* ラベル番号がクリアされたことを示すビットマップ */
uint8_t label_cleared[IMG_WIDTH*IMG_HEIGHT/8/4];

/* 同一レベル番号を持つ矩形領域に関する属性情報 */
typedef struct {
  short xpos, ypos;       /* 左上の座標 */
  short width, height;    /* 幅，高さ */
  short xbars, ybars;     /* 横線，縦線数 */
  short area;             /* 面積 */
} LABELPROP;

/*
 * 指定されたラベル番号をもつ画素をクリアする
 */
void label_clear(IMAGEDATA *base, int number, LABELPROP *pProp)
{
  IMAGEDATA *img;
  int w, h;

  for (h = 0; h < pProp->height; h++) {   /* ラベル領域内の全ての画素を調
べる */
    img = base + IMG_WIDTH * (pProp->ypos + h) + pProp->xpos;
    for (w = 0; w < pProp->width; w++) {
      if (img->pix_label.label == number) {  /* ラベル番号一致 */
        img->pix_label.label = 0;  /* ラベル番号を0にすることで消去 */
        img->pix_label.pixel = 0;  /* ピクセルを白にする */
      }
      img++;
    }
  }
}

/*
 * 指定されたラベル番号をもつ矩形領域の位置，大きさを調べる
 */
void get_label_property(IMAGEDATA *pImg, int label, LABELPROP
*pProp)
{
  int minx, miny, maxx, maxy;
  int x, y;

  /* 最小/最大値の初期化 */
  minx = IMG_WIDTH;
  miny = IMG_HEIGHT;
  maxx = maxy = 0;
  /* 属性情報を初期化 */
  pProp->xpos = pProp->ypos = 0;
  pProp->width = pProp->height = 0;
  pProp->area = 0;
  for (y = 0; y < IMG_HEIGHT; y++) {  /* QQVGAサイズの画素全てを調べる */
    for (x = 0; x < IMG_WIDTH; x++) {
      if (pImg->pix_label.label == label) {  /* ラベル番号一致 */
        if (x < minx) minx = x;  /* 必要であれば，最小/最大値を更新 */
        if (x > maxx) maxx = x;
        if (y < miny) miny = y;
        if (y > maxy) maxy = y;
        pProp->area++;  /* 面積をインクリメント */
      }
      pImg++;
    }
  }
  if (pProp->area > 0) {  /* 1ドット以上あったので属性値をセット */
    pProp->xpos = minx;  /* 左上座標 */
    pProp->ypos = miny;
    pProp->width = maxx - minx + 1;
    pProp->height = maxy - miny + 1;
  }
}

/*
 * 数字ではないと判断される領域を削除する
 *
 * 引数:
 *  img_buffer：フレームバッファへのポインタ
 *  maxlabel：ラベルの最大番号
 * 戻り値:
 *  ラベルの最大番号（更新されるかもしれない）
 */
int discard_region(IMAGEDATA *img_buffer, int maxlabel)
{
  LABELPROP prop, *pProp;
  int n, flag;
  int newmax;

  pProp = &prop;
  newmax = 0;
  for (n = 1; n < maxlabel; n++) {  /* すべてのラベル番号をスキャン */
    if (label_cleared[n/8] & (1<<(n&7))) {
      /* クリアされたラベル番号は調べる必要ない */
      continue;
    }
    /* ラベル番号をもつ矩形領域の属性を取得 */
    get_label_property(img_buffer, n, pProp);
    flag = 0;
    if (pProp->width > IMG_WIDTH/4 || pProp->width < 3)  /* 幅が不適切 */
      flag++;
    else if (pProp->height < NORM_HEIGHT)  /* 高さが小さすぎ */
      flag++;
    else if (pProp->ypos > IMG_HEIGHT/2)   /* 画面下半分にある */
      flag++;
    else if (pProp->ypos + pProp->height < IMG_HEIGHT/2) /* 画面上半
分にある */
      flag++;
    else if (pProp->width > pProp->height)  /* 横長の領域である */
      flag++;
    if (flag) {
      label_clear(img_buffer, n, pProp);  /* 不適切な画素をクリア */
      label_cleared[n/8] |= (1 << (n&7));  /* ラベル番号をクリアしたことを記
録しておく */
    } else {
      newmax = n;
    }
  }
  return newmax;  /* 新たな最大ラベル番号を返す */
}
```

　カメラAの画像を元に，初歩的な画像処理を施してナンバ上の数字の読み取りを試みました．取得する画像サイズは160×120画素でも，前提として設けた条件に従ってナンバを撮像すれば，簡単な処理で数字以外の不要部分のほとんどを除外することができました．

　数字認識のためには，あらかじめ用意した辞書ビットマップとの重ね合わせ比較という単純な方法を採りましたが，数字画像に傾きがなければそこそこの率で正しくナンバを読み取ることができます．

　本装置でも評価版の開発ツールを利用できるように，プログラム・サイズは32Kバイトに抑えましたが，傾き補正や特徴点抽出などのより高度な画像処理を追加すれば，認識率を向上できるでしょう．

◆参考文献◆
(1) 内村 圭一，上瀧 剛；実践画像処理入門，㈱培風館，2007年．
(2) 酒井 幸市；画像処理とパターン認識入門，森北出版㈱，2006年．

(初出：「トランジスタ技術」 2012年3月号　特集第6章)

Appendix C 暗やみの中でも確実にキャッチ
可視光カメラを赤外線暗視カメラに改造

大野 俊治

第6章の可視光カメラを改良して夜間でも5m先を撮影できる赤外線カメラ装置を作りました．赤外線LEDで対象を照らし，同時にカメラの赤外線カット・フィルタを取り除くことで実現しています．

第6章で製作したハードウェアに赤外線LEDを追加し，暗視カメラを作成しました．

■ 実験結果

製作した暗視カメラで暗い室内を撮影すると，見えなかったペン立てなどが見えるようになりました（写真1）．写真1は50cm先にある机を撮影したときの画像です．

3m先の画像は少し暗く見えますが，カメラを夜景モードに設定すれば十分に明るい画像を得ることができます（写真2）．

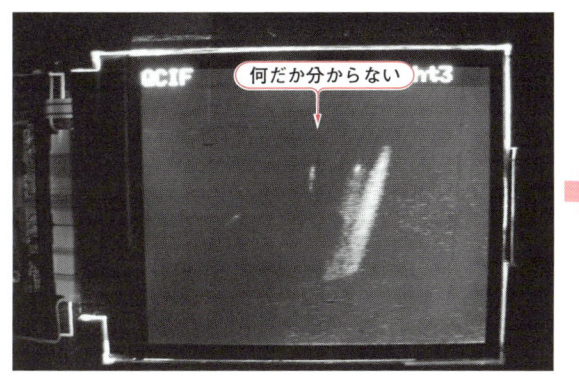

(a) 第6章のハードウェアをそのまま使ったとき　　(b) 暗視カメラに改造後
写真1 可視光カメラを赤外線暗視カメラに改造

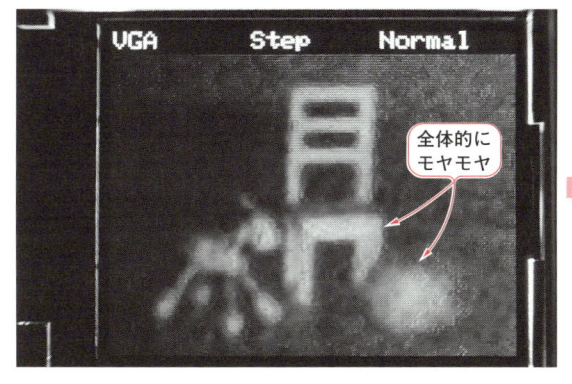

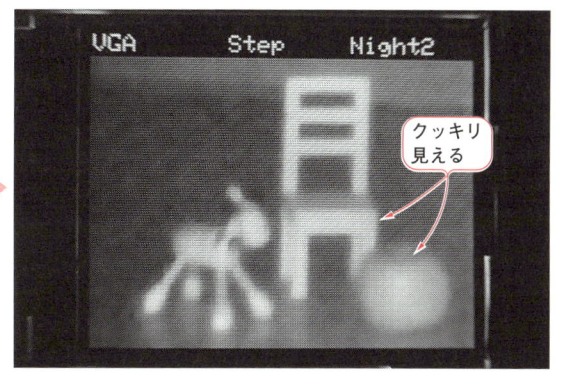

(a) ノーマル・モード　　(b) 夜景モード
写真2 カメラの夜景モードの効果

暗闇でも確実に撮影する方法

◼️ 赤外線LED投光基板を用意する

● 対象を赤外線で照らす

イメージ・センサ OV7670 は赤外線の領域にも感度を持ちます．

カメラ単体では性能に限りがあるため，赤外線LEDで撮影対象を照らします．

第6章で製作した装置でテレビの赤外線リモコンを見てみると，赤外線LEDが点滅するようすが観察できました．イメージ・センサOV7670が赤外線に反応することは確認できたので，赤外線投光基板を作ってみました．3.3Vを供給して赤外線LEDを連続点灯させるだけの単純な回路です（図1，写真3）．

使用した赤外線LED（OSI5FU5111C-40）は砲弾型で指向性も強いので，少し離れた場所を見るためには，各LEDの向きを少し外側に向けた方がよいようです．

▶ LED追加だけでは効果は今ひとつ

この投光器を今回作成したカメラに装着して，夜間，照明のない室内を撮影してみましたが，残念ながら至近距離にある物体をボンヤリと見ることしかできません．赤外線LEDから出力される赤外線を直接捕らえることはできても，物体から反射される赤外線を捕らえることはできていないためです．

◼️ 赤外線フィルタを外す

● イメージ・センサは赤外領域も撮影できる

日中の太陽光にも赤外線は含まれています．赤外線に対する感度が高いと，肉眼で見るのとは異なる映像が撮れてしまい，通常のカメラとして使うには不都合です．そのため可視光での撮影用途で用いるカメラにおいては，イメージ・センサの前に赤外線フィルタを配置し，赤外線成分を除去しています．

赤外線を少しでも多く捕らえるためにはカメラA内部にあるはずの赤外線フィルタを除去してやる必要があります．

● 手順

▶ レンズ筒を外す

まずカメラ・モジュールのレンズ筒を取り外します．筒を反時計回りに回し続ければ，簡単に取り外せます．ボード上にイメージ・センサが載っていることが確認できますが，イメージ・センサ上にはフィルタは付いていないようです［写真4(a)］．

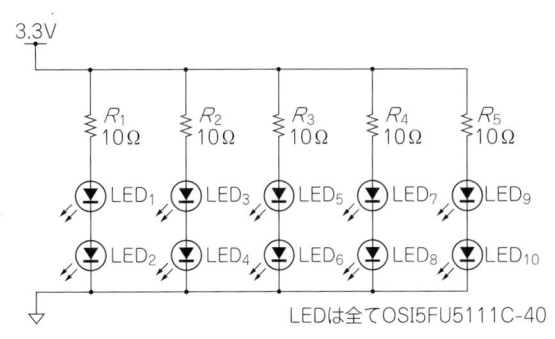

図1 対象物に赤外線を投光するための回路

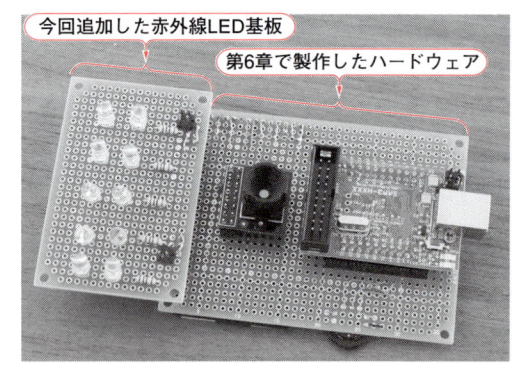

写真3 第6章で製作したハードウェアに赤外線LED基板を追加したようす

カメラがもつ特殊効果 Column

カメラA，B（p.6〜p.7参照）では，夜景モード以外にもいくつかの特殊効果を設定できるようになっています（表A）．

表Aの効果は，いずれもイメージ・センサOV7670のTSLBレジスタ（0x3A）を操作しています．Negative以外の効果では，OV7670からは輝度成分だけを取り出し，色差成分（UV）の値をMANU/MANVレジスタで指定する固定値に設定しています．その結果，単色で輝度だけに変化のある画面になります．

表A イメージ・センサOV7670がもつ特殊効果

Effect (効果)	概 要
Sepia	セピア一色の画面にする
Blush	青一色の画面にする
Reddish	赤一色の画面にする
Greenish	緑一色の画面にする
X-Ray	レントゲン効果（モノクロで白黒を反転）
Negative	色を反転させる

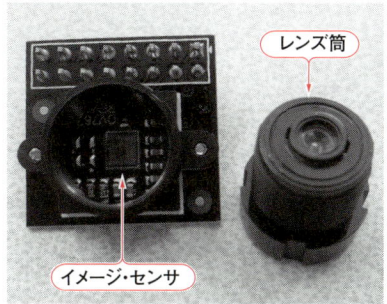

（a）レンズ筒を外す…レンズ筒を回し続けると，外れる．基板上のイメージ・センサが見える 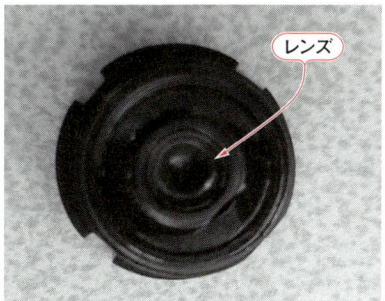　（b）レンズ筒にはレンズが埋め込まれている 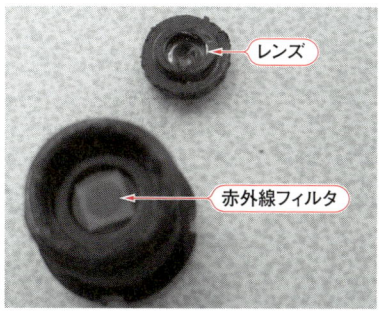　（c）レンズ部を取り外すと内部に赤外線フィルタがあるのが見える

写真4　カメラAから赤外線フィルタを取り外す

▶レンズを外す

　ボード上にフィルタが見当たらないので，レンズ側を探ってみましょう．レンズ筒の端にはレンズ部分がはめ込んであります［**写真4(b)**］．刃の薄いカッタなどを使い，レンズ部の周囲の隙間を広げてゆくと，レンズ部分を取り外すことができました．

▶赤外線フィルタを外す

　レンズ部分を取り去ったレンズ筒内をのぞき込むと，内部に四角いアクリルの板のようなものが入っています［**写真4(c)**］．これが赤外線フィルタです．ピンセットでつまんで取り出します．光線の加減で赤く見えていましたが，取り出して正面から見ると透明でした．
　赤外線フィルタは埃よけも兼ねているので，これを取り去ってしまうと埃が入りやすくなります．できれば透明なフィルムやアクリル板を代わりに入れた方がよいでしょう．

▶レンズを筒に戻す

　レンズ部を筒に戻します．筒との間に，レンズがすぐに落ちてしまうほど大きな隙間ができてしまった場合には，接着剤を少量付けます．レンズ部をモジュール本体にねじ込んで作業完了です．
　上記の作業は筆者が試行錯誤で行ったものです．この作業によってカメラ・モジュールのレンズを傷つけたり，光軸がずれて画像が不鮮明になるなどといった不都合が生じることがあるかもしれません．また製品によってはレンズ部の取り外しが困難なものもあるかもしれません．作業を実施する際にはこれらのリスクがあることを理解して，自己の責任の元で行ってください．

3 イメージ・センサを夜景モードで動かす

● 露光時間を長くして明るい画像を撮る

　カメラに搭載するイメージ・センサ OV7670 単体での機能と性能を確認しておきましょう．OV7670 は夜景撮影用のモードを持っており，COM11 レジスタで

表1　カメラの夜景モードの種類とフレーム数の関係

Effect（効果）	概　要
Night0	フレーム数は変更しない
Night1	フレーム数を1/2まで下げる
Night2	フレーム数を1/4まで下げる
Night3	フレーム数を1/8まで下げる

制御できます（**表1**）．効果の確認には第6章で作成した「ナンバ読み取り装置」のハードウェアを流用しています．
　夜景モードに設定すると，できるだけ露光時間を長くとり，明るい画像を取得するようになります．**表1**に示したようにセットアップでは3種類の夜景モードを選択でき，明るさに応じて自動的に単位時間内に取得するフレーム数を減らすこともできます．フレーム数を減らすことで，それだけ露光時間を長くとることができ，明るい画像を取得できます．
　通常の1/8までフレーム数を落とすことができます．ただし，画像プレビュー中は，カメラを動かしてから表示画像が更新されるまでの時間が長くなります．また，移動する物体の画像には残像が残ります．

● 今どきのイメージ・センサならもっと明るく映る

　OV7670 は発表から数年が経過したデバイスなので，現行製品と比べるとかなりセンサの感度が低くなっています．そのため日没後，肉眼で室内のようすが見える程度の明るさでも，かなりノイズが多い暗い画像しか取得できませんでした（フレーム数は2フレーム/s程度に減らしている）．
　ただし暗めでも照明がある室内を見た場合には有効に機能し，肉眼で見るよりもずいぶんと明るい画像を得ることができます．

（初出：「トランジスタ技術」　2012年3月号　特集Appendix 3）

Appendix D　ターゲットを視認しながら確実に測定できる

距離センサへの応用

大野　俊治

赤外線LEDを2個もったゲーム機Wiiの位置決め用発光ユニットとカメラとの距離を測る実験をしました．赤外線カメラの撮影画像上のLEDの間隔（画素数）が，カメラとLEDとの距離によって変化するのを利用します．

● 一般の距離センサは対象が間違いないか確信がもてない

マイコンと接続して使用する距離センサとしては，赤外線反射式や超音波反射式のセンサが一般に用いられています．これらの方式では対象物が一定の大きさを持ってさえいれば測定対象とできますが，対象物がセンサの前面に位置していることを他の手段で確認しておくことが必要となります．対象物との距離が離れており，対象物の周囲に，別の物体がある場合には，測定値が対象物への距離かどうかを判別するのが難しくなります．

● カメラを使えばターゲットを特定しつつ測定できる

本章で扱う方式では，距離を測定する対象物が2カ所に配置された赤外線LEDなので，対象物側での電源が必要とされるうえ，あらかじめ2カ所の間隔が既知であるという条件が求められます．しかしカメラにより対象物が視野に入っていることを容易に識別，確認できます．後述するように距離に反比例して測定分解能が低下しますので，超音波方式のような精度の高い距離計測はできませんが，対象物を探しておおよその距離を把握する目的に応用できるでしょう．

Appendix Cで製作した赤外線を検出できるカメラを使って，距離計測に挑戦します．

写真1に示すように，任天堂Wiiのセンサーバーには，左右に5個ずつの赤外線LEDが組み込まれてい

ます．左右のLEDの間隔は20 cmです．カメラでセンサーバーを映すと，撮影画像上のLED間隔は距離に応じて変化します．マイコンは画像上でのLED間隔を画素数として管理すれば，カメラとセンサーバーの距離が求まります．余談ですがこのLEDは単純に常時発光しているだけであり，実際にはセンサーバー内には何のセンサも搭載されていません．

Appendix Cで改造したカメラを用いれば，センサーバー上の赤外線LEDを検出できます．ソフトウェアを入れ替えれば，距離を計測できます．

■ 実験結果

● 0.4～3 m離れたセンサーバーを誤差5 cm以下で認識できた

実際に距離を変えながら測定した結果を図1に示します．カメラでセンサーバー上のLED間隔を認識することで，距離を導出できます．実線で示される曲線は理論値です．

カメラが捉えるセンサーバー上のLEDの間隔は，距離が離れると小さくなっていきますので，距離が離れるに従い測定精度は悪くなっていきます．今回使用したカメラ・モジュールの場合，距離3 m付近では，

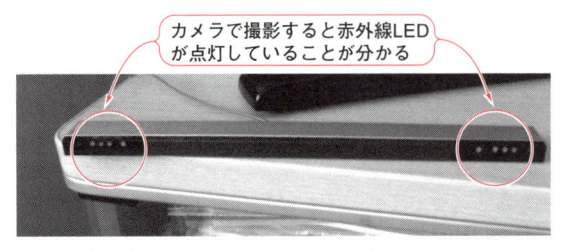

写真1　任天堂Wiiのセンサーバーには左右に5個ずつの赤外線LEDが組み込まれて常時点灯している

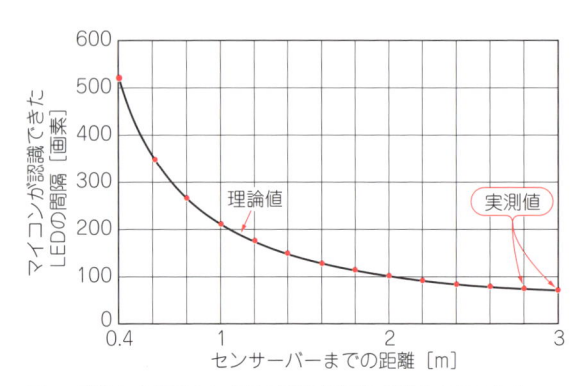

図1　製作した距離センサはほぼ理論通りの精度を得られた
0.4～3 m離れたセンサーバーを誤差5 cm以下で認識できた

▶本書関連プログラムはトランジスタ技術SPECIAL No.124の弊社ウェブ・ページにまとめて掲載する予定です．

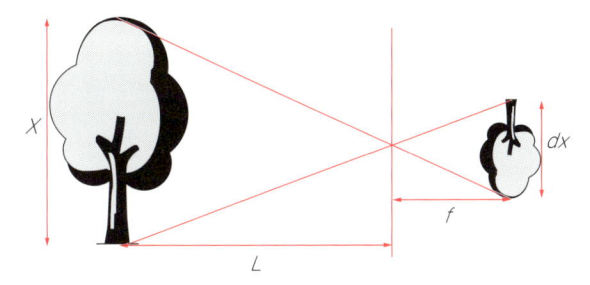

図2　L：Xの比はf：dxの比に等しい

LED間隔を1画素変化させるのに5cm程度の距離移動が必要となります．

　センサーバーまでの距離が近いとLED画像の横幅が大きくなります．近づきすぎると画面からLED画像の端がはみ出してしまいます．およそ40cmよりも短い距離を測ることはできません．

　実用上は，センサに対してカメラを正確に平行に位置づけるのは難しいので，グラフに示した距離範囲では常に2cm～5cm程度の測定誤差があると考えるべきでしょう．

　図1のデータは，今回使用したカメラを使ったときのデータであり，同じOV7670を用いたカメラ・モジュールでも，搭載しているレンズの焦点距離が違えば，定数aの値（後述）も変わることに気を付けてください．

■ 距離検出のアルゴリズム

● 本来20cmのLED間隔がカメラ上で何画素になるかで判定する

　対象物までの距離が測定できるしくみを図2に示します．カメラをピンホール・カメラに見立てると，測定対象からの光線はピンホールを通過して，センサ上に上下反対の像として写り込みます．

　図2に示したように，ピンホールから対象物までの距離Lと対象物の高さXとの比は，ピンホールからイメージ・センサまでの距離fとセンサ上の画像の高さdxとの比に等しくなります．このため，式(1)のようにdxからLを算出できます．

$$L = fX/dx \quad \cdots\cdots\cdots\cdots\cdots\cdots (1)$$

　Wiiセンサーバーでは，左右のLED間の距離(X)はおよそ200mmで固定です．fの値も使用しているカメラ・モジュールに依存する固定値です．

$$a = fX$$

とすれば，aの値は定数となり，イメージ・センサが取得するdxの値から，直接Lを算出できます．

　今回，aの値は実測で求めました．あらかじめ1m（1000mm）の距離からセンサの画像を捉えた際のLED間隔から求めておきました．

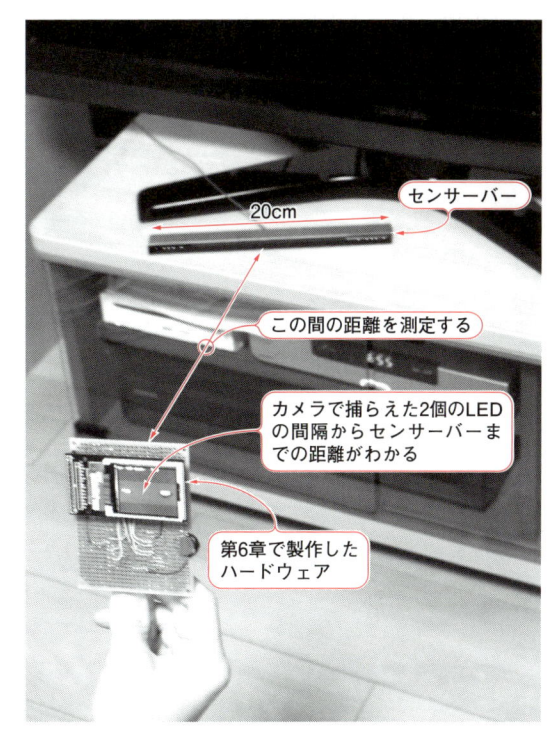

写真2　Appendix Cで製作したカメラを用いて距離を測定しているようす

● 本器の使い方

　写真2にAppendix Cで製作したカメラを用いて，距離を測定しているようすを示します．センサーバーの正面にカメラを持ってきて，プレビュー画面内にバー両端のLED光が入るようにします．操作スイッチを下に回すと，センサーバーまでの距離が画面右上にcm単位で表示されます．センサーバーに近づいたり，遠ざかったりすることで，測定値が変化するようすを確認できます．

　操作スイッチを上に回すと，距離計測のための定数aが設定できます．この操作はセンサーバーから1m

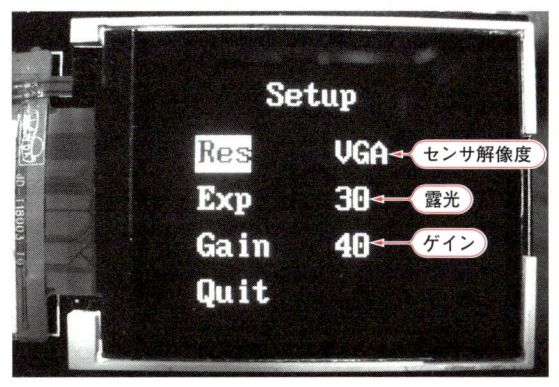

写真3　セットアップ画面ではセンサ解像度や露出の調整を行う
赤外線LEDの検出精度を高めるために露光やゲインの調整は必須．

Appendix D　距離センサへの応用　93

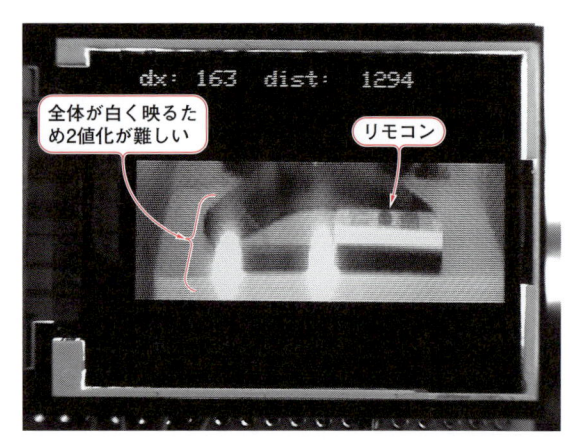

写真4 Appendix Cで改造した暗視カメラのままでは白い物体や光沢のある金属，ガラス製品が映ってしまう

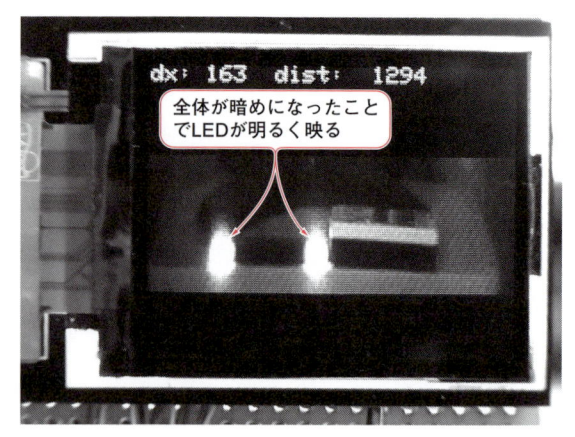

写真5 カメラの露出を調節した画像

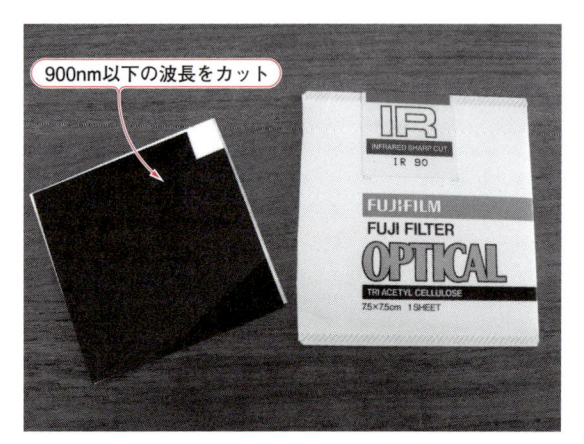

写真6 可視光カット・フィルタ
富士フイルム製のIR-90．

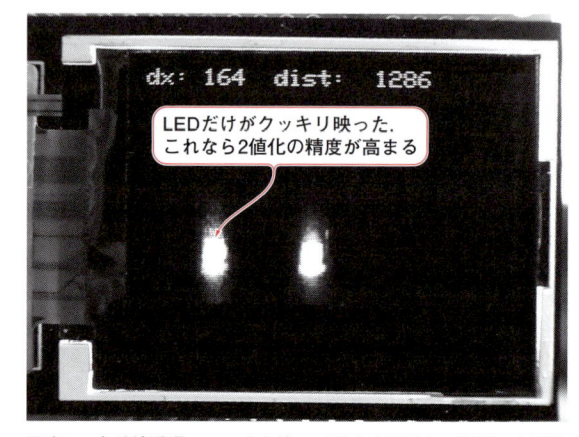

写真7 赤外線透過フィルタを使って露光も調節して撮影した画像

離れた位置から行ってください．操作スイッチを押すと，セットアップ画面に遷移します．セットアップ画面(**写真3**)では，センサ解像度や露出の選択／調整が行えます．

■ 測定方法

　赤外線LEDは，Appendix Cで改造した暗視カメラを使っても，簡単には識別できません．日中に撮影された画像には赤外線だけでなく，可視光成分も含まれているので，そばに白い物体や光沢のある金属，ガラス製品などがあった場合，識別が困難です．
　センサーバーのそばに白いリモコンを置いた例を**写真4**に示します．リモコン部がセンサLEDと同じくらいに明るく写ってしまっています．

● 露出を調節する
　OV7670は，自動的に露出を調節するAEC(Automatic Exposure Control)機能を備えているので，バーコードやナンバープレートの読み取りでは，この機能を用

いて画像を取得していました．**写真4**の例では，赤外線LEDの近くに白い物体(リモコン)があることで，露出が明るめに撮影されて全体が白っぽくなります．
　この問題を回避するためには，露出をアンダーに調整します．具体的にはOV7670のCOM8レジスタ(0x13)を操作することで，AECならびにAGC(Automatic Gain Control)機能を抑止し，露出とゲインのパラメータをAECHレジスタ(0x10)とGAINレジスタ(0x00)で低く設定してやります．
　写真5はAECHを30，GAINを10に設定した場合の画像です．全体が暗めになったことによって赤外線LED部分だけが明るく写っています．なお，露光を小さくしすぎると，センサーバーの左右に配置されている5つのLEDが個々に識別できるようになってしまいます．本装置ではソフトウェアの処理を簡単にするために，五つのLEDの光が連なって，一つの光源としてカメラに映ることを想定しています．

```
 Y Y Y Y Y Y Y Y     8ビットの輝度情報を保持
```
（a）プレビュー時

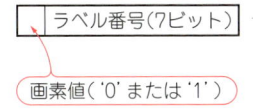

```
 , ラベル番号(7ビット)     輝度値が240以上の明るい画素
                        であれば最上位ビットを'1'に
  画素値('0'または'1')    する．残りの7ビットでラベル番
                        号を保持
```
（b）2値化以降

図3　画像メモリ上の画像データの変化
1画素当たり1バイトの情報を，2値化後はピクセル情報に1ビット，ラベル番号に7ビットを振り分けた．

● **赤外線透過フィルタで可視光をカット**

　上述のとおり，周囲に金属やガラス製品などがある場合，その反射が明るく写ってしまい，赤外線LEDとの判別ができなくなります．この問題を改善するには，赤外線透過フィルタを使用します．

　Appendix Cの暗視カメラでは，カメラ内部に仕込まれていた「赤外線を遮断するフィルタ」を除去しましたが，ここでは「可視光は遮断するが，赤外線は透過するフィルタ」を追加します．

　このようなフィルタは，赤外線写真を撮影する目的で写真/カメラ店で販売されています．筆者は富士フイルム製のIR-90(**写真6**)を使用しました．このフィルタは900 nm以下の波長をカットします．

　写真7は**写真4**，**写真5**と同じ対象物を，赤外線透過フィルタを使って，露光も調節して撮影した画像です．日光が当たらなければ，ほぼ赤外線LEDしか写らないので，識別が容易に行えます．

■ ソフトウェア

● **AEC/AGCを抑止し露光を低めに**

　輝度情報から発光するLEDを識別しますので，バーコード・リーダの場合と同じようにカメラが出力する画像形式としてYUV形式を選択し，マイコン側でY成分だけを拾うことで1画素に1バイトの領域を使うこととします．VGA解像度を選択して水平方向640画素で画像を取得することを考慮し，垂直方向サイズは60画素に制限します．出力される画像サイズは640×60＝37.5 Kバイトとなります．

　前述のとおりAEC/AGCを抑止し，露光を低めに設定してやります．

● **2値化処理…LEDとそれ以外を検出する**

　LED部分を検出するための前処理として2値化を行いますが，最も明るい部分がLEDであると考えられますので，しきい値決定のためのヒストグラム分析は省略して，しきい値には固定値(240)を用いることとします．Y成分の値が240以上の明るい画素をピクセル値'1'とします．

　ナンバープレート読み取りの場合と同じように，ラベル付けを行うことで赤外線LEDと思われる領域を見つけます．ラベルが振られる対象は赤外線を発光あるいは反射する部分に限られるので，ラベル数はそれほど多くなりません．そこでカメラからの1画素当たり1バイトの情報を，2値化後はピクセル情報に1ビット，ラベル番号に7ビットを振り分けました(**図3**)．

　ラベル付けにより見付かった領域のうち，最も面積が広いもの二つを左右の赤外線LEDであると見なしてLED間隔(dx)を求めます．そしてdxから赤外線LEDまでの距離を算出して表示します．

　測定値の精度を高めるためにセンサーバーの正面からLEDを撮影します．二つのLEDの中間点が画面中央からずれていたり，二つのLEDの高さがずれていた場合には，測定値を黄色あるいは赤色で表示することで，位置決めが不適切であることを操作者に伝えます．

　　　　　　　＊　　　＊

　今回は距離の測定を行いましたが，画面上のLED画像の位置から，対象物の位置や動きを推定することも可能です．

（初出：「トランジスタ技術」　2012年3月号　特集Appendix 4）

第2部 イメージ・センサとカメラの基礎と最新動向

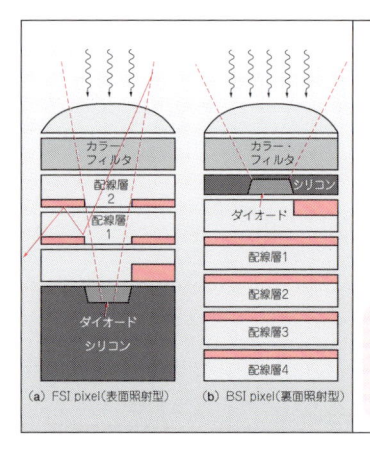

第7章 歴史，原理から最新の技術トレンドまで
CMOSイメージ・センサのしくみと最新技術

エンヤ ヒロカズ

携帯電話やデジタル・カメラに使われているCMOSセンサの歴史から構造，動作原理，システム構成等を解説します．また裏面照射型センサや小型化技術など，最新技術動向や，大学や研究機関などで行われている研究例も取り上げます．

(a) FSI pixel（表面照射型）
(b) BSI pixel（裏面照射型）

イメージ・センサの歴史

● イメージ・センサの構造とCCDとCMOSの違い

イメージ・センサは光を電気信号に変換するデバイスです．フォト・ダイオードを二次元状に配置してある素子です．光はレンズで集光されてセンサ面で結像します．結像された二次元状の光がその各々の場所でフォト・ダイオードにより電気信号に変換されて，外部に読み出されます．外部への読み出し方の違いでCCD，CMOSと大きく二つの種類に分類できます．CCDは画素内を電荷のまま転送します．電荷のまま転送するしくみとしてCCD（Charge Coupled Device）という特殊な構造のデバイスを用いています．CMOSは画素内で電荷を電圧もしくは電流に変換して信号線を用いて転送します．CCDとCMOSの構造を図1に示します．

● CCDの発明

CCDは1969年にAT&Tベル研究所のウィラード・ボイル（Willard Boyle）とジョージ・スミス（George E. Smith）によって発明されました．最初はその名の通り電荷を転送するしくみでしたが，イメージ・センサとして開発が進み1970年代にはCCDを用いたカメラの開発も進み，1980年代には民生用ビデオ・カメラに搭載されるようになりました．当初画素数は10万画素程度でしたが，ビデオ・カメラに搭載されるものは38万画素，2000年代に入りデジタル・カメラが普及するに従い，100万画素を超え，現在では廉価版のデジタル・カメラでも1000万画素を越えるCCDが使われています．

CMOSの登場と発展

一方CMOSは，1970年代から存在はしていましたが，当時のCCDと比較しても性能が劣り，普及しませんでした．ところが1990年代後半，CMOSプロセス技術の進歩で微細な素子が作れるようになると性能が向上してきました．画質改善には大きく二つのブレイクスルーがありました．一つ目はアクティブ・ピクセル化です．プロセスが微細化されていない頃は，素子が大きく画素内にはフォト・ダイオードと画素選択のた

(a) CDDイメージ・センサの構造
(b) CMOSイメージ・センサの構造

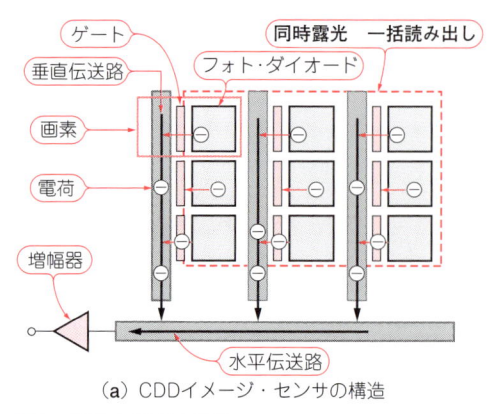

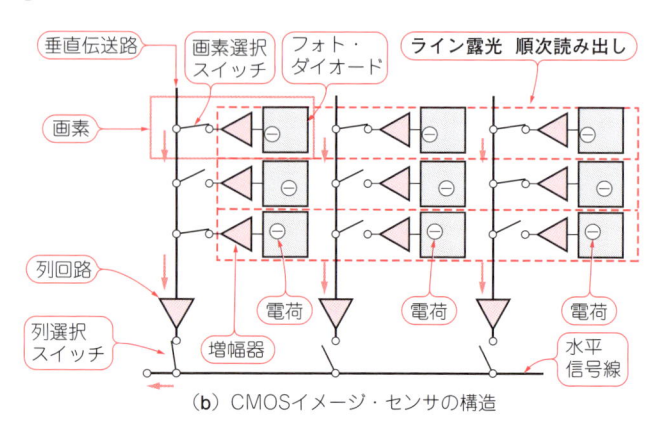

図1　CCDとCMOSの違い
（▶ http://www.sony.co.jp/Products/SC-HP/tech/isensor/cmos/index.html）

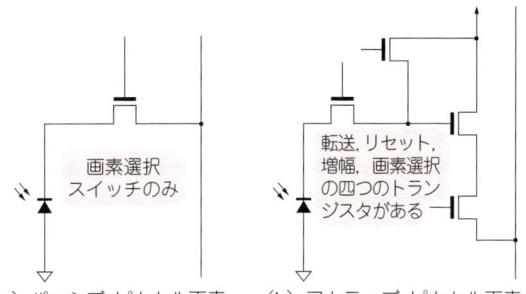

(a) パッシブ・ピクセル画素　(b) アクティブ・ピクセル画素

図2　アクティブ・ピクセル画素
画素内に増幅回路を入れることにより性能が向上した．

めのスイッチ素子しか搭載できず，光電変換した微弱な信号を画像エリアから読み出し外部で増幅していたために感度が低くノイズが多く実用にはなりませんでした．しかし素子の微細化により，画素内に増幅素子を配置できるようになり，増幅後の信号を外部に読み出せるようになり感度が上がりノイズも減るようになりました（図2）．もう一つはフォト・ダイオードの埋め込みフォト・ダイオード化です．通常のフォト・ダイオードは表面の界面から発生する暗電流によるノイズが多く，CCDでは埋め込みフォト・ダイオードと呼ばれる暗電流を抑圧された構造になっています（図3）．従来のCMOSイメージ・センサは標準CMOSプロセスで作られていたために，このような特殊な構造のダイオードを作ることができませんでした．しかしプロセス技術の進化により，CCDで使われている特殊なプロセスを部分的に移植することにより，埋め込みフォト・ダイオード構造を作ることが可能になり，暗電流ノイズを大幅に低減することができました．CCDとCMOSの比較を表1に示します．画質面でCCDとCMOSが同じになってくると，CMOSの持つ，単一電源動作，低消費電力やシステム・オン・チップなどのメリットが重要視されるようになります．2000年代になると，携帯電話にカメラが搭載されるようになりました．当初はCCDを使ったものも多く商品化されましたが，携帯電話に求められる，小型化，低消費電力化のメリットを持つCMOSセンサが多く使われるようになり，画質も向上していきました．2000年代後半になると，デジタル・カメラやビデオ・カメラなど，従来高画質を要求される機器にもCMOSが多用されていきます．画質的には究極の性能を要求されるデジタル一眼レフにも多く採用されてきました．デジタル一眼レフはイメージ・センサのサイズが大きく，CCDを使った場合，消費電力が多くなってしまいます．また駆動するために特殊なドライブ回路が必要になり，取り扱いの容易なCMOSが台頭してきています．

表1　CCDとCMOSの特徴比較

項　目	CCD	CMOS
消費電力	大きい	少ない
電源	複数電源	単一電源
システム	周辺チップ必要	オンチップ可能
画質	○	○
シャッタ	全面同時シャッタ	ローリング・シャッタ

● **システム・オン・チップ**

システム・オン・チップ可能という点もCMOSの大きなメリットになります．CCDはアナログ出力なので，外部で可変アナログ・アンプやA-DコンバータのためのAFEというデバイスが必要になります．また駆動のためのタイミング・ジェネレータ（TG）やドライバも必要です．CMOSはこれらの周辺デバイスをオン・チップで内蔵可能ですので，部品点数の削減が可能でコストダウンも容易になります．CMOSとCCDのシステム比較を図4に示します．

● **画素サイズ，画素数トレンド**

イメージ・センサの指標の中で代表的なものとして画素サイズと画素数があります．画素サイズと画素数が決まれば自ずと光学サイズも決まります．代表的な画素サイズと画素数と光学サイズの関係を図5に示します．

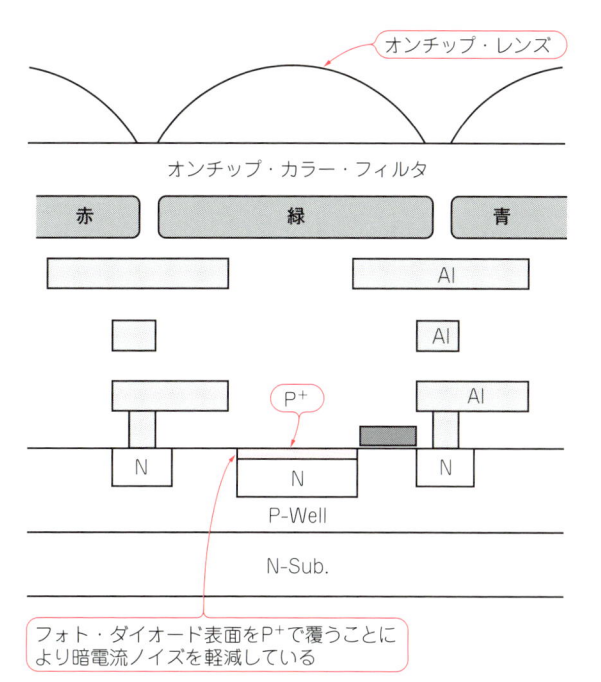

図3　埋め込みフォト・ダイオード
（フォト・ダイオード表面をP^+で覆うことにより暗電流ノイズを軽減している．

▶ http://www.sony.co.jp/Products/SC-HP/tech/isensor/cmos/index.html より）

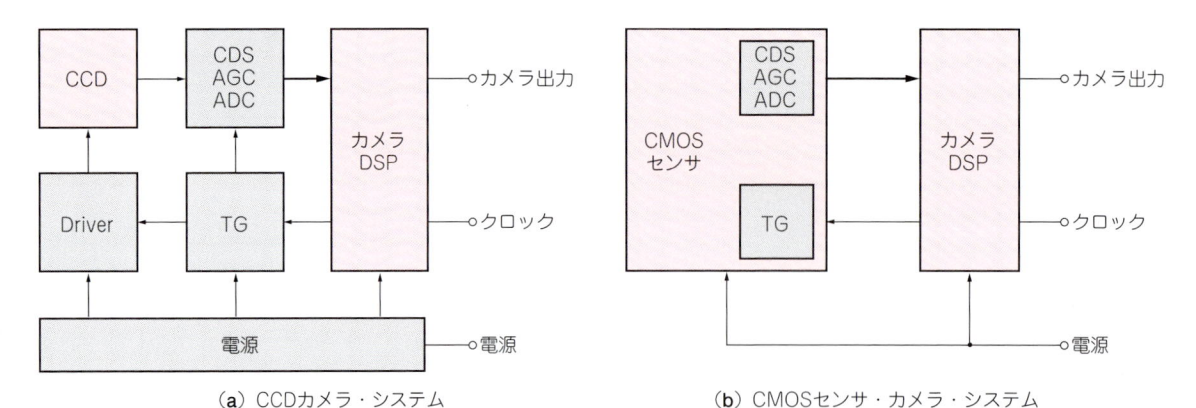

(a) CCDカメラ・システム　　　(b) CMOSセンサ・カメラ・システム

図4　システム構成
CDS：Correlated Double Sampling：相関2重サンプリング，AGC：Auto Gain Control：自動ゲイン補正，ADC：A-Dコンバータ，TG：Timing Generator：タイミング・ジェネレータ，DSP：Digital Signal Processor：いろいろな画像処理などを行う，色調整，ガンマ補正，輪郭強調，判別処理など．

画素数[M]	画素サイズ [μm]			
	3.3	2.7	2.2	1.75
8				1/2.6
5			1/2.5	1/3.2
3.2		1/2.6	1/3.2	1/4
2	1/2.7	1/3.3	1/4	1/5
1.3	1/3.3	1/4	1/5	1/6
0.3	1/7	1/8	1/10	1/13

単位：インチ（=2.54 cmではない）

図5[2]　画素数，画素サイズと光学サイズ（◯の中）の関係
単位はインチ，型ともいう．イメージ・エリアの対角長．
[東芝レビュー Vol.63 No.7 (2008) p.23 より]

　画素セルを画素数分並べると光学サイズになりますので，画素数を増やすには画素セル・サイズを小さくするか，光学サイズを大きくしないといけません．しかし簡単にできるものではありません．光学サイズを大きくする場合はレンズを大きくすればよく，技術的な大きな問題はありません．大きなレンズを造るための技術的制約があるようにも思われますが，デジタル・カメラが登場する前の銀塩フィルム・カメラ程度のサイズまでは技術的に熟成されており，大きなハードルはありません．しかしコストは高くなりますし，物理的なサイズが大きくなってしまいます．
　一方画素サイズを小さくするには様々な技術的なハードルがあります．半導体のプロセス世代により微細加工のレベルが変り，画素サイズが決まります．最先端のCMOSプロセスは現在は28 nmや22 nmが使われていますが，CMOSセンサも同じプロセスが使えるわけではありません．何故ならばCMOSセンサはアナログ回路であり，また画素部分は画質改善のためにプロセスを追加しています．そのためロジックICより世代が遅れたプロセスが使われています．
　2011年にOmniVision社が65 nmプロセスを用いた第2世代裏面照射型CMOSセンサの論文[1]を発表していますが，2011年の最先端プロセスは28 nmでしたので，2世代古いプロセス技術を使っていることになります．
　図6に画素サイズのトレンドを示します．2008年の東芝の論文より引用ですが2005年から2008年の3年間で画素サイズは2.8 μmから1.4 μmまで小型化されているのが分かります．面積換算すると1/4であり，これは光電変換部のフォト・ダイオードの感度も理論上は1/4まで下がっていることになります．実際には画素部分の改善や後段のアンプの増幅率を上げることにより，同等以上の値を維持しています．現在，画素サイズは1.1 μmのものまで商品化されていますが，さらに感度的に厳しいものになっています．画素特性の改善方法として後述する裏面照射型CMOSセンサが一般的になってきています．画素サイズが小さくなれば，同じ画素数であれば，光学系も比例して小さくなります．しかしながら光学系は変らず画素数が増えている例が多いようです．
　また半導体デバイスの解析を行っているChipworks社が1.4 μm画素セル・サイズのCMOSイメージ・センサの調査報告をしています[3]．このレポートによると1.4 μmの微細な画素でも使用されているプロセスは65 nm～110 nmであり，後述する画素共有技術等を使って小型化しているのが分かります．1画素当たりの実効トランジスタ数は1.75 Tr～2.5 Trです．

● **オン・チップ・レンズ**
　CMOSセンサ，CCDセンサに共通する問題点として，画素内のフォト・ダイオード以外の部分は光が当たっても光電変換に寄与せず，実際の感度が落ちてし

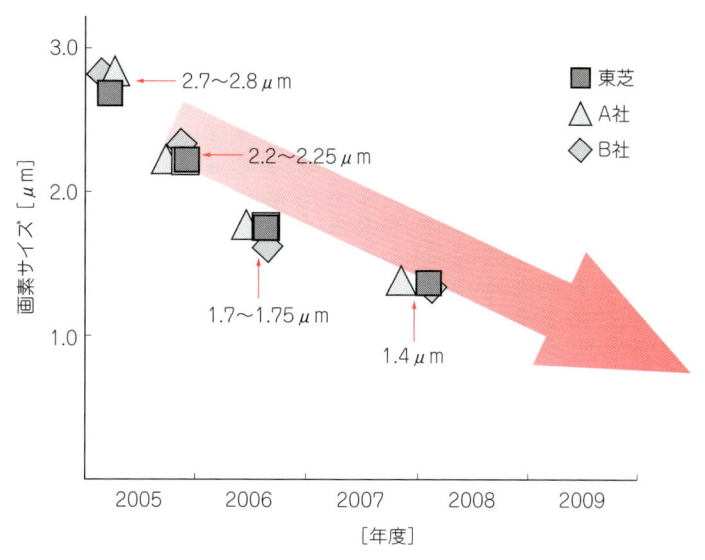

図6　画素サイズ・トレンド
［東芝レビュー Vol.63 No.7 (2008) p23 より］

まうというのがあります．そこでもともとはCCDで開発された技術ですが，画素部分の上部に光を集光するレンズを形成し，画素以外の光を感度に寄与させるオン・チップ・レンズ(OCL)という技術があります．図7にオン・チップ・レンズの構造を示します．イメージ・センサのウェハ表面部分に画素単位で微小なレンズを形成して，光を集光します．

● 裏面照射型CMOSセンサ

CMOSセンサはCCDセンサと比較して，小型化が難しい構造です．図8にCMOSセンサの画素部分の構造例を示します．CMOSセンサは光を受けるフォト・ダイオード以外に配線部分や回路部分が大きなエ

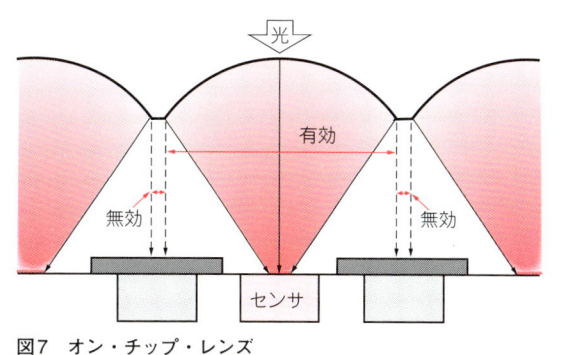

図7　オン・チップ・レンズ
(▶ http://www.sony.co.jp/Products/SC-HP/imagingdevice/guide/dic/onchip.html より)

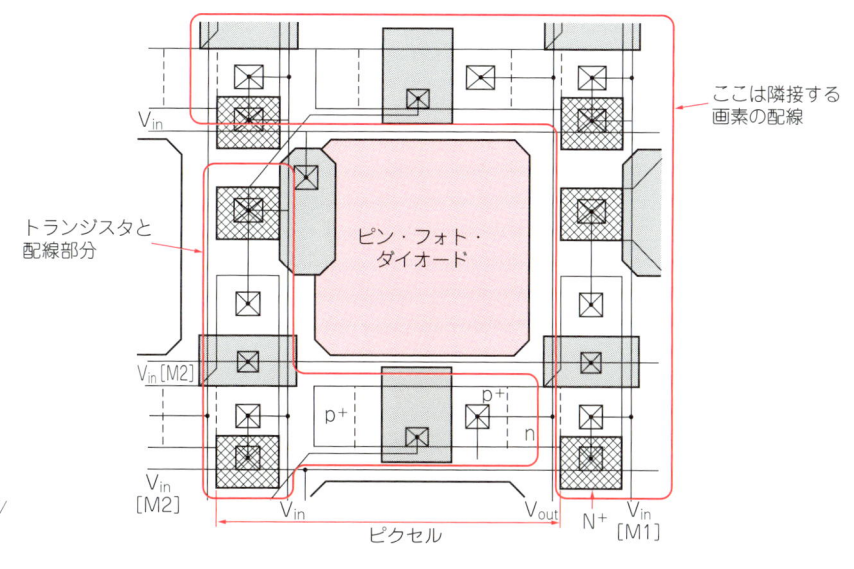

図8
CMOSセンサの画素例
(特開2008-160133 より．
▶http://www.j-tokkyo.com/2008pdf/A_2008-160133.pdf)

CMOSの登場と発展　99

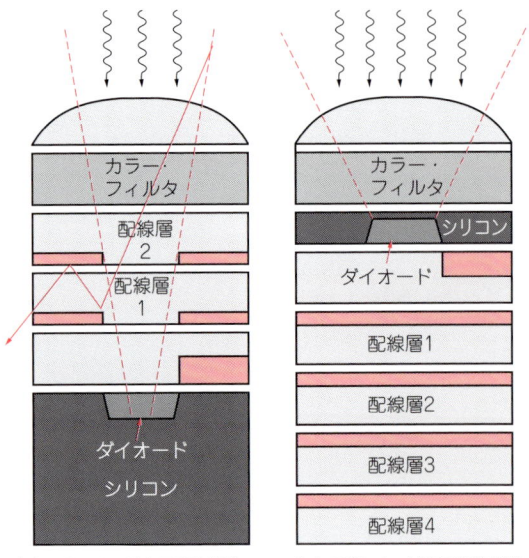

図9　裏面照射型センサ
(OmniVision Technologies 2012 Stockholders Meeting 発表資料より
▶ http://www.ovt.com/uploads/presentations/OVTI%20FY12%20Stockholders%20Mtg%20v3%201_09-27-12a.pdf)

(a) FSI pixel（表面照射型）　(b) BSI pixel（裏面照射型）

リアを占めているのが分かります．前述のオン・チップ・レンズで集光することである程度改善は可能ですが，画素セル・サイズが小さくなるに従い十分ではなくなります．そこで考えられたのは，画素部分のフォト・ダイオードをウェハ裏面に形成して，そちらに光を照射するようにした構造です．光の当たる表面部分は一面をセンサで覆われる形になりますので，最大限の感度を得ることができます．回路や配線は反対側の表面に形成します．このような構造のイメージ・センサを裏面照射型と呼びます．感度はおおむね通常の表面照射型のイメージ・センサと比較して2倍程度になります．図9に裏面照射型イメージ・センサの構造を示します．これはOmniVision社の発表したものです．また裏面照射型にすることで副次的に得られる効果と

してメタル配線層の層数を表面型に対して増やすことができます．正確には表面照射型ではメタル配線層の層数に制限があります．理由としては，配線層が多いとオン・チップ・レンズとフォト・ダイオード間の距離が広がってしまい，光を効率的に集光することができなくなります．また配線層の層間絶縁膜での透過率の低下もあります．裏面照射型ではこのような制約がないためにロジック・プロセスと同等のメタル配線層が形成できるために，画素内配線の自由度が上がります．図9では表面照射型（FSI）では2層に対して，裏面照射型（BSI）では4層となっています．

● **画素共有技術**

画素セルの小型化を実現しているのが，プロセス・シュリンクと画素部分の簡略化です．プロセス・シュリンクはルール自体が微細化しているのでスケーラブルに小型化が可能ですが，前述の通りに最先端のロジック・プロセスがそのまま使えるわけではありません．一方，画素部分の回路の単純化というのはプロセス・ルールはそのまま，画素内部の構造を単純化して，画素面積を縮小する方法です．構成を単純化するには1画素当たりの部品数，具体的にはトランジスタ数を削減します．しかしながら回路自体の簡略化には限界があります．もともとCMOSセンサでは画素内トランジスタ4個が多い構成ですが，それを3個に減らした程度では，そんなに単純化はできません．そこで回路自体はそのままでトランジスタを隣接する画素と共有するという手法がとられています．CMOSセンサは露光中は読み出し回路は動作しておらず，フォト・ダイオードで光電変換を行い，電荷を蓄積しています（図10）．露光が終了すると，読み出し回路が動作して電荷が画素内のフローティング・ディフュージョン（FDと略記．キャパシタ動作）に転送され，電圧に変換されます（図11）．フローティング・ディフュージョンで電圧に変換された信号は画素内のトランジスタで増幅され，選択スイッチを介して，画素外部に読み

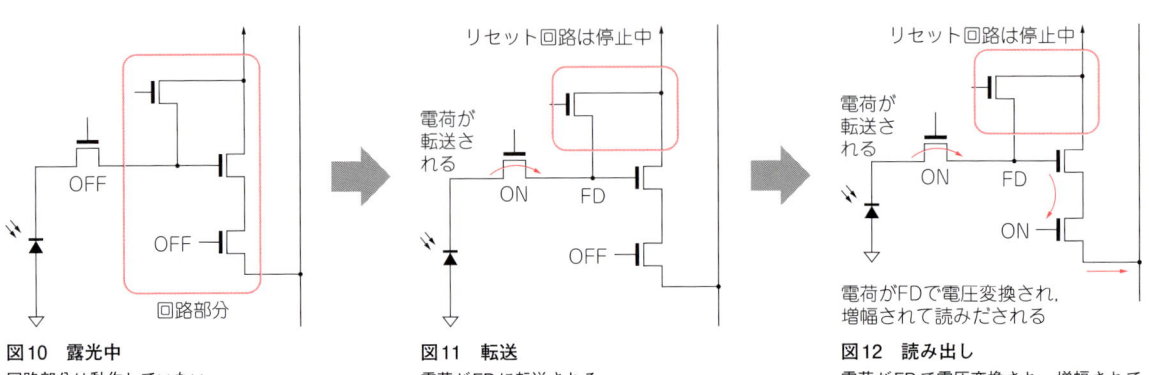

図10　露光中
回路部分は動作していない．

図11　転送
電荷がFDに転送される．

図12　読み出し
電荷がFDで電圧変換され，増幅されて読み出される．

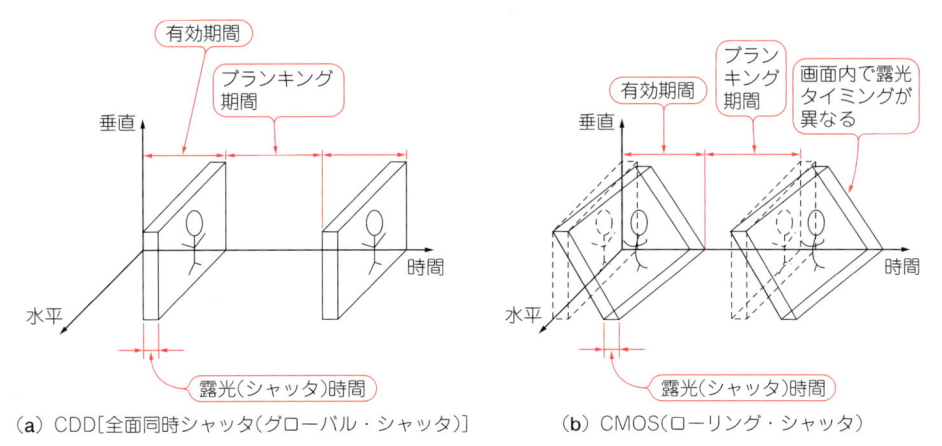

（a）CDD［全面同時シャッタ（グローバル・シャッタ）］　　（b）CMOS（ローリング・シャッタ）

図13　ローリング・シャッタ（▶http://www.sony.co.jp/SC-HP/imagingdevice/cmos/focalplane.html）
メカニカル・シャッタのフォーカル・プレーン方式を電子的に実現したもの．

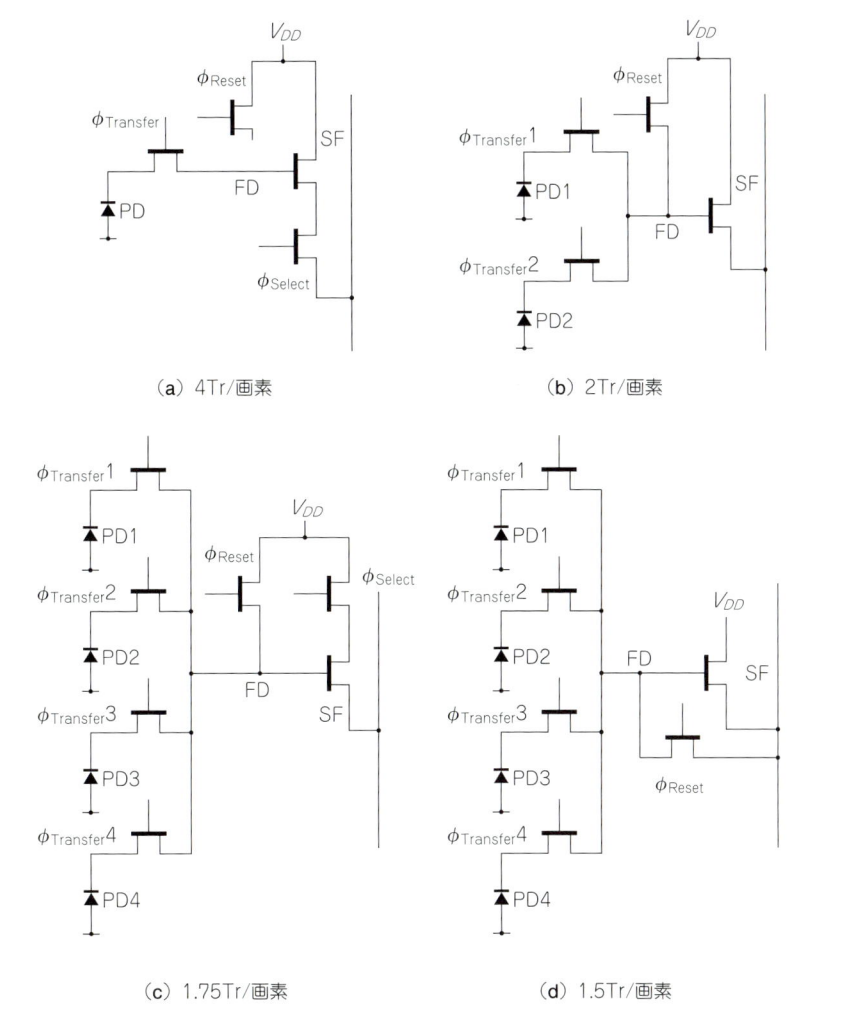

（a）4Tr/画素　　（b）2Tr/画素

（c）1.75Tr/画素　　（d）1.5Tr/画素

図14　画素内トランジスタ共有
（須川成利：『デジタルカメラ用イメージセンサの最新技術』，日本写真学会誌72巻 第4号 pp.300〜305より）

CMOSの登場と発展

出されます（図12）．最近の多くのCMOSセンサはローリング・シャッタを呼ばれるライン単位で順次読み出される構造になっています．ローリング・シャッタの原理を図13に示します．つまり1ライン単位で読み出されるので，上下方向の画素でトランジスタの共有が可能になります．他にも読み出しのタイミングを工夫して複数のトランジスタ動作を一つに集約してしまい，画素内のトランジスタを削減しています．図14に標準的な4Trタイプ［図(a)］を画素トランジスタ共有で減らしたものを示します．この図では1画素当たり1.5Tr［図(d)］まで削減が可能であることが示されています．

● A-D変換と読み出し

画素内信号を外部に読み出す方法は何種類かあります．CMOSセンサ開発の黎明期には，CCDと同じ様に画素単位で点順次で読み出し，A-D変換する方法もとられたことがあります．しかし現在は1ライン分の信号を垂直信号線を経由してカラム部分に転送しA-D変換するのが一般的です．このカラム方式は1ラインに1回の動作になるので，動作速度を落とせるというメリットがある反面，1ライン分の回路が必要になりチップ面積が大きくなるというデメリットもあ

ります．また回路ごとの特性のバラツキにより，画面上に縦筋状のノイズが出てしまうという問題もありました．しかしながら補正技術の進化や回路の工夫により，縦筋ノイズはほとんど無視できるようになり，もともと低速動作できるというメリットから現在では主流を占めています．図15に一般的なカラムADCの構成を示します．画素部から読み出された信号はカラム部分のA-D変換に入力されます．A-D変換はシングル・スロープ型と呼ばれる非常に単純な方式です．図16にシングル・スロープ型ADCの構成を示します．カウンタ出力はD-A変換されランプ波となり画素信号を比較されます．画素信号とランプ波が一致した時にコンパレータがONになりその時のカウンタの値がラッチされます．この動作を1ラインに1回行えばよいので動作スピードは低くて済み精度が上げられます．またこの構成は非常に単純なので，カラム部分に1ラインの画素数分のコンパレータとラッチを実装するのも比較的容易となります．しかしながら画素ピッチで配置しないといけないので回路によっては1画素内で収まらない場合も出てきます．その場合は複数画素の幅で構成し隣り合う画素のブロックを上下に配置して

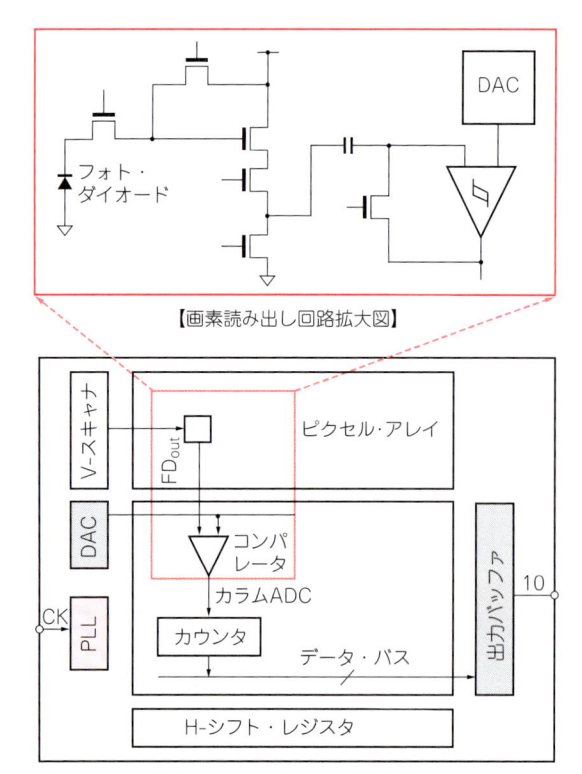

図15　カラム動作A-Dコンバータの回路構成
（Fundamentals Review Vol.3 No.3より．
▶ http://www.ieice.or.jp/ess/ESS/Fundam-Review.html）

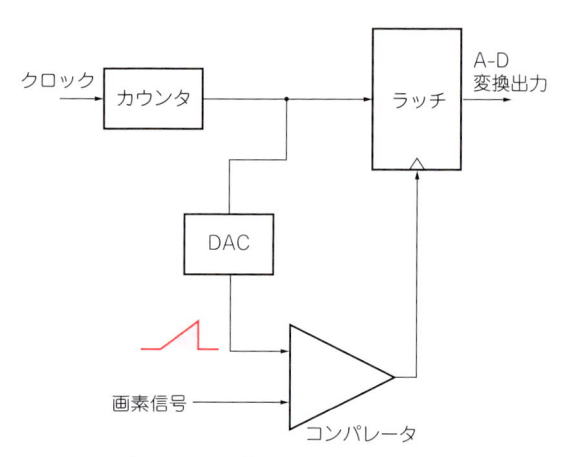

図16　シングル・スロープ型A-Dコンバータ

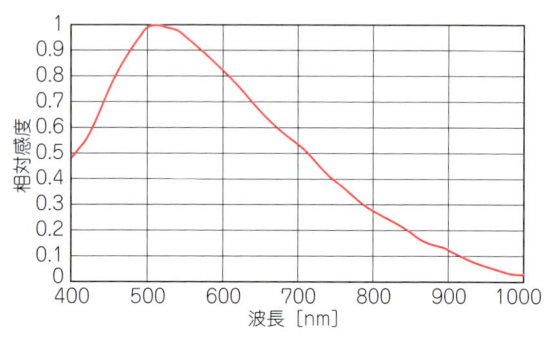

図17　白黒イメージ・センサの分光感度特性例
（ICX098BL仕様書より．
▶ http://www.sony.co.jp/Products/SC-HP/datasheet/01/data/J01409A3Z.pdf）

います．

● カラー・フィルタ

　イメージ・センサのフォト・ダイオードは可視光領域を中心に広い分光感度特性を持っています．フォト・ダイオードの分光感度特性の例を図17に示します．これは白黒CCDイメージ・センサですが，光の三原色である赤(R)，青(B)，緑(G)の波長域の400 nm〜700 nmで感度を持っています．このままでは色を検知することはできません．そこでセンサの各画素ごとに異なる色のフィルタをオン・チップしてある特定の波長域しか反応しないようにします．通常は原色系のR，G，Bの3色のフィルタが使われています．10年くらい前までは感度を重視するビデオ・カメラでは補色系のフィルタ(Ye，Mg，Cy，G)が使われることが多かったのですが，性能の向上とともに色再現性に優れる原色系が主流になっています．カラー・フィルタを付けた場合のセンサの分光感度特性を図18に示します．RGBとはいってもカラー・フィルタの特性の違いで，理想的なRGBとは分光感度特性は異なっています．

● カラー・フィルタの配列
▶ ベイヤー配列

　カラー・フィルタは画素上に配置されますがその配列順番が特許になっているのはご存知でしょうか？現在多く用いられているのはベイヤー(Bayer)配列と呼ばれているもので2×2の画素構成の中にGを2画素，

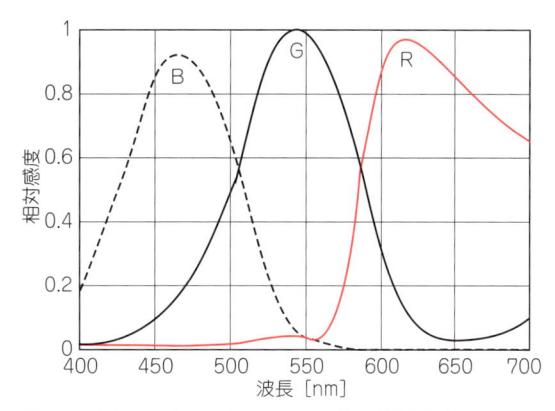

図18　カラー・イメージ・センサの分光感度特性例
(ICX098BQ仕様書より．
▶ http://www.sony.co.jp/Products/SC-HP/datasheet/01/data/J00343C82.pdf)

RとBを1画素配置したものです．ベイヤー配列を図19に示します．ベイヤーの由来は発明者の名前からきています．この特許はGoogle Patentで検索可能で，具体的なURLは以下になります．

http://www.google.com/patents?id=Q_o7AAAAEBAJ&dq=3,971,065

　この特許は1975年のものなので，当然ながら現在は切れているので世界中で広く使われています．この特許の請求項の中で説明に用いられている図を図20に示します．これによるとG画素部分がY(輝度)で，B，

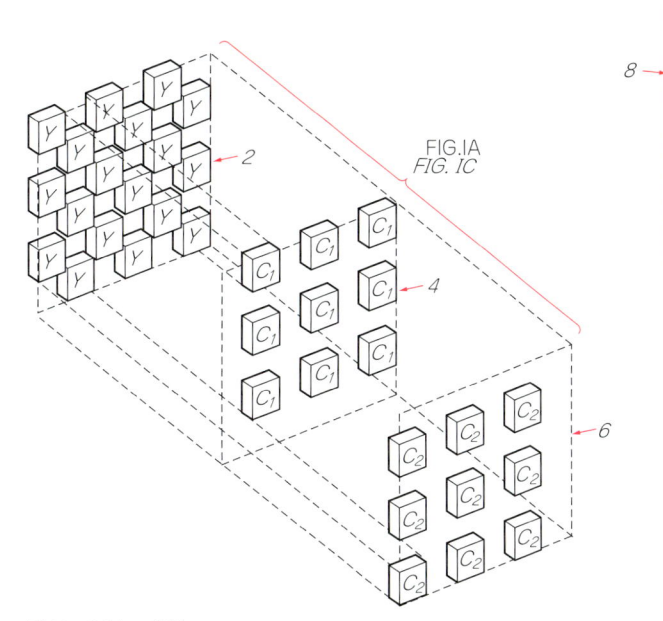

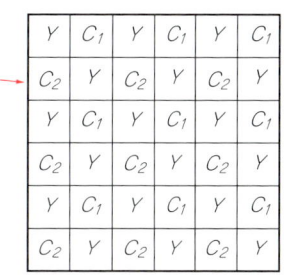

図19　ベイヤー配列

図20　ベイヤー特許
(US特許 Color imaging array US 3971065 A より)

CMOSの登場と発展　103

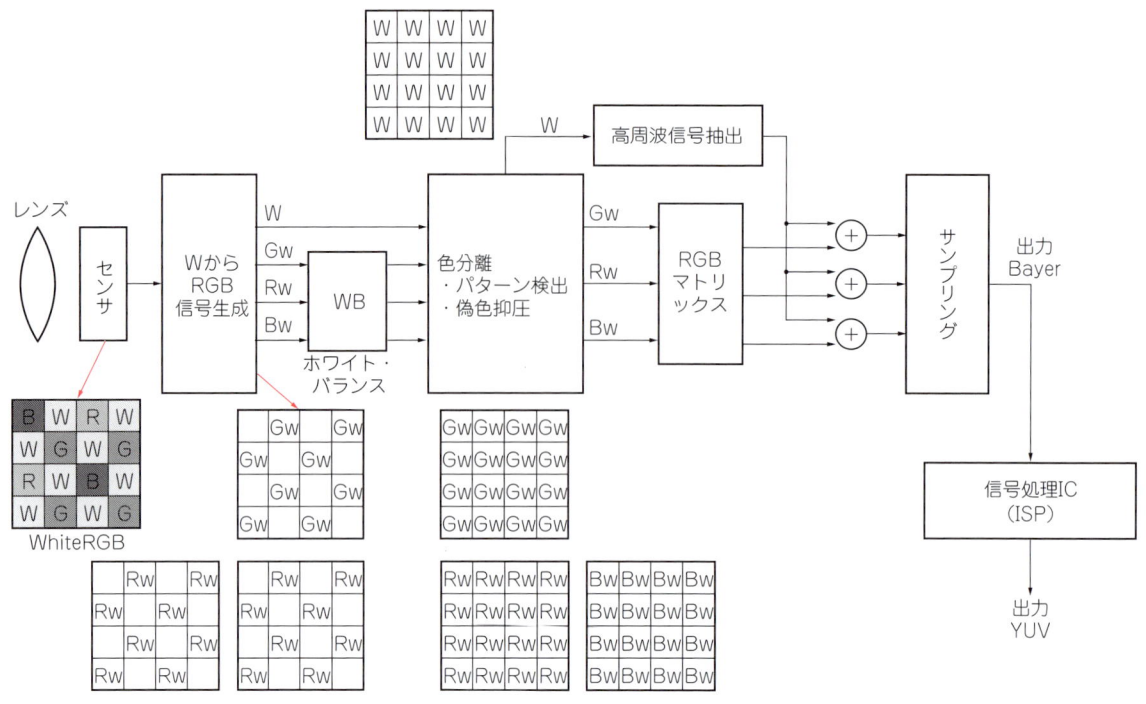

図21 W画素プロセッサ
［江川佳考：『White-RGBカラー・フィルタを用いたCMOSイメージ・センサの開発』より，映像情報メディア学会誌 Vol. 63, No.3 p266-269（2009）］

R部分がC_1，C_2（色差信号）と記載されており，当初は色差信号を前提に考えられていたというのは興味深いものがあります（もちろん請求項の中にはRGB配列もあります）．カラー・フィルタを使うと各画素1種類の色信号しか得られません．そこで後段の信号処理でその画素に足りない色の信号を周囲の画素から補間処理を行って作る必要があります．

▶ホワイト・コーディング
　広く使われてきたベイヤー配列ですが，異なる配列も考案されつつあります．その一つがホワイト・コーディングと呼ばれる配列です．原理は簡単で画素の最小繰り返し単位の2×2の中の2画素あるG画素の一つを別の色に変えます．どの色に変えるのがよいでしょうか．効果的なのは昨今の微細画素化による感度の低下を防ぐために，フィルタを入れないホワイト（W）画素を入れることです．こうして感度向上を実現しています．しかしW画素を入れることで従来のベイヤー配列用の信号処理が使えなくなってしまいます．そこで，センサと信号処理部の間にプリプロセッサを入れて，あたかもベイヤー配列のように変換して使う方法が提案されています．図21にプリプロセッサのシステム図を示します．このプリプロセッサを使うことにより，後段の信号処理回路が従来のベイヤー配列用のものが流用できるようになります．

● ロジック積載型イメージ・センサ
　CMOSセンサの特徴の一つとして，システム・オン・チップが容易というのがあります．周辺回路や後段の信号処理をワンチップ化することによりシステム・コストが下げられるというのがメリットになります．しかしこれには大きな落とし穴があります．一つ目に最先端プロセスではないということです．CMOSセンサのプロセスはロジック用のプロセスより数世代遅れています．つまりその時々の最先端プロセスを使わないでロジック回路を形成することになります．CMOSセンサの周辺部分のオン・チップ程度では問題ありませんでしたが，後段の信号処理部分やさらに後段に当たる画像コーデックなどを混載しようとすると，チップ・サイズが大きくなってしまいます．また消費電力も増えてしまいます．次に高画質化のためにウェハ・プロセスに工程が追加されています．当然工程が増えた分だけコストは上昇します．しかもその追加工程はウェハ単位で行う必要があるために，工程が必要ないロジック部分にも適用されてしまい，ロジック部分のコストは相対的に高くなってしまいます．もちろんこのようなデメリットよりもワンチップ化することによるメリットが大きい場合もあります．信号処理まで内蔵した「ワンチップ・カメラ」は存在します．しかし画素数の少なく，信号処理回路も適度な規模でトータルのチップ・サイズが許容できる，非常に狭い

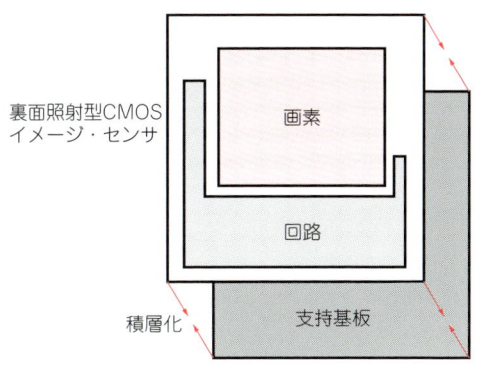

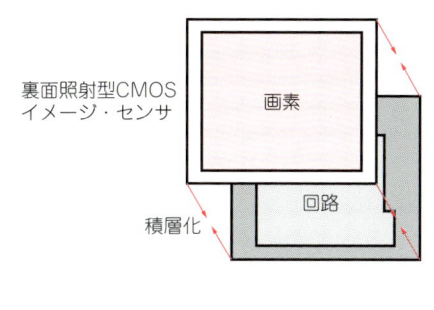

図22 ロジック積層型CMOSセンサ
(報道資料「積層型CMOSイメージ・センサー"Exmor RS"を商品化」より.
▶ http://www.sony.co.jp/SonyInfo/News/Press/201208/12-107/)

(a) 従来の裏面照射型CMOSイメージ・センサの構造図
(b) 積層型CMOSイメージ・センサ("Exmor RS"の構造図)

領域での採用にとどまっています.

そこで考案されたのがこのロジック積層型CMOSセンサです.ロジック積層型センサは画素部分とロジック部分を異なるプロセス・ルールで作り,張り合わせることにより一つのデバイスを作ります.画素部分はロジックより世代の遅れた追加工程もあるイメージ・センサ・プロセス,周辺部分は最先端のロジック・プロセスを用います.こうすることによりコストを下げられ,ロジック部分のゲート規模も増やすことができます.また,ロジック部分はカスタマイズも可能になりますので,特定用途向けのカスタム品の製造でもイメージ・センサ部分を流用することができます.

図22にロジック積層型CMOSセンサの構造図を示します.画素部分はイメージ・センサのプロセスで作っておいて,同じサイズのシステムを標準ロジック・プロセスで作ります.二つのチップは電気的に接合できるような加工をされた後に積層され,一つのチップとして完成されます.

● ワイド・ダイナミック・レンジ

ワイド・ダイナミック・レンジ・センサの基本的な原理は蓄積時間の異なる2回露光した画像データを後段の信号処理で合成することによりダイナミック・レンジの広い画像を生成するというものです.主に監視カメラなどの産業用用途として用いられてきましたが,昨今,携帯電話用カメラなどにも搭載されるようになってきました.理由としては,CMOSセンサになったことにより,細かい露光制御が可能になったことが挙げられます.前述の積層型センサでは,画面内の同一露光で二つの異なる蓄積時間が設定できます.それにより,従来は静止画でしか実現できなかったワイド・ダイナミック・レンジ画像が1フレームで撮影できるようになり,動画撮影でも実現できるようになりました.

● 外部インターフェース

初期のイメージ・センサはテレビ解像度が主眼に置かれていたために画素数は少なく,出力のデータ・レートは低いものでした.例えばVGA 30 fpsであればデータ・クロックはブランキング量によって多少の違いはありますが,おおむね12 MHz程度であり,パラレル・シングルエンドの信号でも問題はあまり出ませんでした.しかし画素数が増えていくに従い,データ・レートも比例して高くなってきています.フルHDの動画や,10 Mピクセルを越える静止画でも画面内の上側と下側の時間差が大きくなるローリング・シャッタ現象を抑えるために最低でも15 fps程度で転送しなければならず,データ・レートは100 MHzを越えるケースも増えて,そのままでは転送は難しくなってきました.そのためシングルエンドからLVDS,パラレルからシリアルと,インターフェースも変化してきており,新たな伝送規格も提唱されています.

▶パラレル

データ8〜12 bit(イメージ・センサのADCの量子化ビット数で変わる),同期信号(HSync, VSync),データCLKの信号線を用います.パラレル信号はビット間スキューが無視できなくなるので基板上の等長配線やデータのHigh, Lowが電源電圧レベルで変化するために輻射対策等が必要になります.そのため後述する差動シリアル・インターフェースに取って代わられようとしています.

▶LVDS

主にデジタル・カメラ用のイメージ・センサで採用されている場合が多い方式です．10程度の差動ペアで伝送します．伝送に使う差動ペアは内部レジスタで設定でき，後段のインターフェース仕様により変更が可能です．使用される差動ペア数と内蔵ADCのビット数により1ペア当たりのデータ・レートが決まります．

▶ MIPI CSI-2

MIPIアライアンスが制定したシリアル・インターフェース規格です．規格詳細はMIPIアライアンスに加入しないと入手できませんので，ここでは規格詳細の解説は行いません．CSI-2の大きな特徴としては単なるSub-LVDSの伝送ではなくLow Power(LP)モードとHigh Speed(HS)モードの2種類が規定されており，この2種類のモードがデータ転送中にダイナミックに遷移していることです．HSモードとLPモードは信号レベルも異なり，LPモードはシングルエンドで1.2 V振幅，HSモードはLVDSで差動100 Ωの終端抵抗があります．データ・レートは1レーン当たり最大1.5 Gbpsで最大4レーンなので，最大6 Gbpsになります．しかしながら，実際の製品は1 Gbps以下のものが多いようです．レーン数はVGAクラスだと1レーン，フルHD～8 Mで2レーン，12 Mを超えると4レーンとなります．さらに実際の信号は，加えてクロック信号が1ペア必要になります．

▶ SMIA CCP-2

もともとはノキア社の制定した規格で，詳細は同社と正式な秘密保持契約を結ばないと開示してもらえないものです．しかし，SMIA規格に準拠した製品が大量に流通するようになったためデファクト・スタンダード化しています．規格的にはMIPI より単純なマルチ・ペアなSub-LVDS信号であり，通常のロジックICの持っている標準セル・ライブラリで対応可能であるために，SMIA規格とうたわないで対応しているデバイスも多くありました．しかし，MIPI CSI-2の急速な普及により取って代わられようとしています．SMIA規格が一番影響を及ぼしたのはカメラ・モジュールのメカ形状です．多くのカメラ・モジュール外形サイズは(8.5 mm角や，6.5 mm角)はSMIA規格に由来しています．

● 通信インターフェース

CMOSセンサは周辺回路も内蔵しているために，その周辺回路に対して様々な値を設定する必要があります．内部レジスタへの通信用インターフェースとして用いられるのはシリアル・インターフェースで，I²CかSPIが使われるのが一般的です．しかしこのI²CはNXPの提唱した規格であり，厳密にはNXPの承認が必要です．しかしI²Cもデファクト・スタンダード化しており，各社互換インターフェースを独自のネーミングで搭載しています．例えばOmniVison社はSCCB(Serial Camera Control Bus)という名前で呼んでいますが，実際は通常のI²Cデバイスとして動作します．I²Cの実際の規格自体は，

http://www.nxp.com/documents/other/UM10204_v5.pdf

http://ip.nxp-lpc.com/docs/UM10204_JP.pdf

より入手可能です．

新しいイメージ・センサ

● 有機イメージ・センサ

光電変換に従来のシリコン半導体を使わず，有機光導電膜を使ったイメージ・センサが開発されています[5]．有機光導電膜は特定の波長(色)に反応するように作れるので光の三原色であるR，G，Bの3種類の有機光導電膜を積層することによりカラー・フィルタを使わなくてもカラーイメージ・センサが作れるので高感度化への期待がされています．図23に有機イメージ・センサの構造を示します．有機光伝導膜を積層することにより1画素でR，G，Bの信号を得られるので，デモザイク処理が不要になるのと，光学ローパス・フィルタが不要になるという大きなメリットがあります．

有機イメージ・センサはまだまだ開発途上で実用化まで時間がかかると思われますが，今後が期待されています．

● ビジョン・チップ

CMOSセンサ開発当初からシステム・オン・チップの延長線上で画素内に演算機能を入れたチップが提唱されてきました．しかしながら，画素内に演算回路を入れることによる画素サイズの増大や画素特性の劣化などが懸念され，開発の方向性は小型化，高画質化が主流となっていました．しかし研究レベルではありますが，画素内に演算回路を内蔵し高速に演算を行うビジョン・チップが提唱されています．もちろん画素内に搭載できる回路規模には限界があり，自由度の高い処理は不可能です．

そこで特定処理に限定して回路規模を小さくしたものが試作されています[6]．これは処理を画像モーメント量の算出に特化し，かつ一つの演算回路を4画素で共有することにより小型化を実現しています(図24)．ビジョン・チップは高速フレーム・レート

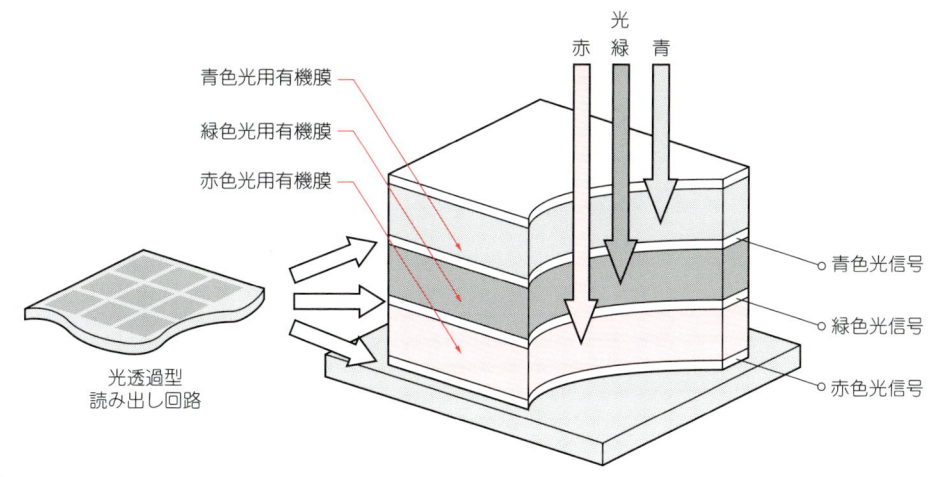

図23(5) 有機イメージ・センサ
［相原 聡：『有機光導電膜を積層した撮像デバイスの開発』より，映像情報メディア学会誌 Vol.64 (2010), No.9, pp.1313-1315］

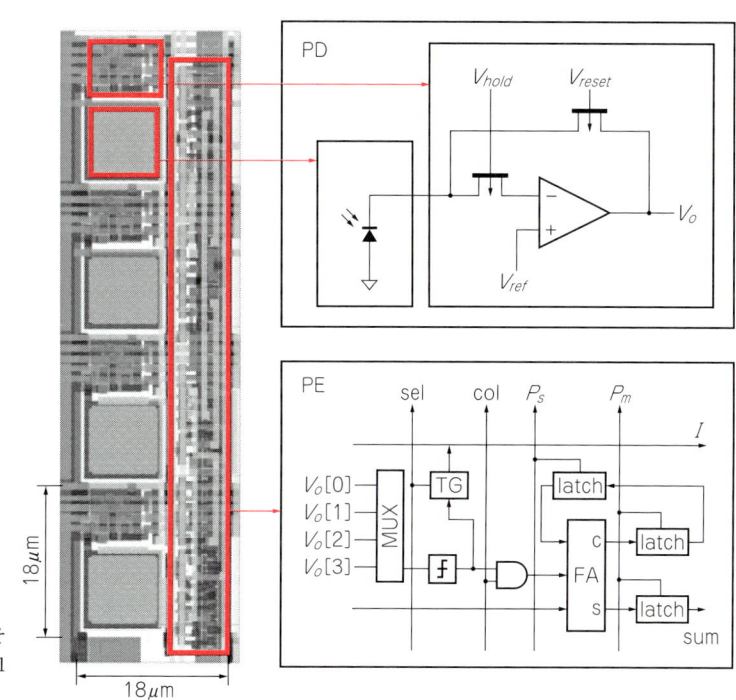

図24(6)
画像モーメント・センサ
［岩下貴司, et al.：『イメージセンシング技術とその応用』より，映像情報メディア学会誌Vol. 61 (2007) No. 3, pp.383-386］

(1000 fps)で撮像，演算することにより，単純な演算を実現しています．例えば，フレーム間差分より動きベクトルを検出する時など，通常のビデオ・フレーム・レートでは動き量が大きく，そのため動き予測などが必要になり，複雑なアルゴリズムで処理が重たくなりがちですが，フレーム・レートが速いと，動き量は少なくなり，差分を計算するだけで済みます．もちろん1000 fpsで実用的な撮像するためには，画素特性の改善など，実用化への課題は多いですが，今後に期待したいと思います．

◆参考・引用*文献◆

(1)* H. Rhodes et al,; *The Mass Production of Second Generation 65 nm BSI CMOS Image Sensors*, 2011 INTERNATIONAL IMAGE SENSOR WORKSHOP.
(2)* 東芝レビュー Vol.63 No.7(2008) pp.22-26.
(3)* R. Fontaine; *A Review of the 1.4 mm Pixel Generation*, 2011 INTERNATIONAL IMAGE SENSOR WORKSHOP.
(4)* 報道資料 積層型CMOSイメージ・センサ"Exmor RS"を商品化．
▶http://www.sony.co.jp/SonyInfo/News/Press/201208/12-107/
(5)* 映像情報メディア学会誌，Vol.64(2010), No.9, pp.1313-1315.
(6)* 映像情報メディア学会誌，Vol. 61 (2007) No. 3, pp.383-386.

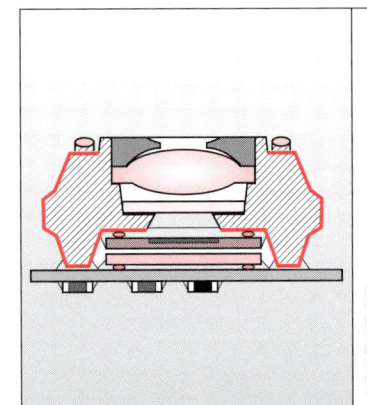

第8章 超薄型携帯端末の内蔵カメラはこうやって作られている
樹脂上に回路が作り込まれた小型デバイスMID

井上 浩 / 小林 充

最近，カメラ，GPS，インターネット，無線LAN，海外通話など，機能豊富な携帯端末が増えました．しかも，とても薄型です．この薄型化には，MID（Molded Interconnect Devices）と呼ばれる部品が貢献しています．MIDは，樹脂などでできた立体的な成形物の表面に銅箔パターンを密着させ，さらにチップ部品を高密度実装する技術を利用して作られた部品です．本章では，このMIDができるまでを詳解します．

MIDとは

● 携帯機器の薄型化・軽量化の要求

近年，携帯情報端末などの電子機器は高精度カメラ，現金支払い機能やワンセグテレビ機能，ナビゲーション機能，センサを用いた直感ゲームやエクササイズ・アプリケーションなど高機能化が急速に進んでいます．これらの機器では，携帯性や環境面（省資源），デザイン性の観点から薄型化・軽量化が望まれています．

しかし，電子回路を形成するガラス・エポキシ基板やフレキシブル基板などのプリント配線基板は，電子部品を上下の両面に実装するという平面的な構造をしており，さらなる高機能化を図るうえで，電子機器の小型・薄型化に限界が見えてきました．

このような背景のもと，MID技術が脚光を浴びてきています．

● 成形品の表面に銅箔パターンを作る

MID（Molded Interconnect Devices）とは，図1のように金型を用いて樹脂やセラミックスを形作った成形品表面に立体的に銅箔パターンを形成した部品（パッケージや基板）のことです．機構部品としての機械的機能と，プリント配線基板としての電気的機能とを持ち合わせているので，機能の複合化／電子部品の小型化／モジュール部品点数の削減／回路モジュール基板の組み立て工数の削減が可能になります．

通常のプリント配線基板は平面の上下に（最近は基板内部にも）電子部品を実装しますが，MIDの工法を用いると立体に電子部品を実装できます．電子部品を理想の位置に配置できるので，高密度実装だけでなく，電気的なノイズや周囲環境の影響を最小に抑えることも可能になります．

応用が期待されている分野

● 医療福祉機器

MIDの工法技術を応用することにより，医療機器の小型化に貢献できると考えられています．例えば，経鼻型の医療用カメラ，飲み込んで使う使い捨てのカプセル・カメラなどに応用でき，患者の苦痛を和らげることができると期待されています．

● 高輝度LEDパッケージ

LEDデバイスでは，パッケージのリフレクタ機能により，発光効率を高めたり，必要な方向に発光させることができます．MIDを用いるとリフレクタ部が光学曲面の最適な形状となることから，最近ではスマートフォン用近接センサの投光LEDパッケージとして活用されています．

高輝度LED照明市場や車載用ヘッドライト市場が急拡大していますが，そのパッケージには高放熱，高反射，長寿命が要求されています．

新しいMID工法では，放熱性の良いセラミックス上にもパターンを形成することができ，形状にも自由

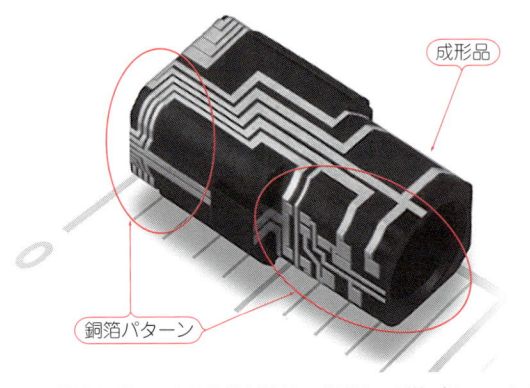

図1 樹脂などでできた複雑な形状の成形品に銅箔パターンを密着させ，その上にチップ部品を実装する
実装密度を向上させることができ，電子機器を小型化できる．

度があるので，応用が期待されています．

● センサ

すでに実用化されている人体検知センサでは，立体的に電子部品を実装することにより，大幅な小型化を実現し，幅広い分野に応用されるようになりました．例えば，人間が入ったときだけ点灯する照明システムに使用され，大幅な省エネ効果が得られています．

最近では車の電子化が進展し，センサの使用数が増大しています．それに使われているMEMSパッケージ(加速度，温湿度，圧力センサほか)のモジュール化でも，MID技術を応用することで小型化が可能になると期待されています．

● 携帯端末向けカメラ・モジュール

携帯電話の中で，小型化が難しい電子部品としてカメラ・モジュールがあります．この携帯電話用カメラ・モジュールに対しては，超薄型化，高画素化の強い要求があります．MID技術を使用することにより超薄型，高画素(メガ・ピクセル)のカメラ・モジュールを実現し，カメラ付き携帯端末の高機能化の一端を担っています．

すでに身近な製品に使われている

■ 人体検知センサ

図2は，MID技術を応用した人体検知センサです．NaPiOn(パナソニック)は，MID技術を採用することで小型化と信頼性向上を実現している赤外線人体検知センサです．

● 成形品の6面をすべて利用している

この人体検知センサに使われたMIDは後述する1ショット・レーザ法で，精度の高いパターン形成が可能です．立体形状を生かし，6面を利用できるMID基板上にIC，焦電素子，チップ部品を高密度実装しています．必要な回路をφ9mmのTO-5CANパッケージに収めることができており，従来のプリント配線基板での人体検知センサに比べて体積で約1/10に小型化されています．

具体的な構成としては，焦電素子，ASIC，九つのチップ部品をMIDの異なる3面に実装しています．他の3面を検査用パッドとして利用可能なサイド・スルー・ホールと，ステムへの実装用グラウンド・プレーンとしています．

● 実装や特性のために凹形状を作ることもできる

IC実装面は凹形状となっており，ICとボンディング・ワイヤを保護する封止樹脂の流れ止めができる構造としています．

焦電素子が実装されている上面は，素子両端を支持するために凹形状となっています．受光部を空中に浮かすことができるので，電気的接合を維持しながら，良好な熱絶縁性をもたせています．

■ カメラ・モジュール

MID技術の応用例として，携帯端末に内蔵されているカメラ・モジュールがあります．

カメラ・モジュールは，焦点を合わせるためのレンズ，絞り，赤外線をカットするIRフィルタ，撮像素子(CCDセンサまたはCMOSセンサ)，撮像素子から

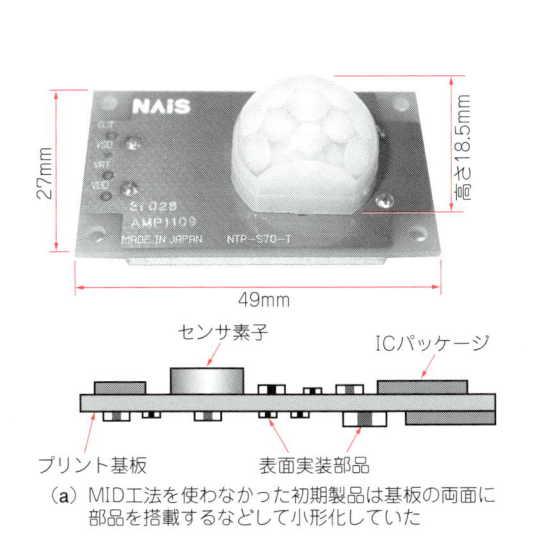

(a) MID工法を使わなかった初期製品は基板の両面に部品を搭載するなどして小形化していた

(b) 市販品はMIDで6面を利用

図2 MID工法による人体検知センサ(NaPiOn)の小型化

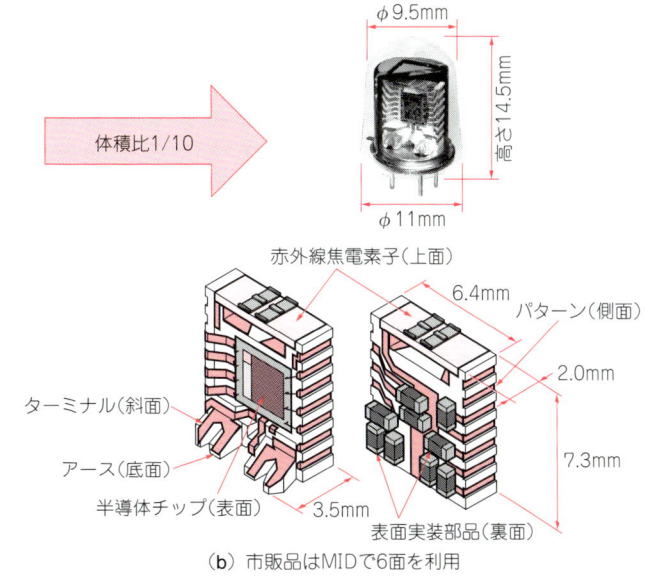

近接センサ▶通話中のスマートフォンが誤動作しないよう，人の顔を検知してタッチ操作・画面表示をオフするためのセンサ．

図3 MID工法によるカメラ・モジュールの小型化
高精度に様々な形を作れるMIDの技術が活用される．

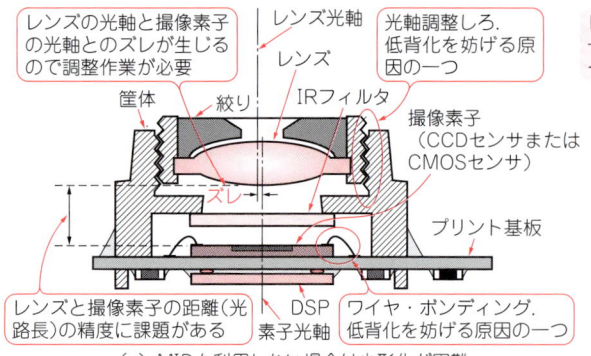

(a) MIDを利用しない場合は小形化が困難
- レンズの光軸と撮像素子の光軸とのズレが生じるので調整作業が必要
- レンズ光軸
- 光軸調整しろ．低背化を妨げる原因の一つ
- 筐体／絞り／IRフィルタ／撮像素子（CCDセンサまたはCMOSセンサ）
- レンズと撮像素子の距離（光路長）の精度に課題がある
- DSP素子光軸
- ワイヤ・ボンディング．低背化を妨げる原因の一つ
- プリント基板

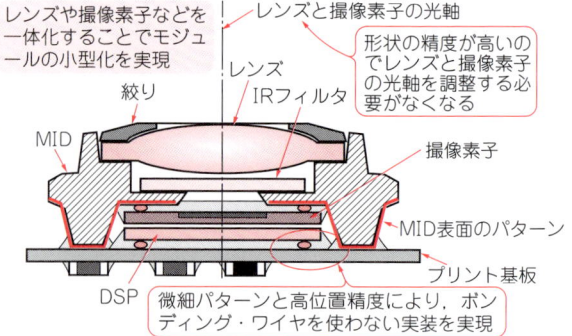

(b) MIDを使うとレンズや撮像素子を実装して小型化できる
- レンズや撮像素子などを一体化することでモジュールの小型化を実現
- レンズと撮像素子の光軸
- 形状の精度が高いのでレンズと撮像素子の光軸を調整する必要がなくなる
- 絞り／レンズ／IRフィルタ／MID／撮像素子
- MID表面のパターン
- プリント基板
- DSP
- 微細パターンと高位置精度により，ボンディング・ワイヤを使わない実装を実現

の信号を処理するDSP（Digital Signal Processor），それらを実装するための基板で構成されています．

● **プリント配線基板を使った従来品の問題点**

プリント配線基板を使った場合のカメラ・モジュールの例を**図3(a)**に示します．このプリント配線基板を使ったカメラ・モジュールには次の課題があります．

① 光軸の調整作業が必要

レンズ・ユニットを支える筐体とプリント配線基板との配置精度が足りず，光軸のズレが発生するため，調整作業が必要です．撮像素子とレンズが多くの部品を介して組み立てられているために起こります．

② 光路長の調整作業が必要

焦点を合わせるためにはレンズから撮像素子の距離（光路長）が重要です．レンズ・ユニット，そのユニットを支える筐体，プリント配線基板の三つの部品の精度に影響を受けるため，調整が必要です．

③ 高さを低くしにくい

光軸の調整しろ，撮像素子のワイヤ・ボンディングなどにより，低背化に限界のある構造です．

● **MIDなら問題点を解決できる**

MIDを搭載したカメラ・モジュールの例を**図3(b)**に，使われているMIDの外観を**写真1**に示します．

上部がレンズとIRフィルタを設置するための光学機構部の役割を果たしています．下部は撮像素子をフリップ・チップ実装するための電気回路部が組み込まれ，撮像素子の裏側には回路基板上にフリップ・チップ実装されたDSPが収まっています．MIDの中心部には撮像素子が受光するための開口部が設けられています．

▶ **簡素な構造でより高精度を実現できる**

レンズ保持部と電子部品基板が一体化された配置になっているため，光軸調整などが不要で，組み立て工程の簡略化を図れます．回路基板との接続端子も3次元配線になっているので，スペースを有効活用でき小型化もされています．

プリント配線基板との違いとしては以下の点があり，小型化・低背化に有利な構造です．

① レンズ部と撮像素子部を一体化することが可能になり，小型（低背）化と部品点数の削減を図れる

② 高精度回路パターニングにより，レンズと撮像素子との光学的な位置精度の確保や光軸調整の簡便化が可能となり，高い光学特性が得られる

③ 1ショット・レーザ法でのMIDは成形品に対するパターンの位置精度が高く，微細パターンにも対応す

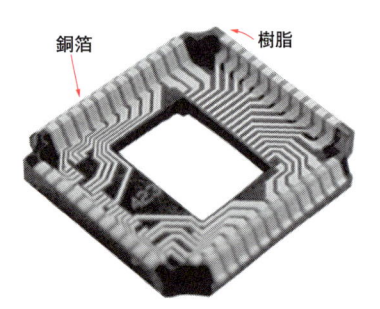

写真1 携帯用カメラ・モジュールに使われているMIDの例（図3とは上下逆）
銅箔／樹脂

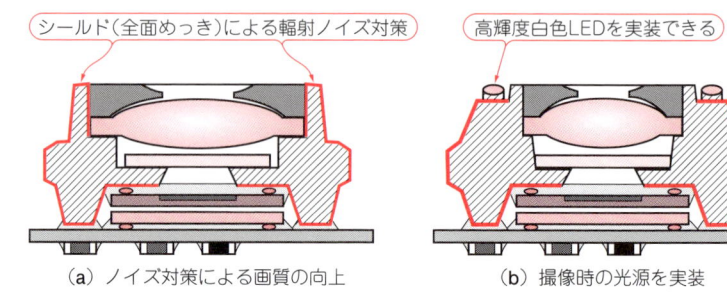

図4 MIDのメリットは小型化・薄型化だけではない

(a) ノイズ対策による画質の向上
- シールド（全面めっき）による輻射ノイズ対策

(b) 撮像時の光源を実装
- 高輝度白色LEDを実装できる

ベア・チップ▶シリコン・ウェハ上に，センサ，トランジスタ，演算回路などの半導体回路を形成し，それを四角形に切断したもの．ダイ（Die）とも呼ばれる．

ることから，数メガ・ピクセル素子のフリップ・チップ実装に対応できる．

● 高性能化と高機能化も可能に

携帯電話に搭載される小型のカメラ・モジュールは，エンド・ユーザの要求仕様が多様化（高画質・薄型・ズーム機能など）しており，さらなる高性能・高機能化が期待されています．その一例を図4に示します．

プリント配線基板からMIDに置き換えることにより，次のように，部材を大幅に削減できたり，ノイズなどの品質向上，新機能を追加できると期待されています．

① 部品点数を増やさずにシールド（全面めっき）による輻射ノイズ対策
② フラッシュ用の高輝度白色LED実装

ICのパッケージには多くの場合，エポキシなどの熱硬化性樹脂を使用していますが，このカメラ・モジュールにはPPA（ポリフタルアミド）という熱可塑性樹脂を採用することにより，高画素化で厳しくなっている部品内のダスト管理についても成果を発揮しています．

MIDを用いたカメラ・モジュールは，小型化・薄型化・高付加価値化・高信頼性実装・組み立て性向上・複合化のほとんどを取り込んだ事例です．

今後の応用が期待される分野

● 磁気センサや加速度センサへの応用

磁気センサや加速度センサへの応用事例を図5に示します．

センサを実装するプリント配線基板に対して，検知すべきモータなどの位置がセンシングしやすい状態にあることはほとんどありません．

そのため，サブ基板などを利用して，検知物を最も感度よくセンシングできる位置や角度に実装，固定することになります．

ところが，センサをそのような状態で実装しようとすると，サブ基板を使用してセンサ素子を実装することになり，そのサブ基板をメイン基板と電気的に接続するためにジャンパ線やコネクタが必要となってきます．サブ基板を固定する筐体も必要です．

MIDを使うことによって，サブ基板を固定する筐体やサブ基板が不要になり，表面に銅箔パターンを形成することが可能なのでメイン基板との面実装も可能にします．

結果として，従来必要だった筐体，サブ基板，ジャンパ線が不要になり，部品点数の削減・小型化・工数の削減が実現できると考えられています．

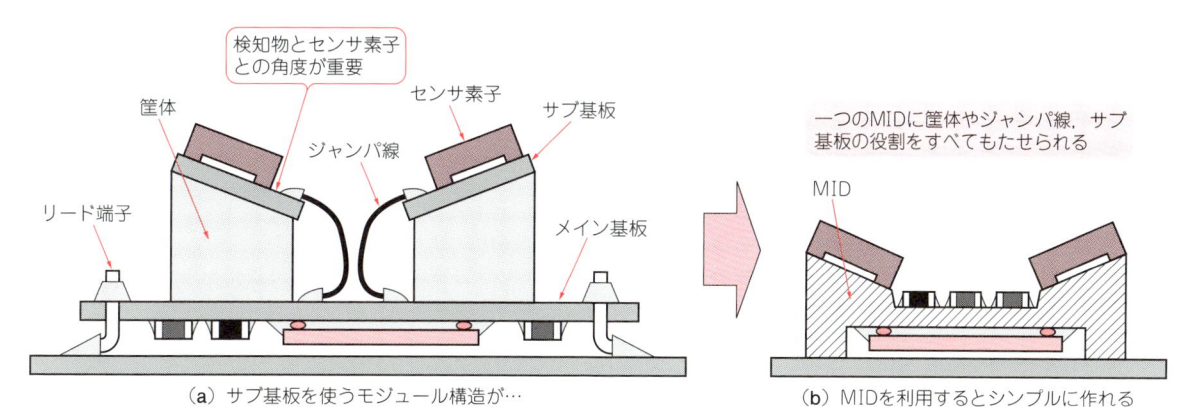

図5 磁気センサや加速度センサのMID化

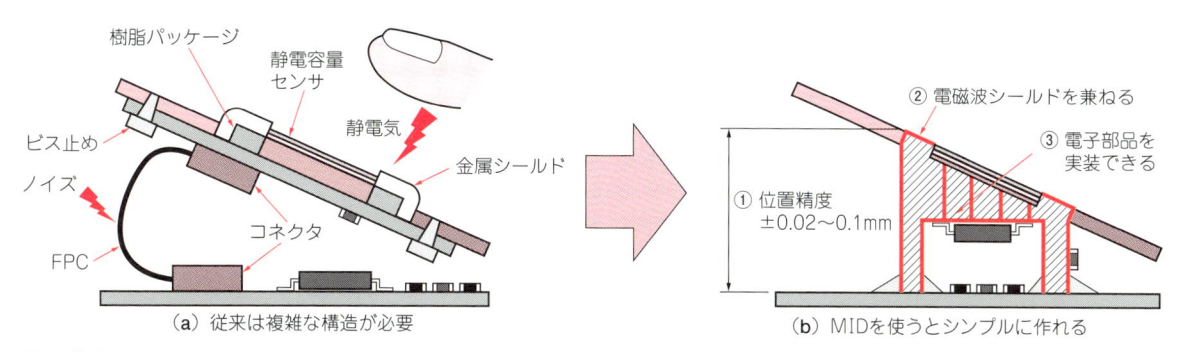

図6 指紋認証センサのMID化

フリップ・チップ▶ICなどのチップ（ダイ；Die）の電極部にバンプといわれる突起電極を形成し，それを，プリント基板などのパッドにフェイス・ダウンで直接接続する方法．

● **指紋認証モジュールへの応用**

バイオメトリクス(指紋認証)への応用事例を図6に示します.

バイオメトリクス商品は,指からの静電気を除去するために金属シールドを施しています.静電容量センサ素子を実装するサブ基板とメイン基板をフレキシブル・プリント基板(FPC)で接続しています.

現状のバイオメトリクスは静電気を除去する金属が必要で,取り付け部品の追加や組み立て工数アップの原因となっています.センサとメイン基板をFPCで接続しているため,外部からのノイズを受けやすく,信号処理に影響を受けています.

MIDを使うことによって,静電容量センサ素子が実装されている箇所の周辺の成形品にめっきを施すことができるので,金属板を使用することなくシールドの効果を得られ,静電気の除去が可能です.

FPCを使わずにセンサ素子の情報をメイン基板に伝達できるため,部品点数の削減や耐ノイズ性の向上が図れると考えられます.

さらに,従来メイン基板に実装していた部品をサブ基板側に実装することで,モジュールを小型化できると考えられます.

MIDの作り方

MIDの工法には,大きく分けて2ショット法とレーザ法があります.代表的な四つの工法の製造プロセスを図7に示しています.

● **製造プロセス**

図7に示している4種類の工法のプロセスを説明します.

▶ **2ショット法(その1)**

① 金型を用いて,パッケージ外形になるように成形を行います.
② その成形品にエッチングを実施した後,触媒を塗布します.この触媒は無電解めっきを実施したときに,金属が析出する元となる役割をもっています.
③ 次に,パターンになるところ以外を成形(マスク化)し,最終の製品形状になるように成形を行います.
④ 無電解めっきを実施することで,表面に触媒が露出した部分だけパターンが形成されます.

▶ **2ショット法(その2)**

① 金型を用いて,最終の商品形状になるように成形を行います.
② 次に,溶融素材を使用して,パターンになるところ以外をマスク化するように,2回目の成形を行います.
③ その成形品に触媒を塗布します.この触媒は後で無電解めっきを実施したときに,金属が析出する元となる役割をもっています.
④ 2次成形材料部を除去します.
⑤ 最後に無電解めっきを実施すると,触媒が塗布された部分にだけパターンが形成されます.

▶ **Laser Direct Structuring(LDS)**

① 金型を用いて,最終の商品形状になるように成形を行います.
② パターンが必要なところのみレーザを照射します.そのとき,成形品中に含まれている触媒が表面に露出してきます.
③ 無電解めっきを実施し,パターンを形成します.

▶ **1ショット・レーザ法**

(a) 2ショット法その1 : 1回目成形 → エッチング・触媒塗布 → 2回目成形 → めっき

(b) 2ショット法その2 : 1回目成形 → 表面粗化後2回目成形 → 触媒塗布 → 2次成形材料部除去 → めっき

(c) LDS(Laser Direct Structuring) : 成形 → レーザ・パターニング → めっき

(d) 1ショット法 : 成形 → メタライジング → レーザ・パターニング → Cuめっき → エッチング → Ni/Auめっき

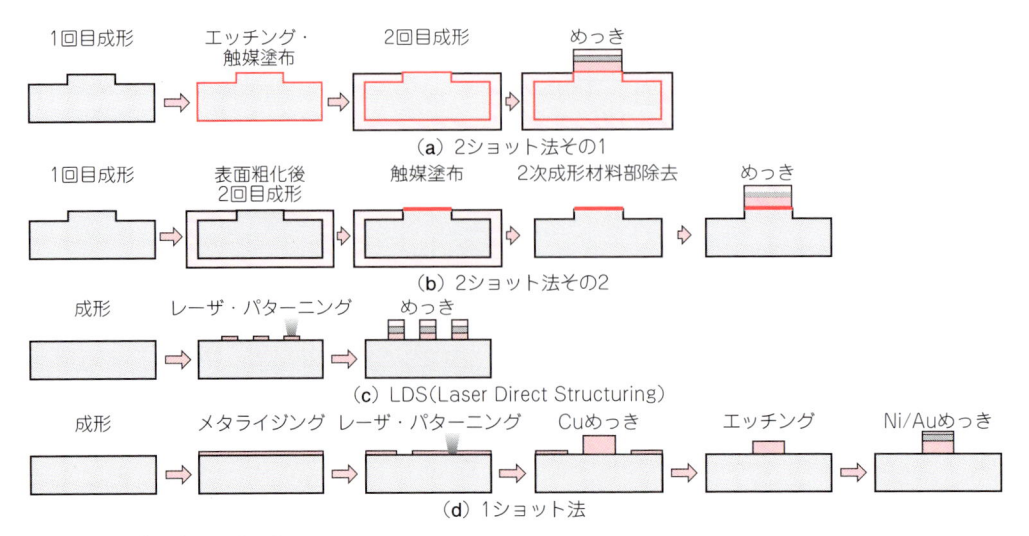

図7 MIDの作り方のいろいろ
MIDの製造工程はいろいろ.

アンカー効果 ▶ 表面の凹凸に接着剤などの材料が入り込み,釘やくさびの働きをすることで,接着力を確保すること.

① 金型を用いて，最終の商品形状になるように成形を行います．
② メタライジング工程にて，成形品全体に銅の薄膜を形成します．
③ レーザを用いて，銅箔パターン部とそれ以外の部分を切り分け，絶縁を確保します．
④ パターン部にのみ電気めっきを実施し，銅の膜を厚くします．
⑤ その後，ソフトエッチング工程にて，全体を薄く均一に溶かし，銅箔パターン部以外の銅の薄膜を除去します．
⑥ その後，ニッケルめっき，金めっきを実施して銅箔パターンを形成します．

● 4種類の工法を比較
▶ 金型の数
　2ショット法以外は1面でパッケージ外形を成形します．2ショット法だけ2次成形マスク化を必要とするため，金型が2面に必要です．
▶ 材料
　成形品を作る材料は，どんなものでもよいわけではなく，MID専用にカスタマイズされた材料が必要です．各工法により異なります．
▶ 寸法精度
　パッケージの寸法精度は金型の精度に関係しているため，どの工法を用いても変わらず±20μm～±50μm程度となっています．
▶ 銅箔パターンの細かさ
　配線の幅(ライン)と配線同士の間隔(スペース)に関しては，工法によって違いが出てきますが，一般的にレーザを用いた工法の方が細かなパターンが可能です．

▶ 銅箔パターン修正の容易さ
　レーザ法はレーザ加工のCADプログラムを作製し，パターニングを実施します．銅箔パターンが変更になった場合でも，CADのプログラムを変更するだけで修正ができます．2ショット法より有利です．
▶ 面粗さ
　面粗さはワイヤ・ボンディング性などに影響してくる項目であり，小さいほどボンディング性が良いと言えます．

MIDの製造技術 1ショット・レーザ法

　現在，MIDの製造は多くがレーザ法により行われています．ここでは，レーザ法の一つである1ショット・レーザ法について紹介します．
　1ショット・レーザ法によるMIDを応用したデバイスはすでに量産化されています．先に挙げた人体センサ，カメラ・モジュールなどがその具体例です．
　パナソニックでは，この1ショット・レーザ法によるMID工法を採用しており，微細複合加工技術MIPTEC(Microscopic Integrated Processing TEChnology)と呼んでいます．
　今までのMIDは成形品に銅箔パターンを形成し，プリント配線板を3次元的に製作したものが主流でした．
　市場の薄型化・小型化の要求により，MIDもパッケージとしての機能をもたせることが主流になってきています．そのような場合に1ショット・レーザ法の

(a) ワイヤ・ボンディング実装　　(b) フリップ・チップ実装

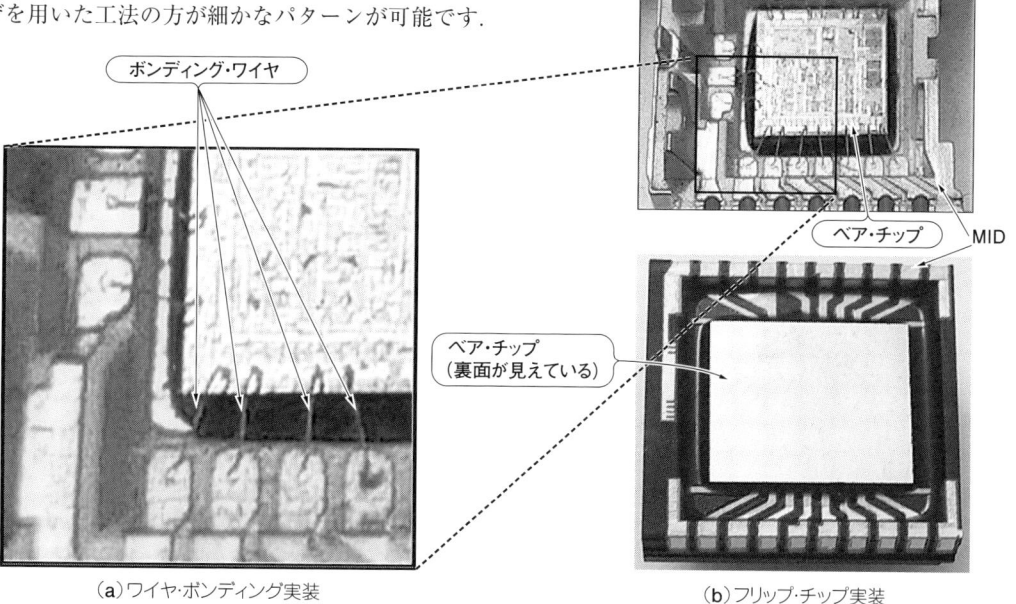

写真2　MIDへは裸の半導体チップ(ベア・チップ)を直接実装することもできる

セラミックス▶粘土を焼いた製品のことをセラミックスと呼び，古くは土器，陶器，磁器などがある．最近では組成／組織／形状／製造工程を精密にコントロールして新しい機能(電気特性など)をもたせたものがある．

(a) 1ショット・レーザ法

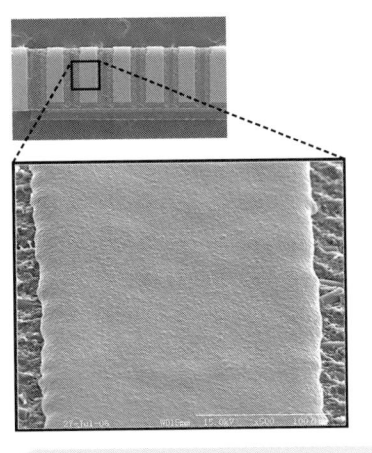

表面を荒らすことなく,成形品とパターン界面の化学結合により密着力を確保.平滑性 Ra＝0.1 μmでワイヤ・ボンディングしやすい

(b) そのほかのMIDプロセス

表面を荒らすことによるアンカー効果で密着力を確保.平滑性 Ra＝0.8 μmでワイヤ・ボンディングしにくい

写真3　1ショット・レーザ法はパターン表面の平滑性が良好

● ベア・チップの実装を実現しやすい

PPA（ポリフタルアミド）などの熱可塑性樹脂のMIDで、ベア・チップ実装をしている例を**写真2**に示します．

ベア・チップの実装工法には、一般的な工法であるワイヤ・ボンディングに加えて、実装面積が小さくて済むフリップ・チップ実装が挙げられます．このベア・チップのMIDへの実装を実現するのに向いた特徴として、以下の2点があります．

▶ ワイヤ・ボンディングに適したなめらかな銅箔パターン表面が得られる

ワイヤをボンディングする際、銅箔パターン表面が粗いと、ワイヤの接合が不安定になってしまいます．

成形品の凹凸を利用したアンカー効果により成形品と銅箔パターンの密着力を確保するMIDプロセスでは、成形品の表面を粗化するため、銅箔パターン表面も荒くなってしまいます．**図7**の2ショット法やLDSがこれに当たります．

一方、1ショット・レーザ法では薄膜形成時の表面活性化処理による化学結合により成形品と銅箔パターンの密着力を確保しているため、銅箔パターン表面がなめらかです．

写真3に1ショット・レーザ法で製作した銅箔パターン表面と、他の工法での銅箔パターン表面の比較を示します．

▶ フリップ・チップ実装に適した材料が使用できる

一般的に樹脂材料は温度変化によって膨張収縮し、その変形量はXYZの各方向で均一ではありません．

図8に示すように、フリップ・チップ実装では温度変化による膨張収縮（線膨張率）や膨張収縮時のXYZ方向の変形量の差（異方性）が大きいと、リフロー時や市場環境での温度サイクルにより、ベア・チップとの線膨張率の差が原因で、接合が不安定になるか、接合が完全にオープンになる危険性があります．

MIPTECは、材料の中に含まれるフィラーの種類・配合量・配合比を最適化し、**図9**のように従来よりも線膨張率および異方性を低減した材料を使って、温度サイクルによる接合安定性を確保し、ベア・チップ実

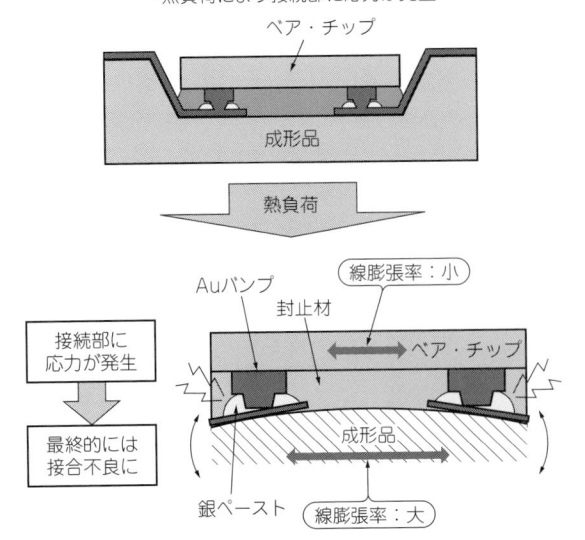

図8　接合不良が発生するメカニズム
半導体チップと成形品の熱膨張率などの差により接合部に力が加わる．

装のできるMIDを実現しています．

● **高精度に3次元パターンを作るための技術**

1ショット・レーザ法のMID工法はレーザを用いたパターニング技術によって銅箔パターンが形成されます．

図10に示すのは，レーザ・パターニング設備の概要です．さまざまな形状に対応した微細パターンを形成するには，レーザの焦点を成形品の表面に精度良く合わせることが重要です．

① 成形品を傾ける5軸加工テーブルと描画の動作を同期させる高速制御システム
② 高低差の大きな基板でも焦点を合わせることができるダイナミック・フォーカス・レンズ

上記の技術によって，銅箔パターンの幅と距離ともに30μmが可能です．画像処理装置の導入により，成形品に対するパターンの位置精度も±30μmが可能です．

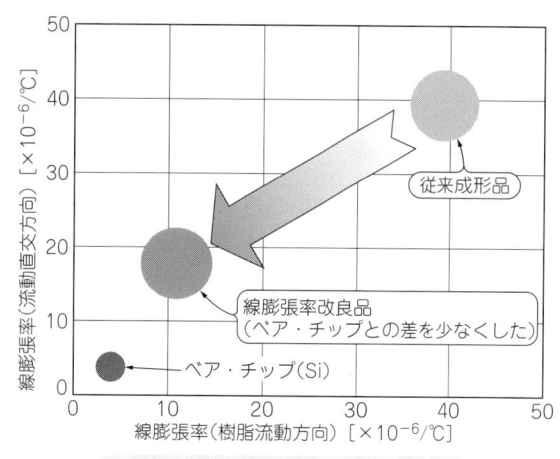

セラミックスへのパターン形成も可能に

1ショット・レーザ法は，前述のとおり，銅箔パターンの密着力を成形品とパターン界面の化学結合によって確保しています．化学的に安定しているセラミックスへの銅箔パターン形成は難しいとされていましたが，銅の薄膜形成プロセスの一部を改良することで，セラミックスへの銅箔パターン形成が可能になっています．他のMID工法にはない特徴です．

● **MIDによるセラミックスが有利な理由**

図11に示していますが，セラミックスへの銅箔パターン形成そのものは多層セラミック基板でも可能です．しかし，銅箔パターン位置精度や形状自由度に差があり，MIDにメリットがあります．

▶ 銅箔パターン位置精度

セラミックス基板を製作する際は，焼結と呼ばれる工程が存在し，この工程後は焼結前に比べて基板が収縮してしまいます．一般的なセラミックス基板は銅箔パターン形成後に焼結の工程を経ることから，銅箔パターン自体も同時に収縮することとなり，成形品に対するパターンの位置精度が落ちてしまうのです．一般的には±50μm程度と言われています．

一方，今回紹介しているMID工法では，焼結後の

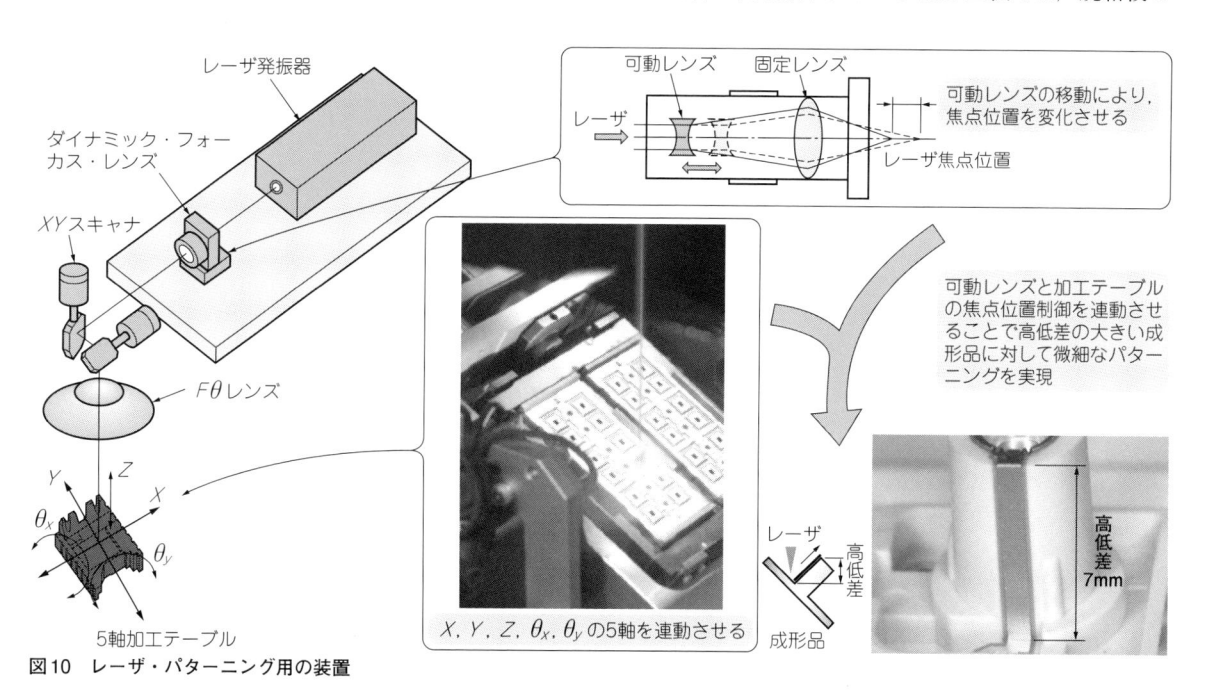

図9 接合不良を少なくする材料が開発されている
半導体チップとMID成形材料とで線膨張率と異方性を比較．

図10 レーザ・パターニング用の装置

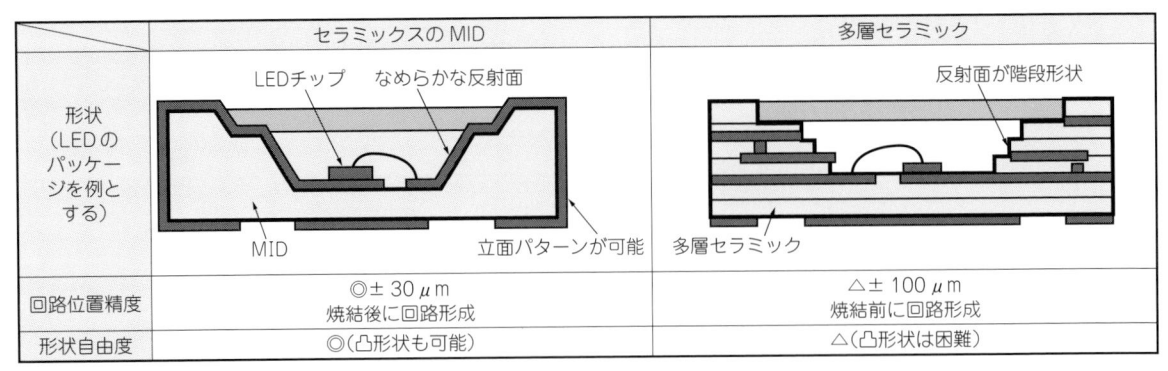

	セラミックスのMID	多層セラミック
形状 (LEDのパッケージを例とする)	LEDチップ / なめらかな反射面 / MID / 立面パターンが可能	反射面が階段形状 / 多層セラミック
回路位置精度	◎±30μm 焼結後に回路形成	△±100μm 焼結前に回路形成
形状自由度	◎(凸形状も可能)	△(凸形状は困難)

図11 セラミックスのMIDと多層セラミックの比較

セラミックス基板に対して銅箔パターンを形成することから，銅箔パターンの位置精度は±30μmという高精度を確保できます．

▶形状自由度

多層セラミックスはグリーン・シートと呼ばれるシート状の基板を積み上げて形成されるため，プロセス上，凸形状のものや変わった形のものを製作するのは非常に困難です．

それに対して，MIDにおけるセラミックスはプレスやCIM(Ceramic Injection Molded)で成形された形状にレーザ工法を用いて銅箔パターンを形成できます．凸形状も可能であり，3次元形状に銅箔パターンを形成できます．セラミックスにおけるMIDは，多層セラミックスに比べて，銅箔パターンの位置精度に優れ，形状の自由度も大きくとれます．

● セラミックスを使うことのメリット

セラミックスには高熱伝導率・低線膨張率・高耐熱性などの特徴があります．

図12に樹脂(PPA)とセラミックスの熱伝導率比較を示します．セラミックス材料として一般的なアルミナの熱伝導率は樹脂の85倍程度であり，セラミックスの材料に窒化アルミを使うならば，さらにアルミナの6倍と高い熱伝導率(放熱性)を得ることができます．

▶高輝度LED

セラミックスでのMIDは，リフロー耐熱や放熱性が要求される高輝度LEDのベア・チップ実装に適したパッケージを実現することができます．

図13，図14にセラミックスでMIDを使った応用事例を示しています．これらのMIDのパッケージにベア・チップをAu-Snなどのペーストでダイ・ボンドし，その後，ワイヤ・ボンディングと樹脂封止を行い，LEDパッケージへと完成させます．実装方法としてはフリップ・チップ実装も対応できます．

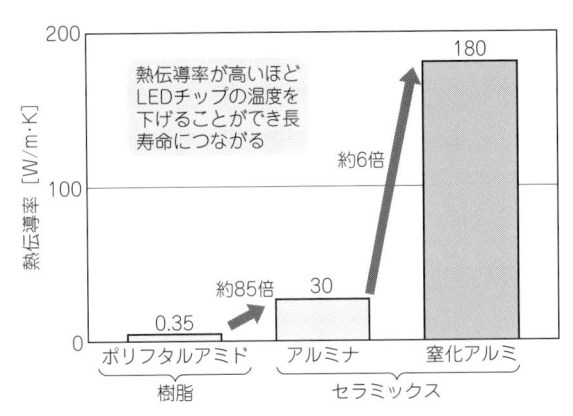

図12 セラミックスは樹脂よりも熱伝導率が高い
一般的に使われている樹脂ポリフタルアミド(PPA)と比較．

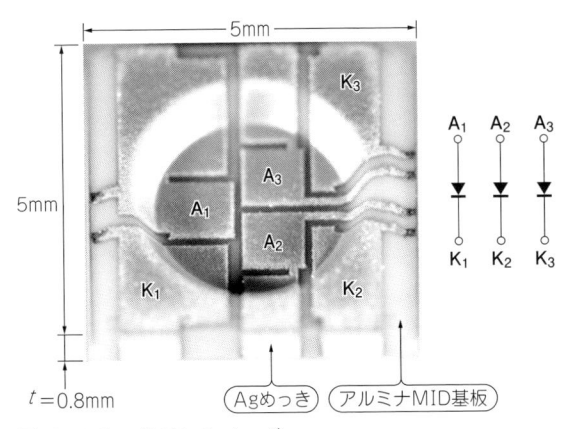

図13 3チップLEDパッケージ

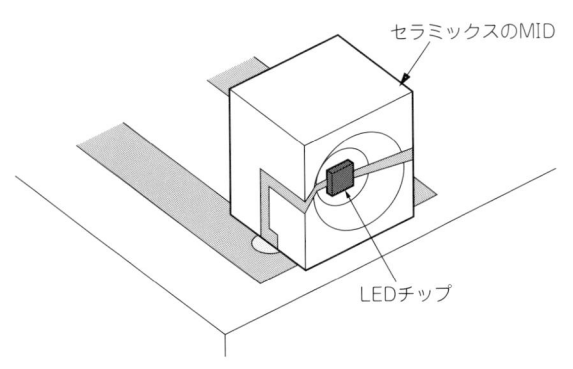

図14 直角方向に発光するLEDパッケージの例

（a）近接センサ
　　（投光パッケージ）

（b）近接センサ
　　（投光＋受光一体パッケージ）

（c）近接＋照度＋ジェスチャーセンサ
　　（投光＋受光一体パッケージ）

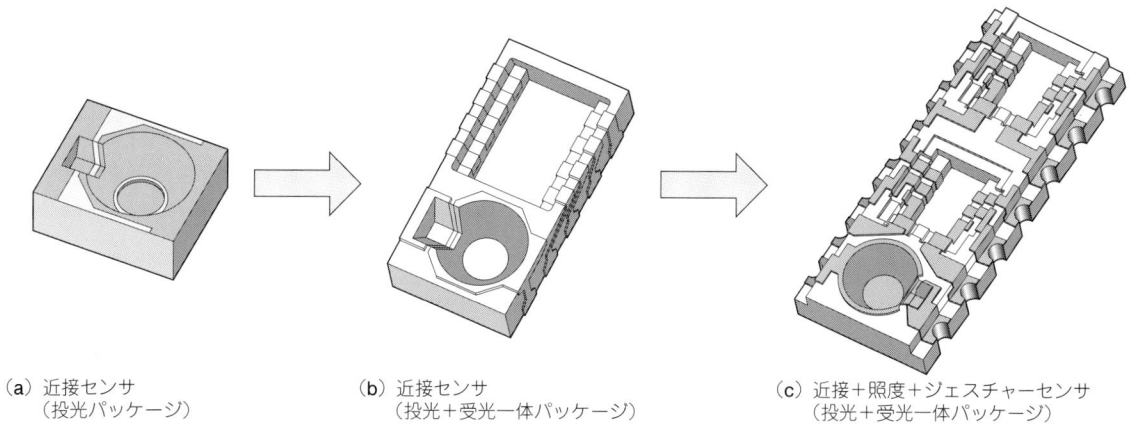

図15　近接センサの例

　どちらの事例でも，セラミックスを用いたMIDの特徴である
　　① 熱伝導率が高い
　　② 微細な銅箔パターンが作れる
　　③ 形状自由度が高い
などの特徴を活かしています．
　図13の3チップ・タイプのLEDパッケージでは5mm角のMIDに超高輝度の数WクラスのLEDを三つ実装することで，5mmながら数百lmを実現しています．白色のみならず，アーキテクチャ・ライトやイルミネーション・ライトなど多数の色を必要とする分野にも応用が考えられます．
　このように，ベア・チップを多数個実装することのできるマルチ・チップ・タイプのセラミックスのMIDは小型化・熱伝導性・コスト・機能の面で有利であり，大きなメリットとなるのです．

今後の展開

　携帯端末機器が便利に高機能になるにつれ，内蔵されるセンサには小型化・複合化が求められています．近接センサの例を図15に示します．
　当初は図15(a)の投光LED用のパッケージのみでしたが，図15(b)の投受光一体型となり，さらには照度センサやジェスチャーセンサなど，複数の機能を持ったモジュールを実現するための複合機能パッケージ［図15(c)］となってきています．
　また，カメラ・モジュールを小型化できるMID技術は，携帯端末用だけでなく医療の分野でも活躍しています．
　MIDを用いた超小型の腹腔鏡用内視鏡カメラで手術をすると，患者の負担が少なく，術後の回復も飛躍的に早くなるといわれています．また，最近の内視鏡カメラは，カプセル・タイプのものが増えてきていま

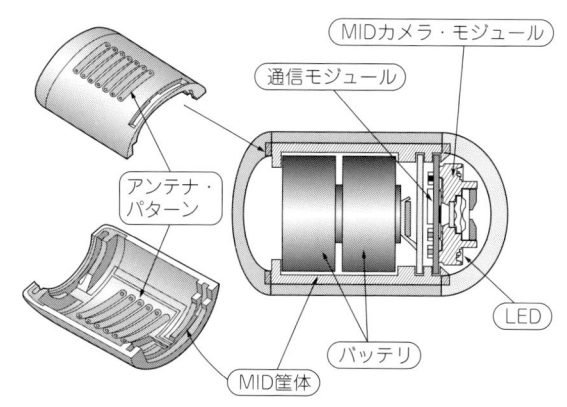

図16　医療用小型カプセル・カメラの例

すが，図16のようにカメラだけでなく，投光用LED部や画像を送信するアンテナ部などに応用することで，子供でも楽に飲み込めるような超小型のカプセル・カメラを実現することも夢ではありません．
　現在，センサや半導体などのパッケージ市場のニーズは，小型化，高精度化，高信頼性化が求められています．MIDはそれに応えるべく，加工技術を磨き上げ，銅箔パターンのさらなる微細化，高精度化を追及しています．

◆参考文献◆
(1) 池川 直人, 中原 陽一郎, 小林 充, 佐藤 正博, 井上 浩；最新LED部材の開発, 技術情報協会, No.1389, 2007.
(2) 小林 充；立体成形回路部品の開発-超小型デバイスを実現する革新的MID技術-電子情報通信学会技術研究報告 2007.4.
(3) 小林 充,池川 直人,立田 淳,進藤 崇；超小型モジュール用MIDの量産技術, 松下電工技報, Vol.54 No.3, p.71～77, 2006.
(4) 山中 浩, 鈴木 俊之, 松島 俊介；MID技術による射出成形立体回路を応用した微細オプトデバイスの開発, 松下電工技報, No.77, p.307～312, 2001.

（初出：「トランジスタ技術」 2008年6月号）

第9章 構造と仕様，調整と評価，入手方法など
少数生産でも入手可能なCMOSカメラ・モジュール RNMS03D2V

岩澤 高広

近年は携帯電話に必須のアプリケーションとして，ごくあたりまえにカメラ・モジュールが搭載されるようになりました．画素数もCIF(352×288ピクセル)サイズから1400万画素サイズまで，幅広くラインアップされています．ここでは，このようなカメラ・モジュールを紹介します．

カメラ・モジュールの工法技術も進化し，より小さく，より低背サイズのカメラ・モジュールが開発，製造され，安価で高性能なカメラ・モジュールが流通するようになりました．

このような小型カメラ・モジュールは，携帯電話のアプリケーションとして普及しているため，数量が少ない引き合いには対応してもらえず，小型カメラ・モジュールを必要とするほかのアプリケーションへの展開がしにくい状況にあります．そこで，ここでは比較的入手性のよいカメラ・モジュールを紹介します．入手方法は章末を参照してください．

本章では，このような携帯電話用に開発されてきた小型カメラ・モジュールを実際に動かし，アプリケーションへ応用させるためのノウハウを説明します．

小型カメラ・モジュールではCMOSイメージ・センサを利用

● CMOSイメージ・センサが好まれる理由

イメージング機器に搭載されているセンサには，大きくCCDイメージ・センサとCMOSイメージ・センサがあります．小型カメラ・モジュールに搭載されているセンサは，主にCMOSイメージ・センサになります．その理由は，

- イメージ・センサ部とロジック回路のワンチップ化が可能
- 低消費電力
- 部分読み出し，切り出し読み出しなどの多様な撮像モードが可能
- 多くのメーカが製造しているため入手しやすい

などが挙げられます．

なんといっても小型カメラ・モジュールに適している理由は，イメージ・センサ部と信号処理回路が同じ半導体の中に集積でき，ワンチップでカメラを実現できるところにあります．この技術がカメラ・モジュールの小型化に大きく寄与しています．

● CMOSイメージ・センサにはCISとSOCがある

CMOSイメージ・センサには，大きく2種類があります．イメージ・センサ部の信号をA-D変換したディジタル信号を出力するCIS (CMOS Image Sensor) と，信号処理部をビルトインしたSOC (System On Chip) です(図1)．

SOCには，オートフォーカス・モータ駆動回路や，カメラの個体ばらつきパラメータを格納するEEPROMを搭載した製品も出始めています．

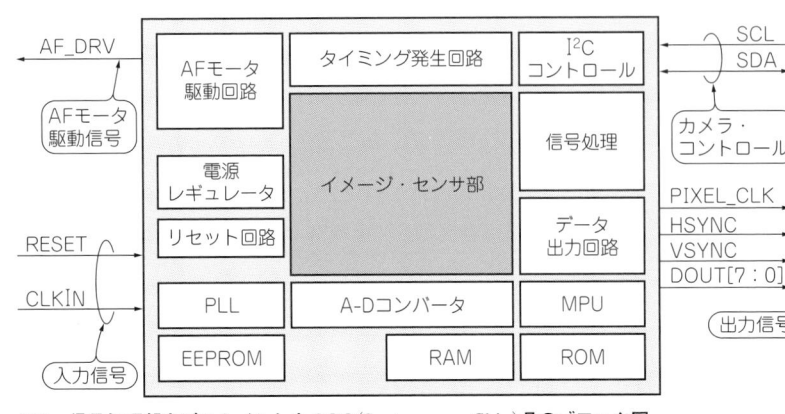

図1 信号処理部をビルトインしたSOC (System on a Chip) 品のブロック図

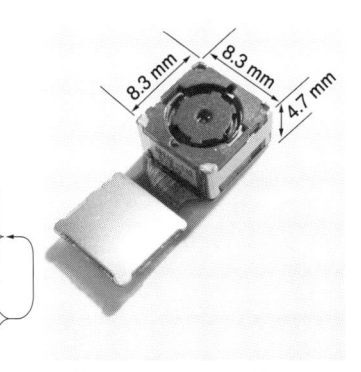

写真1 カメラ・モジュール RNMS03D2Vの外観

CMOSカメラ・モジュールの仕様と構造

● 仕様

ここでは，SOCタイプのCMOSイメージ・センサを搭載したカメラ・モジュール RNMS03D2V [㈱Rosnes] を紹介します（**写真1**）．カメラ・モジュール（以降，CMOSカメラ・モジュール）の仕様は，**表1**の通りです．

● 構造

このCMOSカメラ・モジュールは，1/4インチ3メガ・ピクセルのCMOSイメージ・センサと，数個の面実装コンデンサがガラス・エポキシ基板に実装され，その上にレンズとAF（Auto Focus）モータが一体化されたレンズ・フォルダが配置されています．

AFモータは，基板上でCMOSイメージ・センサと結線されており，CMOSイメージ・センサ内のMPUによりAF制御されます．MPUはこのほかAE（Auto Exposure），AWB（Auto White Balance）制御もCMOSイメージ・センサ内で自動制御します．

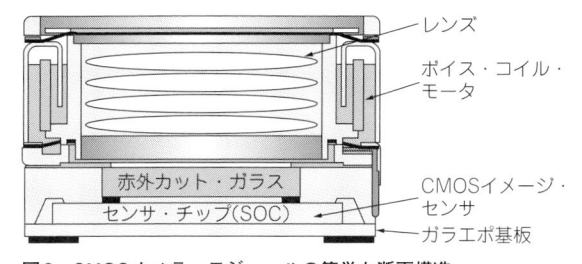

このCMOSカメラ・モジュールの簡単な断面構造を図2に示します．レンズはプラスチック製とガラス製がありますが，一般的にガラス・レンズの方が性能が良いとされています．コストとAFモータのトルク量に応じて，レンズにかける枚数を決定します．

写真1のCMOSカメラ・モジュールでは，3枚のプラスチック・レンズと1枚のガラス・レンズを使っています．このような構成の場合，1G3Pレンズ構成といいます．

表1 カメラ・モジュール RNMS03D2Vの仕様

項　目		仕　様
光学サイズ［インチ］		1/4
対角［mm］		4.6
縦横比		4：3
画素数［ピクセル］		3.36 M（2112 H ×1584 V）
有効画素数［ピクセル］		3.22 M（2064 H ×1552 V）
画素サイズ［μm］		1.75 × 1.75
フレーム・レート［フレーム /s］		15@3 M
制御信号		I^2C
カメラ信号処理		内蔵
信号出力形式		ディジタル8ビット，パラレル（YUV422，ベイヤー or RGB）
電源電圧［V］	アナログ	2.8
	ディジタル	1.8
	I/O	1.8/2.8
AF		ボイス・コイル・モータ
AFドライバ		内蔵
外形（フレキ・ケーブル除く）		8.3 × 8.3 × 4.7 mm
コネクタ		28ピン，ボード・トゥ・ボード

CMOSカメラ・モジュールを動かすための環境

● 試作時に画像を取得しパソコンで表示させるボードがある

CMOSカメラ・モジュールには，電源を供給し，I^2Cバスよりレジスタ初期値を送り込むことで，ディジタル画像信号が取り出せる簡単な構造になっています．しかし，ビデオ信号のように規格化された信号で出力されるものではありませんので，テレビに接続してもすぐに画像が見られません．そのため，一般的にはディジタル画像信号をパソコンに取り込んで，ソフトウェアでパソコン上に表示させるようにして画像を確認します（**図3**）．

CMOSカメラ・モジュールの画像を取得・転送するボードが販売されています．例えばNet Vision社製のSVI-03（**写真2**）です．

図2 CMOSカメラ・モジュールの簡単な断面構造

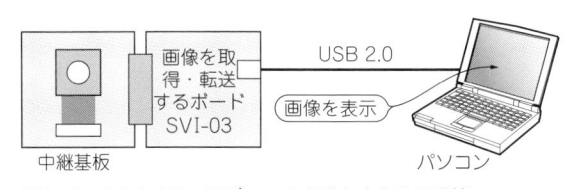

図3 CMOSカメラ・モジュールを動かすための環境

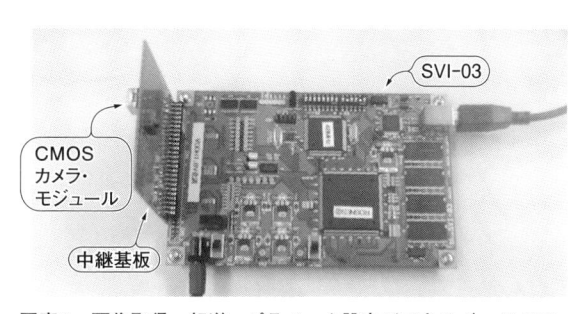

写真2 画像取得，転送，パラメータ設定ができるボード SVI-03（Net Vision社製）の外観

● 画像を取得・転送するボードSVI-03の特徴

SVI-03は，ディジタル・データを視覚的に検証するためのシステムで，画像をパソコンなどに表示しながら検証でき，より視覚的な検証が可能となります．特徴は，

- USB2.0経由で接続することにより，最大入出力16ビット×80 MHz（1.28 Gbps，160 MB/sec）の超高速データ・キャプチャや，超高速パターン・ジェネレータの構築が可能
- 8/10/12/16ビット・データ入出力対応（画像の場合：UYVY，YUYV，YUY2，RGB565，Rawデータなど）
- 128 MバイトSDRAM搭載，256 Mバイトまで増設可能
- 画像サイズはYUV8ビット，YUV16ビット，Rawデータを数千万画素（水平16ビット×垂直16ビット）まで表示可能
- PLL回路搭載により，キロヘルツから80 MHzまでの周波数設定が可能
- ターゲットの信号電圧レベルに1.25 V〜4.0 Vの範囲で電圧調整可能．2電源搭載
- 画像データの場合，入出力波形を画像とリンクして表示可能

などが挙げられます．

SVI-03とCMOSカメラ・モジュールを接続するためには，カメラ・モジュールのコネクタを変換するための中継基板を準備する必要があります．この中継基板は，カメラ・モジュールの販売元で準備している場合もありますが，自分で製作しなければならない場合もあります．

CMOSカメラ・モジュールを動かすための設定

CMOSカメラ・モジュールは，電源投入後，クロックを与え，リセットを解除し，I²Cバスを介して初期パラメータを設定することで動作が始まります．

● クロックや画像サイズなど初期設定のパラメータが必要

初期設定のパラメータは，データシートから読み出して自作してもよいのですが，多くの場合はカメラ・モジュール・メーカまたは，販売元から初期設定パラメータを電子データで入手できます．

自作でパラメータを作成する場合は，クロック設定，読み出し画像サイズの設定，フレーム・レートの設定は，CMOSイメージ・センサ固有の設定方法があるため，事前に設定の参考例を入手することをお勧めします．

● AE，AWB，AFなど画質調整のパラメータが必要

SOCタイプのCMOSイメージ・センサは，MPUをビルトインしています．MPUでは，カメラの基本動作であるAE，AWB，AFを制御しています．多くのCMOSイメージ・センサは，MPUのプログラム領域がSRAMで構成されているため，CMOSイメージ・センサのメーカから供給されているマイクロ・コードを，初期パラメータとしてSRAM上にロードしなければなりません．

このマイクロ・コードは自作できませんので，必ず，メーカから供給されるコードを入手してください．このマイクロ・コードは，モジュールに搭載されている機構（例えば，AFモータの種類など）によってそれぞれ異なるものになります．モジュールごとにマイクロ・コードを入手するようにしてください．

I²Cバスから設定できるパラメータとして，AE，AWB，AF制御のオート機能の動作範囲を設定できます．使用されるシーンや条件に応じて，適切なパラメータを設定する必要があります．

CMOSカメラ・モジュールの画質調整

I²Cバスを介してレジスタを設定することでカメラの画質調整を行うことが可能です．画質調整する項目としては，大きく二つの種類があります．一つは標準の画質を調整する項目，もう一つはAE，AWB，AF制御範囲を，使用目的に合わせて最適化する項目です．

● 標準の画像を調整する方法

まず，標準の画像を調整する方法です．CMOSイメージ・センサの機能にもよりますが，

- レンズ・シェーディング補正
- コントラスト，彩度，色相レベルの調整
- エッジ強調レベルの調整
- ノイズ・リダクションの強度調整
- 低照度時のサプレス機能調整

などがあります．

ここでは，二つの例を紹介します．シェーディング補正を行った画像とコントラスト，彩度，色相レベルの調整を行った画像の例を示します．

▶シェーディング補正

シェーディング補正は，レンズによる周辺光量の減光を電気的に補正する調整です（図4）．2次元補正カーブを内部に持ち，イメージ・センサ出力を補正しています．モジュールの小型化が進み，レンズの低背化が加速され，周辺光量の減衰が課題になっており，このシェーディング補正機能は，信号処理の必須項目になっています．レンズも非球面レンズが使われているため，光量の減衰特性も複雑なパターンになっていま

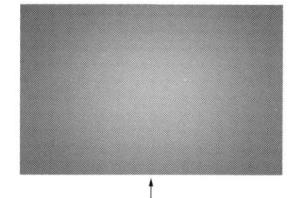

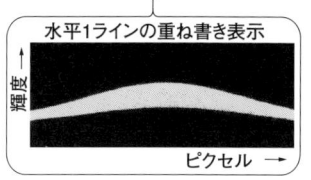

図4　シェーディング補正例
(a) シェーディング補正なし
(b) シェーディング補正あり

図5　ジーメンス・スター・チャート

す．今は，2次元の補正曲線で補正することが多いです．
▶コントラスト，彩度，色相レベルの調整
　輝度信号のコントラスト調整を行うためにガンマ補正カーブの最適化，色信号を最適化するために色ゲインおよび色マトリックス回路のパラメータを調整しています．
　コントラスト，彩度，色相レベルの調整を行うときは，マクベス・チャートを使用します．専用のライト・ボックスの中で管理された色が再現できるかを調整します．
　コントラスト，彩度，色相レベルの調整は，まずガンマ補正を決めることが重要です．調整の途中でガンマ補正の補正カーブを変えてしまうと，そのほかのパラメータは再度，調整しなければなりません．
　調整が正しく行われたかをテストするツールとしてImatest Masterなどを使用します．

● AE，AWB，AFの制御方法
　次に自動制御の動作範囲設定です．カメラの自動制御は，AE，AWB，AF制御のオート機能になります．今回は，AF制御範囲の設定例を示します．
　CMOSカメラ・モジュールの場合，測距は画像の高周波成分を検波することで，合焦（焦点が合うこと）ポイントを検出します．AFの調整は，被写体までの距離と電気的に検出する検波値が一致しなければなりません．AF合焦ポイントを測定するツールとしては，ジーメンス・スター・チャート（図5）を使うことで，測定できます．
　映像信号の高周波成分を検出するには，一般的に輝度信号を使用します．レンズを移動させたときの検波結果の例は，図6のようになります．ジーメンス・スター・チャートを使用すると合焦ポイントが山のピークになるような検波結果が得られます．
　CMOSカメラ・モジュールの調整としては，レンズの位置と被写体の合焦条件をレジスタ調整値として

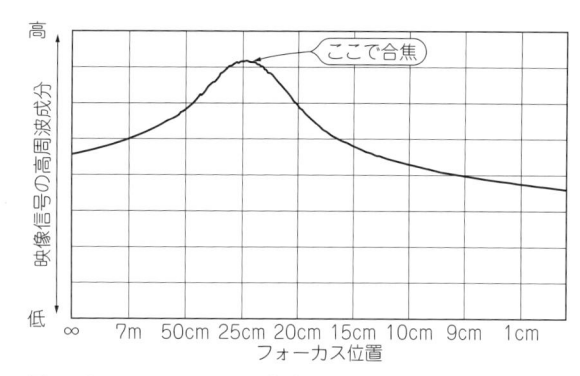

図6　オート・フォーカスの検波結果例

カメラに送る必要があります．一般的にCMOSカメラ・モジュールは，数cm（3〜5cmぐらい）〜60cm程度をAF制御します．60cm以上は，すべて合焦するように設計されているものが多いです．

（初出：「トランジスタ技術」 2009年11月号）

CMOSカメラ・モジュールの入手について

　本章で紹介したCMOSカメラ・モジュールは，以下の販売元から購入可能です．ただし，個人ではなく，少数でも量産を前提としたメーカの方に限ります．
　㈱Rosnes（ロスネス）営業部　☎075-352-7002
　CMOSカメラ・モジュールはサンプル価格なら，1,000円〜1万円程度です．本章では300万画素のSOCタイプのカメラ・モジュールを紹介しました．最新のモジュールについては，上記の営業部までご確認ください．

第3部 続・実験&研究 CMOSカメラ・モジュール活用法

第10章 イメージ・センサで照度と色温度を測定！数千円で実用に迫る
CMOSカメラとArduinoで作る お手軽色彩&照度計

エンヤ ヒロカズ

CMOSカメラの捕らえる映像情報は，映像出力以外からでも取り出せるものがあります．OV7670はAGC，AECの露出情報と，R，G，Bの各色信号の積分値をI²C経由で読み出すことができます．今回マイコンからI²Cのみ接続して，これらの値から照度と色温度を算出する実験を行いました．

第1部で紹介したOV7670カメラ・モジュールは，画像を取得する用途以外に，明るさや色のセンサとしても使えます．第2章でも照度を計る実験記事が掲載されています．このOV7670を使って，ここでは照度に加えて色温度を測定できる色彩計/照度計（**写真1**，**写真2**）を製作しました．

もともとカラー・カメラの利用方法として，色を検知するという目的がありますが，色が判断できるのであれば，色温度（後述）も分かるのではないかと思ったのが発端です．

通常，このような機材はハード的にも複雑になりがちですが，カメラ+マイコンという単純な組み合わせ，かつI²Cだけで接続しており非常に簡単に製作できます．部品も汎用的なもの（マイコンはArduinoを使用）を使っていますので数千円で実現できるのです．

本章の中ではカメラ・モジュールの制御方法（特に露出制御）についても詳しく解説しており，カメラ内部の動作に関しても知識が深まります．

OV7670は赤/緑/青のカラー・フィルタを内蔵しており，各色ごとの情報を取り出せます．被写体を光の三原色をカラー・フィルタで分解して取り込むことで，どのような色なのかが分かります．これを使えば光源の色温度を知ることができます．

照度も，カメラ内で動作しているAEC（Auto Exposure Control）とAGC（Auto Gain Control）の自動設定値を利用すれば算出できます．

OV7670の照度/色温度センサとしての性能をチェック

さまざまな光源で，照度を変えた状態で基準器とOV7670を比べました（**図1**）．基準器には，色彩照度計CL-200A（コニカミノルタ）を用いました（**写真3**）．

写真1 誰でも使えるマイコン・ボードArduinoと撮像用のカメラ・モジュールで照度と色温度の測定器を製作

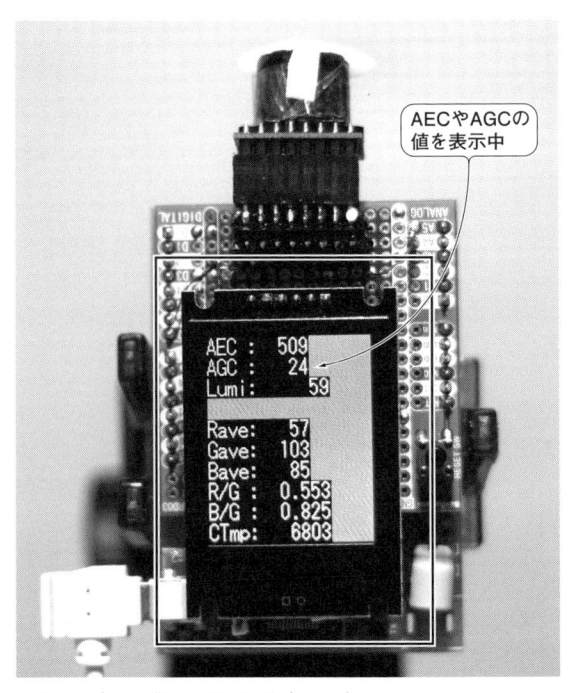

写真2 デバッグに便利な小型ディスプレイAD-128160-UART
キャラクタ・ジェネレータを内蔵しており，画面が大きいため1度に多くの情報を表示できる．

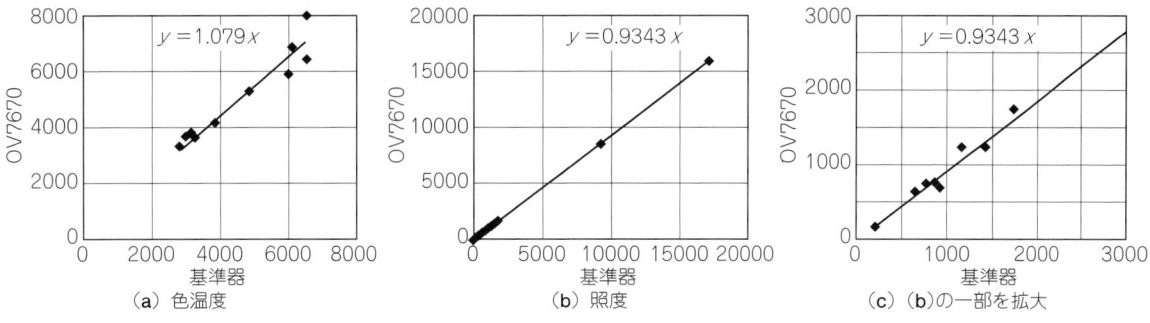

図1 製作した色彩計/照度計の精度は実用レベルにある
基準器には市販の色彩照度計CL-200Aを使った.

● 色温度を測る力

プロット・データに対する1次近似は，傾きが0.93で，実際の値より約7%値が低めに出ています．原因は，元データを三つのカメラ・モジュールの平均値としたからです．

● 照度を測る力

照度は基準器との相関もよく，用途によっては十分実用になります．色温度は線形近似の傾きの小さい低温度の領域は精度は高いのですが，6000 K以上の高色温度側は線形近似の傾きも大きく，誤差が大きく出やすくなっています．三つのカメラ・モジュールの平均データを用いて換算式を算出したことも原因の一つです．

基礎…照度と色温度

●「照度」は測定位置の光量を表すパラメータ

明るさを表す指標として，照度と輝度があります．輝度は光源そのものの明るさ，照度は測定する位置での光の大きさを表す量です．実際によく使われるのは照度で，単位はルクス[lx]です．一般的には明るい室内では数百ルクス，晴れた日の屋外で数万ルクス，ロウソク1本で数ルクスです．

●「色温度」は赤っぽさや青っぽさを表すパラメータ

世の中にはいろいろな光があります．光を測定し，数値化する指標として照度と色温度があります．色温度は光源の赤っぽさや青っぽさを表します．白熱電球や夕焼けなど，赤っぽい光は色温度が低く，LED電球や曇り空は青っぽく色温度が高いです．

色温度は理想黒体を熱したときに放射される光の色を温度で表現したものです．具体的には黒炭などを想像するとイメージしやすいと思います．熱していくと，赤い光を放ち始めます．またそのまま加熱を続けると赤から青白くなっていきます．色を放つときの炭の温度が色温度ということになります．温度なので単位はケルビン[K]で表します．太陽をみたとき晴天時で6000 K，朝焼け/夕焼け時は2000 K，白熱電球で3000 K，蛍光灯では4000 K程度です．

色を正しく再現するためには，色温度を正しく把握することが重要です．デジタル・カメラなどで撮影する場合は，通常はホワイト・バランスが自動で動き，補正してくれるのであまり意識しないでもよいのですが，必ずしも正しい判定をするわけではありません．照明の色温度が分かれば，固定ホワイト・バランスで撮影したときよりも確実な撮影ができます．

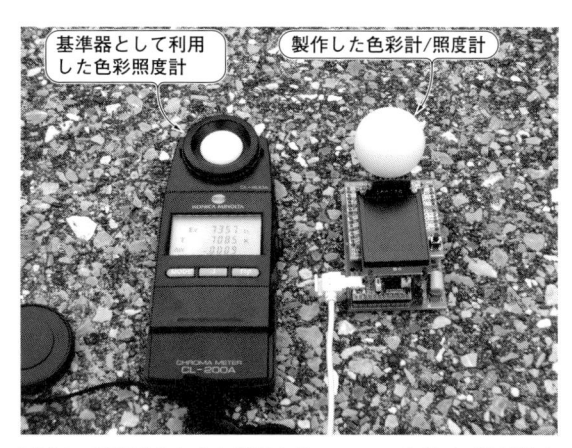

写真3 基準器とした色彩照度計CL-200Aと並べて計測値を比べた
図1に基準器との比較結果を示す．

カメラ・モジュールのレジスタ

● マイコンでモジュールのレジスタにアクセスして測定する

カメラ・モジュールOV7670は，内部のレジスタに画面内のRGBの積分値のデータがあり，マイコンでそれを参照することにより，画面の色が把握できます．もちろん映像データ出力を参照すれば，各画素ごとのデータは分かりますし，画面内の色分布も分かります．しかし映像を取り込み，その中身を参照するには，ある程度ビデオの知識が必要ですし，マイコンの負荷も

表1 カメラ・モジュールOV7670のレジスタ・マップ(本製作に関連する項目を抜粋)

カテゴリ	アドレス(Hex)	レジスタ名 Name	初期値(Hex)	R/W	ビット	説 明	説 明
AGC	00	GAIN	0	RW		AGCゲイン・セッティング AGC［7:0］(AGC［9:8］はVREF［7:6］) ● 範囲：[00] to [FF]	ゲイン設定値
	03	VREF	0	RW		垂直フレーム・コントロール	
					7-6	AGC［9:8］(AGC［7:0］はGAIN［7:0］)	ゲイン設定値
					5-4	予約	
					3-2	VSTOPの下位2ビット	
					1-0	VSTARTの下位2ビット	
AEC	04	COM1	0	RW		コモン・コントロール1	
					7	予約	
					6	CCIR656フォーマット	
						0：無効　1：有効	
					5-2	予約	
					1-0	AEC［1:0］(AEC[15:10]はAECHH, AEC[9:2]はAECH)	シャッタ設定値
	07	AECHH	0	RW		露出値-AEC MSB5ビット	
					7-6	予約	
					5-0	AEC［15:10］ (AEC［9:2］はAECH, AEC［1:0］はCOM1)	シャッタ設定値
	10	AECH	40	RW		露出値	
					7-0	AEC［9:2］ (AEC［15:10］はAECHH, AEC［1:0］はCOM1)	シャッタ設定値
AWB	05	BAVE	0	RW		U/B平均レベル．値は自動的に更新される	
	06	GbAVE	0	RW		Y/Gb平均レベル．値は自動的に更新される	
	08	RAVE	0	RW		V/R平均レベル．値は自動的に更新される	
	01	BLUE	80	RW		AWB青チャネル・ゲイン・セッティング ● 範囲：[00] to [FF]	
	02	RED	80	RW		AWB赤チャネル・ゲイン・セッティング ● 範囲：[00] to [FF]	
	13	COM8	8F	RW	7	高速AGC/AECアルゴリズム有効	
					6	AEC-ステップ・サイズ・リミット 0：ステップサイズは垂直ブランキングにより制限 1：ステップ・サイズ無制限	
					5	バンディング・フィルタON/OFF　0：OFF　1：ON ON時はBD50ST(0x9D)あるいはBD60ST(0x9E)を0以外の値にセットする	
					4-3	予約	
					2	AGC有効	
					1	AWB有効	
					0	AEC有効	
CONF	12	COM7	0	RW	7	SCCBレジスタ・リセット 0：リセットしない　1：リセットする	
					6	予約	
					5	出力フォーマット-CIF選択	
					4	出力フォーマット-QVGA選択	
					3	出力フォーマット-QCIF選択	
					2	出力フォーマット-RGB選択(ビット0の説明参照)	
					1	カラーバー　　0：無効　　1：有効	
					0	出力フォーマット-Raw RGB(以下参照) 　　　　　　　　　COM7［2］　　COM7［0］ YUV　　　　　　　0　　　　　　0 RGB　　　　　　　1　　　　　　0 Bayer RAW　　　　0　　　　　　1 プロセス後Bayer RAW　1　　　　　1	

小さくありません．

今回はレジスタへのアクセスだけで，どのようなデータが得られ，そのデータを利用すれば何ができるようになるのかを検討します．そこで応用例として，色彩計/照度計の製作を行います．

● OV7670のレジスタ

OV7670のレジスタ・マップを表1に示します．OV7670に限らず，オムニビジョンのイメージ・センサのレジスタ・マップは必ずしも分かりやすくなっていないので，明るさに関するレジスタと，色に関するレジスタを分けています．

照度関連のレジスタはAGC関連がGAIN，VREFに，AEC関連がCOM1，AECHH，AECHになります．また，色関係のレジスタはBAVE，GbAVE，RAVE，BLUE，RED，COM8になります．システム関連のレジスタとしてCOM7を設定する必要があります．設定内容については後述します．

■ 照度データをマイコンに取り込む

● AEC値とAGC値はこのレジスタに入っている

照度関連のレジスタ値を知ることで明るさを判定できます．もともとAGCとAECの値は，イメージ・センサのゲインと電子シャッタの設定値です．OV7670は自動露出補正が動いているので，常に画面の明るさを同じようにしようと，レジスタ値を自動的に設定します．明るいところではゲインを低くし，シャッタを短くしますし，暗いところではシャッタを長くしてゲ

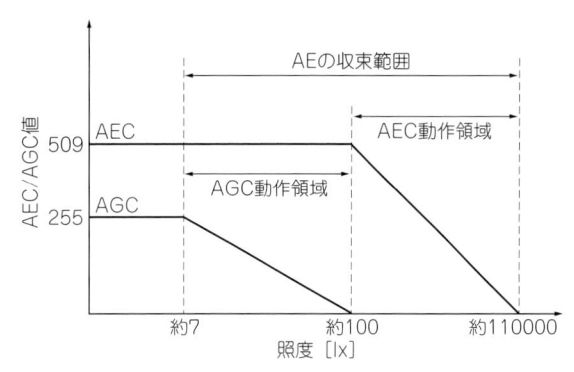

図2 AECとAGCのコントロール方法
明るさに応じて露光やゲインを変える．100 lxを超えたら露光を絞り始める．

インを上げます．

そこでシャッタとゲインの値を見ることで，照度を知ることができるはずなのですが，実際に動作を見ていると，きちんと収束せず，明るさが同じにならない場合があることが分かりました．そこでAECとAGCをOFFにして，マイコン側でレジスタを制御して，AECとAGCを実装することにしました．

▶AGC値を算出

AGCとAECの値は8ビット以上あるため，複数のレジスタに分かれています．AGCの値を算出するには以下になります．

```
AGC=((Vref&0xC0)<<2|GAIN)
```

Vref[7:6]を抜き出し，2ビットをシフトして，

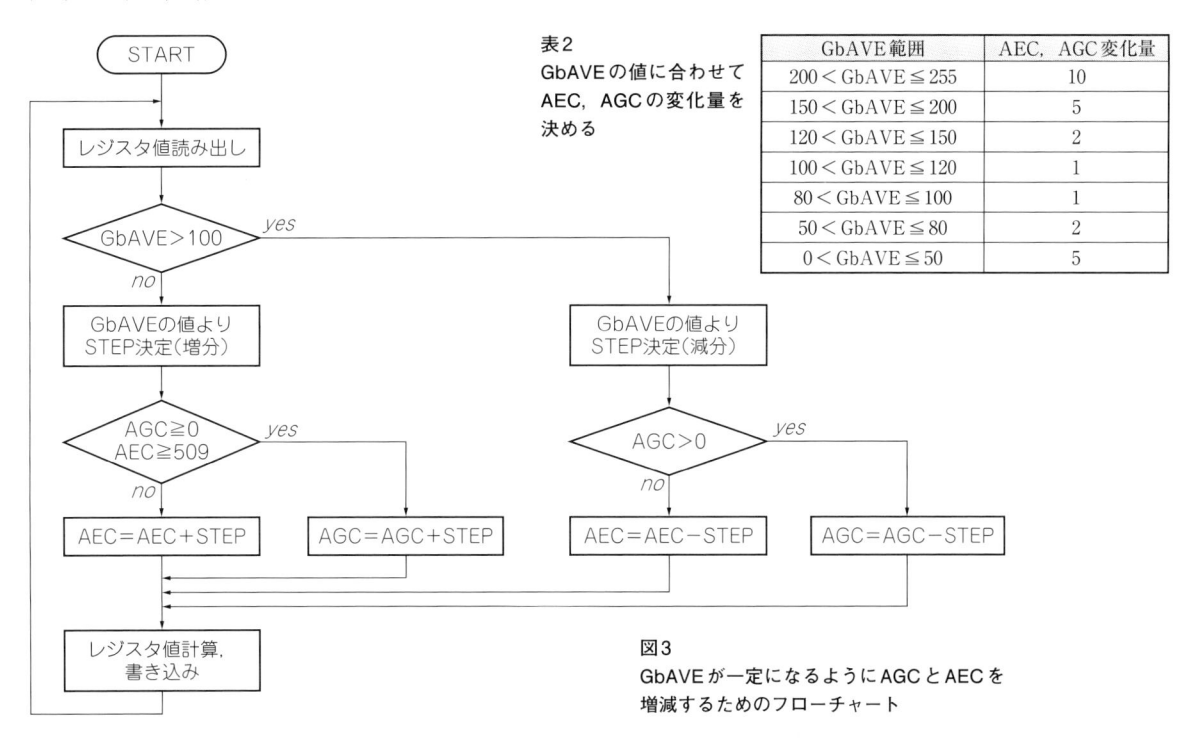

表2 GbAVEの値に合わせてAEC，AGCの変化量を決める

GbAVE範囲	AEC，AGC変化量
200 < GbAVE ≦ 255	10
150 < GbAVE ≦ 200	5
120 < GbAVE ≦ 150	2
100 < GbAVE ≦ 120	1
80 < GbAVE ≦ 100	1
50 < GbAVE ≦ 80	2
0 < GbAVE ≦ 50	5

図3
GbAVEが一定になるようにAGCとAECを増減するためのフローチャート

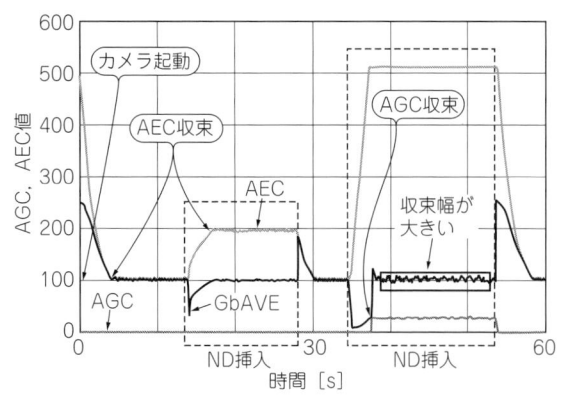

図4 GbAVEを一定にするためにAEC，AGCを変動させたときの収束動作

下位8ビットのGAIN [7:0] と論理和を取ることによって10ビットの値を求めています．

▶AEC値を算出

AECは16ビット長で三つのレジスタに分かれています．算出するには以下の式になります．

```
AEC = ((AECHH&0x3F)<<10)|(AECH<<2)
|(COM1&0x03)
```

AECHH [5:0] で上位6ビット，AECH [7:0] で中位8ビット，COM1 [1:0] で下位2ビット，合計16ビットです．AECはシャッタ・ライン数なので，最大値はV有効画素480にブランキング期間30を加えた510になります．実際にはAECHHの項は省略しても問題ありません．

● 光量に合わせてAGCとAECを使い分ける

まずAECとAGCの変化範囲を定義します．

明るいときは露光時間を短くしていくのでAECは減少しAGCは0のままです．逆に暗いところでは，露光時間を長くするのでAECは増加していきますが，最大509までなのでこれ以上はAGCを上げていきます．以上の関係を**図2**に示します．実験にて計測したAECとAGCの切り替わりは約120 lxになります．

▶GbAVEが一定になるようにAGCとAECを増減させる

次に現在の画面の明るさをレジスタから読み取ります．これにはBAVE，GbAVE，RAVEのレジスタがありますが，今回はGbAVEを使用します．GbAVEの値が100になるように，AEC，AGCの値を変更します．フローチャートを**図3**に示します．カメラ起動直後は明るさが分かりませんが，AGC = 0，AEC = 509に設定して，GbAVEの値を読み出します．GbAVEが100よりも大きい場合は明るい状況なので，AECの値を減らします．また100よりも小さい場合は暗い状況なのでAGCの値を増やします．値の増減値は，得られた値により変えており，収束が早くなるようにしています（**表2**）．

このようにして実装したAEC，AGCの収束動作のようすを**図4**に示します．NDフィルタを挿入して明るさを変えるとGbAVEの値が変わりますが，すぐに100に収束するのが分かります．暗い場合はAECは509の上限に達し，AGCを上げて収束させているのが分かります．その際に収束幅が大きくなっています．これはノイズの影響とAGCのゲイン・ステップが見かけ上大きく見えているためと思われます．

写真4 カメラのアクセサリとして販売されているNDフィルタを調光に利用した

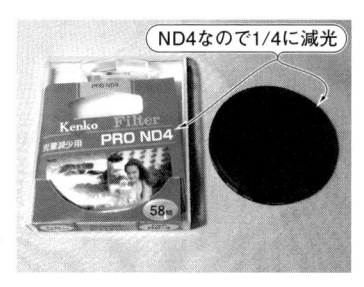

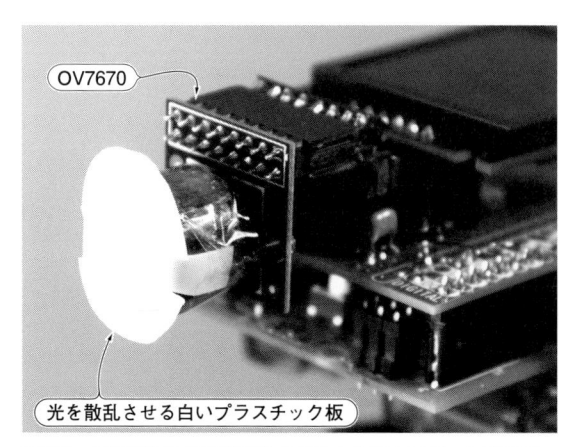

写真5 OV7670には光を散乱させるために白いドーム状の薄いプラスチック板を被せた

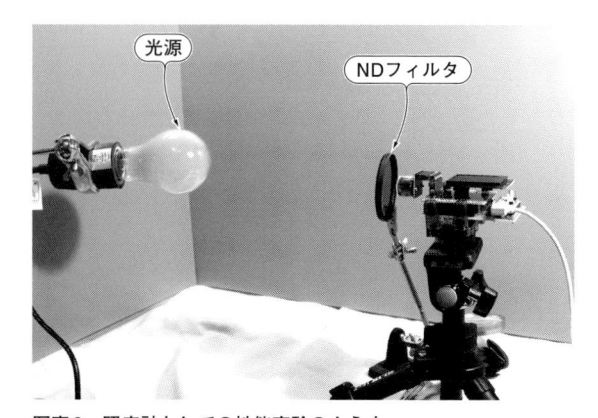

写真6 照度計としての性能実験のようす
NDフィルタ無しの状態で1000 lxになるように光源との位置を調整したあと，NDフィルタを挿入して光量を減衰させる．

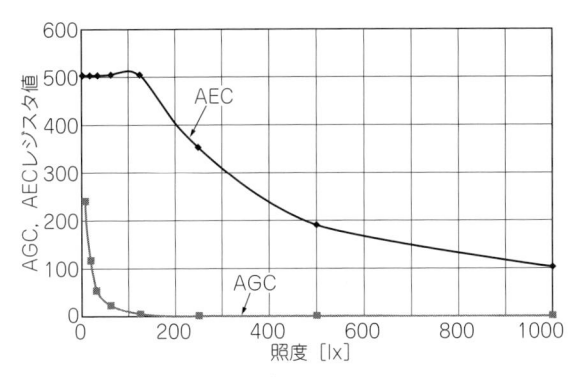

図5 図3のフローチャートどおりに動かしたときのAEC，AGCの照度依存性（実測）

表3 図5の詳細

光源照度	NDフィルタ	実際の照度	AGCレジスタ値	AECレジスタ値
1000	なし	1000	0	101
	ND2	500	0	192
	ND4	250	0	394
	ND8	125	5	509
	ND16	63	23	509
	ND16 + ND2	31	54	509
	ND16 + ND4	16	118	509
	ND16 + ND8	8	243	509

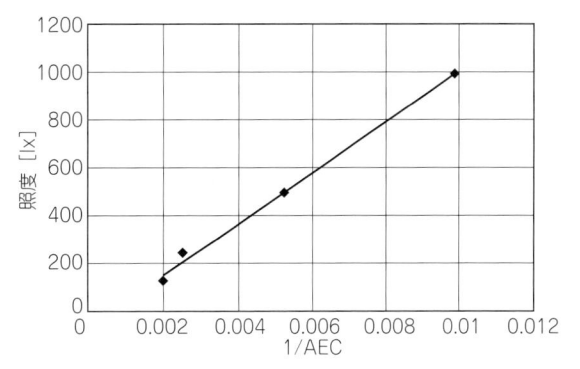

図6 本器の照度とAECの関係（実測）
照度が高くなると露光は絞る．

AEC，AGCは輝度レベルが一定になるように調整するのが一般的ですが，今回は後述の色温度を計算する場合にGbAVEで正規化することを念頭においてGbAVEを用いました．

■ 照度計としての性能評価

● 準備…カメラ・モジュールへの照度を変える方法

照度の変え方について解説します．照度を変えるにはカメラと光源の距離を離したり，光源に調光器を用いたりする方法が考えられます．しかし，リファレンスとなる照度の測定が煩雑になったり，調光器を用いると色温度が変化したりしてしまいます．そこで，NDフィルタを使って光量を調整しています．NDフィルタの例を**写真4**に示します．ここで使用したのはカメラのアクセサリとして販売されているものです．NDのあとに続く番号は減衰率を表しており，数字分の1の光量になります．ND2ならば1/2，ND16ならば1/16になります．

NDフィルタは重ねることで減衰率を高められます．ND16にND2を重ねると16×2=32で1/32になります．実験時のカメラ・モジュール周辺のようすを**写真5**に示します．OV7670には光を散乱させるために白いドーム状の薄いプラスチック板を被せています．NDフィルタなしの状態で1000lxになるように光源との位置を調整したあと，NDフィルタを挿入して光量を変化させていきます．**写真6**はそのようすです．反射光が測定に影響しないように無彩色（グレー）のパネルや布で周囲を覆っています．

● 結果

前項の方法を用いて測定したAGCとAECを**表3**に示します．またグラフにしたものを**図5**に示します．表を見ると，明るいときはAGCは0で，AECが暗くなるに従い数字が増えていき509で止まっています．

この数字は露光時間をライン数で表したものです．前述の通りOV7670の垂直方向の総画素は510ラインです．またフレーム・レートは30fpsなので，1/30秒で510ラインです．逆算すると1ラインの時間は1/15300sとなり，1000lxの時の45ラインでは1/340sとなります．

暗くなるとシャッタ速度は増えていきますが，フレーム・レート（1/30s）以下にはできませんので，509ラインが最大値になります．これより暗くなった場合はAECの値はそのままでAGCの値が上がっていきます．暗くなり信号量が落ちた分だけゲインを上げて，レベルを同じにします．実際の値も光量が半分になれば設定値も比例して増えています．

AGCは実際の倍率とレジスタ設定値の関係が仕様書に記載がなく不明ですが，光量が半分になるとAGCは倍になっているので，値はリニアに変化していると考えてよいと思います．

この結果から明るさによってAECとAGCを分けて考えます．**図6**に照度とAECの関係を示します．反比例の関係になっていることが分かります．照度E［lx］は以下で求められます．

$$E = 107015 \times (1/\text{AEC}) - 55.493$$

これによりAECの値から照度計算ができます．

次にAGCと照度の関係を**図7**に示します．この場合は照度の逆数を取ることによりAGCと比例関係になります．照度E［lx］は以下で求められます．

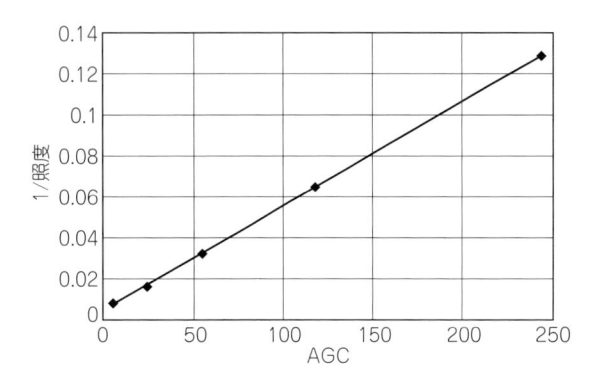

図7 本器のAGCと照度の関係(実測)
照度が低くなるとゲインは高くなる．

$$E = 1/(0.0005 \times AGC + 0.0047)$$

この二つの式を明るさに合わせて切り替えることで，広範囲の照度を測定できるようにします．具体的にはAECが509未満ならAEC使用，509以上ならばAGC使用としています．

● 1001 lx以上の測り方

今回の測定結果では照度を8～1000 lxまで変化させましたが，この範囲を超えた領域はどこまで測定できるか考えてみます．

まずはAECの場合ですが，1000 lx時に値は101です．AECは最短で1ですから，光量は1/101まで制御可能です．従って1000 × 101 = 101000 lxまで測定できる計算になります．

AGCは8 lx時に値は242です．AGCは255まで設定可能なので，8 × 242/255 = 約7 lxまで制御可能範囲ということになります．

ただし気を付けないといけないのはAEC，AGCの1ステップの変化に対する照度の変化です．**図8**にAEC，AGCの変化に対する照度のグラフを示します．AGCは1変化しても10 lx程度の変化ですが，AECは50000 lx以上の変化となって現れます．これはAECのシャッタがライン単位の制御しかできないために，2ライン→1ラインとなったときに露光量が半分になってしまいます．この弊害は実際のカメラの露出制御でも問題になり，対策としては1ライン以下の補正をAGCを使って行うという方法があります．今回のプログラムでは実装しておらず，今後改良したいと思っています．

● カメラ・モジュールのばらつき

OV7670は個体によるばらつきがあります．イメージ・センサの感度のばらつきが照度の誤差原因に，オンチップ・カラー・フィルタのばらつきが色温度の誤差原因になります．そこでOV7670カメラ・モジュールを3台入手し，おのおのを測定し，ばらつきを調べました．製品全体のばらつきを見るためには，統計学的には最低でも20個のデータを見る必要があるといわれていますが，ここでは入手の都合上断念しました．

表4に照度に対するAECのばらつき，**表5**に照度

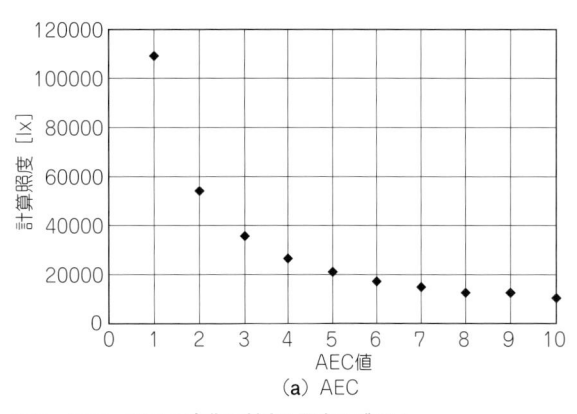

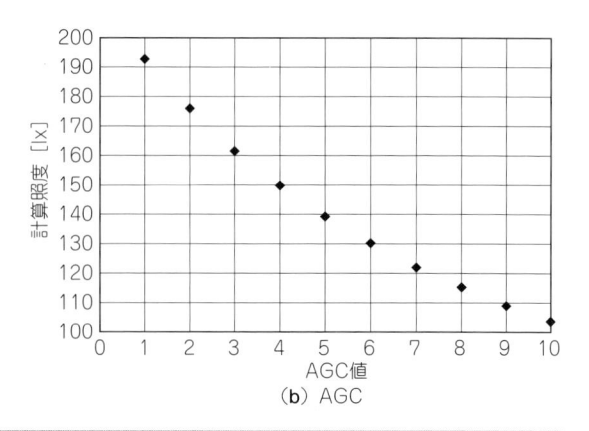

図8 AEC，AGCの変化に対する照度のグラフ
AGCは1変化しても10 lx程度の変化だが，AECは50000 lx以上の変化となって現れる．

表4 照度に対するAEC値のばらつき…3%以内

照度 [lx]	カメラ1			カメラ2			カメラ3			カメラ間誤差
	AEC	計算照度	誤差	AEC	計算照度	誤差	AEC	計算照度	誤差	
1000	103	985	1.5%	100	1014	1.4%	101	1011	1.1%	0.3%
500	195	486	2.7%	191	499	0.2%	190	503	0.5%	2.6%
250	403	198	20.8%	390	207	17.3%	388	208	16.7%	4.1%
125	509	142	13.4%	509	142	13.4%	509	142	13.4%	0.0%

表5 照度に対するAGC値のばらつき…10%程度

照度 [lx]	カメラ1			カメラ2			カメラ3			カメラ間誤差
	AGC	計算照度	誤差	AGC	計算照度	誤差	AGC	計算照度	誤差	
125	5	139	11.2%	5	136	8.8%	4	145	16.0%	7.2%
63	25	58	7.9%	22	63	0.0%	22	63	0.0%	7.9%
31	57	30	3.2%	53	32	3.2%	52	32	3.2%	0.0%
16	122	15	6.3%	117	16	0.0%	114	16	0.0%	6.3%
8	246	8	0.0%	241	8	0.0%	240	8	0.0%	0.0%

に対するAGCのばらつきを示します．AECのばらつきは3%以内であり，またAGCは10%程度ばらついています．本来ならば個別に調整するべきかもしれませんが，今回はカメラ3台の平均値を用いて計算を行いました．

■ 色温度を測る

● R/G，B/Gの値で判断する

色温度は画像のR成分とB成分の割合で測ります．画像データ出力をそのまま使ってもよいのですが，画面全体のRGBの平均値がレジスタから読み出せるのでそれを利用します．

具体的にはRAVE，GbAVE，BAVEの三つのレジスタに，RGB各色の画面全体の積分値(8ビットで正規化されたもの)が書かれています．色温度はRとBの割合なので，そのままRとBを使えばよいかと思えますが，G成分の影響を受けるので，R，BおのおのをGで正規化したR/G，B/Gを使います．今回は前述のとおりAEC，AGCを調整して，GbAVEを100になるようにしています．

● 色温度計の性能評価

図9に異なる色温度の光源を撮影したときのR/B，B/Gの値をグラフに示します．光源に使用したのは，

- 昼光ランプ(3250 K)
- 電球型昼白色蛍光灯(4360 K)
- LED電球(6560 K)

の3種類です(写真7)．

同じ色温度でNDフィルタあり/なしで照度を変化させて，R/G，B/Gのデータを確認してみたところ，興味深いデータが取れました．AGCの値が大きくなると，R/G，B/Gのデータのばらつきが大きくなります．

図10にAGC＝0のときのデータの平均値に対する，各照度時のデータのばらつきを示します．AGCが上がり始めるとばらつきが増えていくのが分かります．そこでAGC＝0のときのデータだけを用いて，R/G，B/Gのデータを図11にプロットしました．色温度の変化とともにR/G，B/Gの値は変化しており，R/Gの

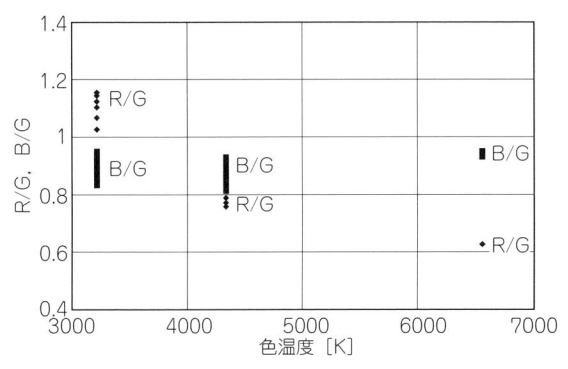

図9 異なる色温度の光源を撮影したときのR/B，B/Gの値

写真7 色彩計の実験に利用した各種光源

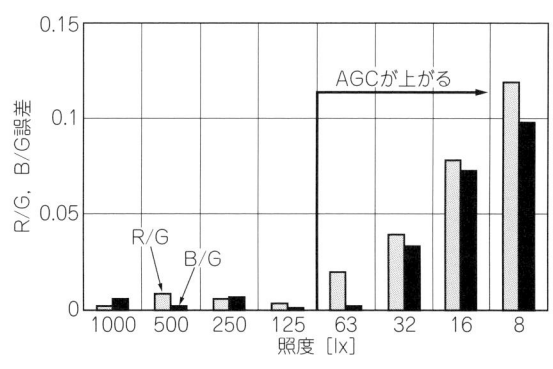

図10 AGC＝0のときのデータの平均値に対する各照度のデータのばらつき

AGCの値が大きくなると，R/G，B/Gのデータのばらつきが大きくなる．

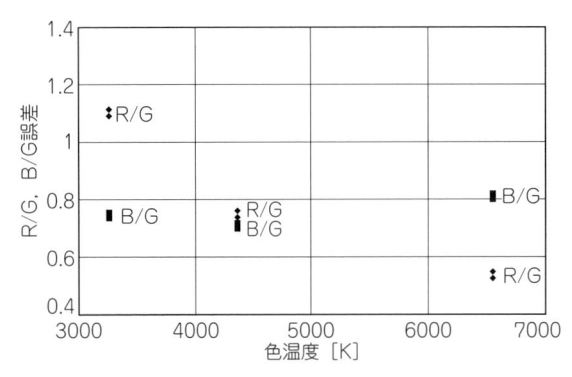

図11 AGC＝0のときのR/G，B/Gのデータ
R/Bの変化の方が大きい．そこでR/Bから色温度を推定することにした．

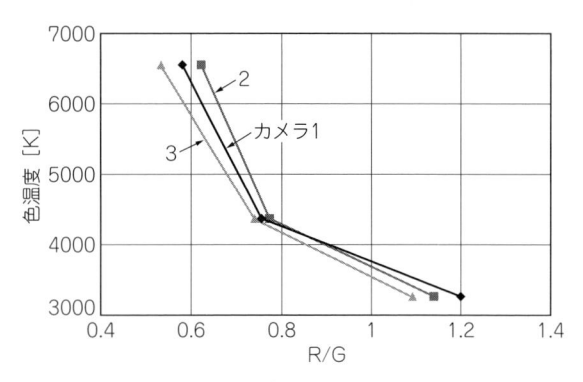

図12 R/Gはカメラごとにばらつく

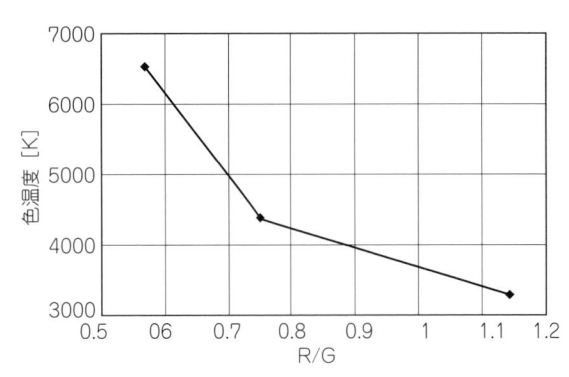

図13 三つのカメラの平均値を用いて算出したR/Gと色温度の関係

変化の方が大きいです．そこでR/Gから色温度を推定してみます．

● 色の個体ばらつきと色温度算出

ここで気になるのが色の固体ばらつきです．色についてはGbAVEで正規化しているので，感度のばらつきは無視できます．3台のカメラのR/Gのプロットばらつきを**図12**に示します．これを見ると蛍光灯の4360 Kはばらつきが少ないですが，LED光源の高色温度側（6560 K）と昼光光源の低色温度側（3250 K）ではバラついており，傾向は見いだせないデータとなっています．そこで今回は照度測定と同じく，三つのカメラの平均値を用いて色温度を算出してみることにします（**図13**）．今回は3種類の光源からの推定ですので，二つの領域に分割して，おのおの単純な線形補完を用いています．検討当初は曲線近似をしていたのですが，計算式が複雑になり誤差が大きく出てしまうようになったので，線形補完としました．確かに測定点以外の色温度は単純な線形補完なので誤差が出る可能性がありますが，これらの測定点より大きく離れたときの誤差は逆に小さくなると考えました．以上より色温度 T_C [K]の算出式は，

▶R/Gが0.7538未満の場合

$$T_C = -12190\,R/G + 13549$$

▶R/Gが0.7538以上の場合

$$T_C = -2821.3\,R/G + 6486.7$$

となります．

● 色彩計の補正方法

カメラ・モジュールの個体差によって測定値にばらつきがあることが分かりました．どうやって補正すればよいでしょうか．校正された計測器と相関を取れば確実なのですが，調達が難しい場合が多いと思います．照度の場合は市販の製品も多く，例えばカメラのアクセサリとして販売されている露出計を用いることもできます．

色温度の場合は市販品も少なく，補正が難しいと思います．そこで考えられるのは色温度が既知の照明光源を使う方法です．照明器具メーカの中には製品の色温度を開示しているところがあります．例えば参考文献（1）には色温度が記載されており，異なる色温度のランプを数種類入手すれば，それを用いて校正することができそうです．今回はばらつき補正まではできず，今後の課題としたいと思います．

ハードウェアの構成

● Arduinoを3 V動作に対応させて利用

製作した色彩計／照度計の回路を**図14**に示します．OV7670の動作クロックは24 MHzです．マイコンにはArduinoを使用しました．Arduinoは5 V用なので第1章で紹介した3 V化への改造をしています．カメラの接続はI²Cだけです．画像出力は使っていません．

● 表示モジュールはシリアルで簡単接続

グラフィック表示モジュールには，AD-128160-UART（aitendo，http://www.aitendo.com/product/3119）を使っています．これによりマイコン

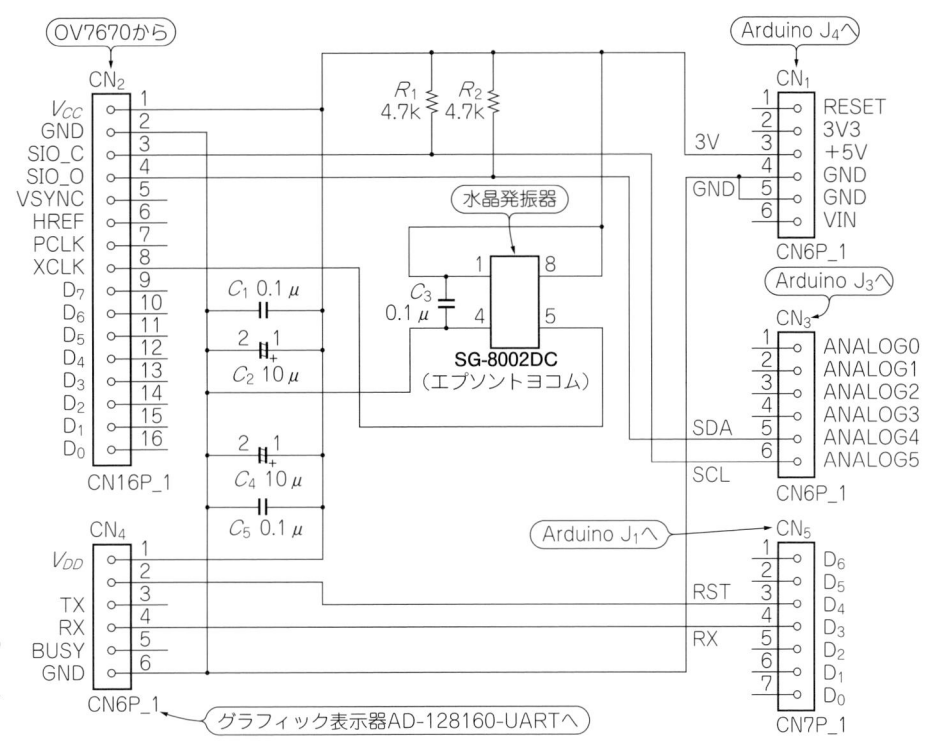

図14
製作した色彩計/照度計の回路
OV7670とArduinoを接続するだけ.

ソフトウェアの構成

● 初期設定

▶ステップ1…初期化

ソフトウェアはまず，初期化ルーチンでOV7670の初期化を行っています．これは第1章で紹介したのと同じように，LinuxのOV7670用のドライバ(http://www.cs.fsu.edu/~baker/devices/lxr/http/source/linux/drivers/media/video/ov7670.c)に記載されている`ov7670_default_regs[]`の設定です．

▶ステップ2…AGC，AEC，AWBの動作を止める

次に今回の色彩照度計に必要な設定を行います．まずはAGC，AEC，AWBの動作を止めるためにCOM8＝0x88を設定します．これによりAWBが停止するので，色の変化によりR, Bのゲインが変化しなくなり，ホワイト・バランス補正前の値を読み取ることができるようになります．

AWBがONのままなら，RGBの積分値を同じにしようとするので，光源が変化してもすぐに補正されてしまい，値の変化を読み取ることができません．

▶ステップ3…色別のゲインを固定

次にBLUE＝0x60，RED＝0x40を書き込み，色別のゲインを固定します．この値はRBのバランスが極端にずれていなければ適当な値でかまいませんが，今回は通常室内撮影時のゲイン値に近い値を選定してい

との接続はUARTだけとなり，非常に簡単になります．AD-128160-UARTはキャラクタ・ジェネレータを内蔵しており，画面が大きいため1度に多くの情報を表示することができ，デバッグに便利です(**写真2**)．

接続はソフトウェア・シリアルを使用しました．Arduinoはハードウェア・シリアル端子を持っていますが，プログラムの書き込みに使用したり，動作中にシリアル経由でデータを取り出したりしたかったので，別途用意しました．

● シールド部分にカメラと表示モジュールを載せる

Arduinoのシールド部分にカメラ・モジュールと表示モジュールのコネクタ，クロックを取り付けました．Arduinoの3V改造はArduino基板側で行っています．

ArduinoはArduino互換基板AE-ATmega基板(秋月電子通商，http://akizukidenshi.com/catalog/g/gP-04399/)を使っています．AE-ATmegaは拡張端子の配列もArduino互換なので，Arduino用各種シールドが使えます．今回はArduino用ユニバーサル基板UB-ARD03(サンハヤト)を使用しました．

表示モジュールとカメラ・モジュールの電源はArduinoの5Vラインに接続されていますが，これはArduinoが3V化の改造を行っており，5Vラインが3Vになっているためです．3V化の改造をしていないArduinoに接続すると，表示モジュール，カメラ・モジュールともに壊れてしまいます．

リスト1 GbAVEの値からAEC，AGCの増減値を決めるプログラム

```
g = reg_06gbave;

if ( g > 100 ) {
    // GbAVEが100以上の時
    //明るさによりAEC/AGCの変化量を変える．
 if (g >200) {aestep =10;}
 if (g >150 & g <=200) {aestep =5;}
 if (g >120 & g <=150) {aestep =2;}
 if (g >100 & g <=100) {aestep =1;}

 if (gain > 0) {
    //ゲインが0以上の時はゲイン変化
  gain = gain - aestep;
  if( gain < 0 ) { gain = 0;}
 } else {
    //ゲインが0の時はシャッタ変化
  shut = shut - aestep;
  if ( shut < 1 ) { shut = 1;}
 }
} else {
    // GbAVEが100以下の時
    //明るさによりAEC/AGCの変化量を変える．
 if (g < 50) {aestep =10;}
 if (g < 80 & g >=50) {aestep =2;}
 if (g < 100 & g >=80) {aestep =1;}

 if (gain >= 0 & shut == 509 ) {
    //ゲインが0以上の時はゲイン変化
  gain = gain + aestep;
  if ( gain > 255 ) { gain = 255;}
 } else {
    //ゲインが0の時はシャッタ変化
  shut = shut + aestep;
  if ( shut > 509 ) { shut = 509;}
 }
}
// write register
reg_10aech = (shut >> 2) & 0xFF;
reg_04com1 = shut & 0x03;
writereg (0x10, reg_10aech);
writereg (0x04, reg_04com1);
reg_00gain = gain & 0xFF;
writereg (0x00, reg_00gain);
```

リスト2 照度の計算プログラム

```
// calculate luminance

if (aec < 509) {
    //use AEC
lumi = 107015 * ( 1 / aec) - 55.493;

} else {
    //use AGC
lumi = 1/(0.0005 * agc + 0.0047) ;

}
```

リスト3 色温度の計算プログラム

```
// calculate Color temp.
if (rg < 0.7538) {
 ctempr = -12190 * rg + 13549;
} else {
 ctempr = -2821.3 * rg + 6486.7;
}
```

ます．AEC，AGCは前述のとおりに，初期値としてAEC = 509，AGC = 0を設定します．

▶ステップ4…出力をYUVからRGBに

次に出力を切り替えるためにCOM7［2：1］＝1として出力をRGBに切り替えます．今回は画像出力は使用しないのでYUVのままでも問題ないかと思ったのですがBAVE，GbAVE，RAVEも切り替わってしまうので，RGBに設定しています．ここまでは初期設定です．

● メイン・ルーチン

次にメイン・ルーチンに移行します．ループになっており，レジスタのデータを読み出し，照度，色温度を計算し，LCDに表示し，同時にUARTから出力します．各項目の詳細を次に示します．

▶レジスタのデータを読み出し

照度データはAECとAGC，色温度はBAVE，GbAVE，RAVEの値を読んでいます．またAGCとAECの計算を行っています．

▶AEC，AGC動作

AEC，AGC計算部分をリスト1に示します．GbAVEの値からAEC，AGCの増減値を決めます．

▶照度計算

照度計算部分をリスト2に示します．AECの値でAEC，AGCの切り替えを行っています．AECが509未満ならAEC使用，509ならばAGC使用です．

▶色温度計算

色温度計算部分をリスト3に示します．R/G値により二つの式を切り替えています．

▶結果をグラフィック表示器へ表示

mbed向けのものが公開されていましたので（http://www31.atwiki.jp/gingax/pages/63.html，http://javatea.blog.abk.nu/064）これを参考に，必要なキャラクタ表示系コマンドをArduino用に移植しました．AD-128160-UARTの特徴であるグラフィック描画系のコマンドは，今回は使っていません．

▶UARTでパソコンへ出力，結果を保存

画面表示と同じ内容をシリアル経由でも出力しています．パソコン側でターミナル・ソフトを用いてデータのロギングができます．

全体のプログラム・サイズは16390バイトとなり，ATmega168では容量が足りませんでした．ATmega328を使っています．

動作環境はArduino1.0.1です．ソース・コードはトランジスタ技術SPECIALのホームページからダウンロードできます．

＊　　　　＊

OV7670の応用例として色彩照度計を製作しました．照度は目的次第で実用になると思いますが，色温度については，あくまで目安レベルです．

◆参考文献◆

(1) ランプ・光源情報，岩崎電気㈱．
http://www.iwasaki.co.jp/product/light_source_info/tokushu_lamp/a_ephoto2.html

（初出：「トランジスタ技術」 2013年3月号）

▶本章関連プログラムはトランジスタ技術SPECIAL No.124の弊社Web頁にまとめて掲載する予定です．

第11章 CMOSカメラOV7670を改造して作る
赤外線暗視カメラの製作

エンヤ ヒロカズ

ここでは，第1部 Appendix C でも紹介されている暗視カメラを製作し，その性能を評価してみます．画像表示にはSVI-03ボードを使用し，パソコンに画像を取り込みました．評価は，赤外線補助光源あり／なしについて撮影を行いました．また屋外でも撮影してみました．第1部 Introduction のカラー・ページの最後(p.12)も参照してください．

最近のデジタルカメラやビデオ・カメラは感度が向上し，暗いところでも撮影できるものが増えています．また暗闇でも撮影できる機能を持っているものもあります．暗視スコープは民生品以外の軍事用途で広く使われています．しかし電子工作用途で入手できるカメラは感度が低いものが多く，暗所の撮影には適しません．そこで通常のカメラ・ユニットを暗視カメラに改造してみました．カメラは本書第1部でも紹介したOV7670カメラ・モジュール（日昇テクノロジー）を使用しました．

暗闇でも見えるしくみ

暗視カメラは通常，人間の目には暗く感じる環境で電子的な手法により光量を増幅して被写体を見えるようにします．方法としては，大きく分けるとアクティブ型とパッシブ型の2種類があり（Column，p.136参照），アクティブ型は人間の目に感じない赤外線などの光源を使い，その反射光をセンサで捕らえて映像化する方法です．またパッシブ型は補助光を使用せず，その環境下の微弱な光を高感度のセンサを使って映像化する方法です．

▶アクティブ型

アクティブ型は人間の目に見えない波長の光（主に赤外線）を用いますが，自然界には人間の範囲を超えた可視領域を持つ生物があり，そのような生物の前ではアクティブ型は相手に存在を知られてしまいます．

▶パッシブ型

パッシブ型は補助光が不要であるというメリットがありますが，反面イメージ・センサにイメージ・インテンシファイアや光電子倍増管などの特殊な部品を使う必要があり，部品の入手が困難です．そこで製作するのは通常のCMOSイメージ・センサに赤外線補助光を使うアクティブ型の暗視カメラとしました．図1に製作した暗視カメラのシステム構成を示します．

● 撮影結果

製作した図1の暗視カメラ・システムで撮影した画像を写真1と写真2に示します．写真1(a)〜(c)は屋内で，写真2(a)〜(c)は屋外で撮影したものです．本

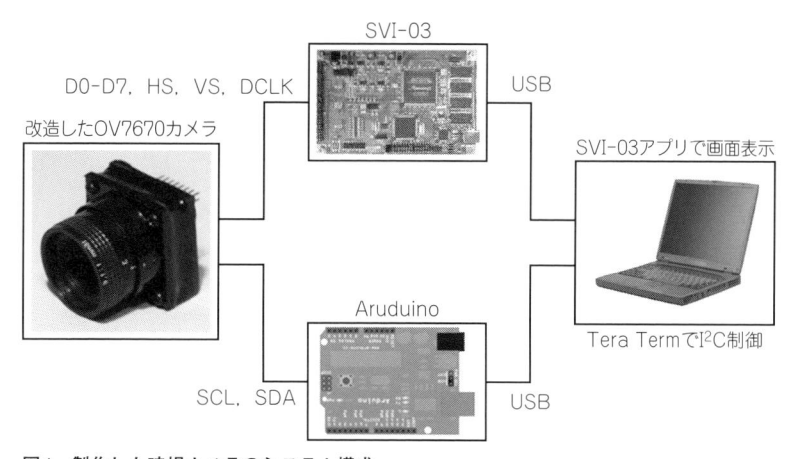

図1 製作した暗視カメラのシステム構成
映像信号はSVI-03でUSBに変換してPCで表示する．I²CはArduinoでシリアルに変換後USB経由でPCに接続し，Tera Termで制御する．装置の外観は写真9を参照．

(a) 通常光で撮影したもの　　(b) 照明を落としての夜間撮影（被写体付近の照度は約10 lux）　　(c) 赤外線だけを照射して撮影…暗視

写真1　製作した暗視カメラを使った撮影効果・室内（被写体までの距離は約5 m）
p.12のカラー写真も参照．

(a) 通常光で撮影したもの　　(b) 夜間撮影　　(c) 赤外線だけを照射して夜間撮影…暗視

写真2　製作した暗視カメラを使った撮影効果・屋外
p.12のカラー写真も参照．

書12頁にカラー写真がありますので参照してください．**写真1(a)** は通常撮影時，**写真1(b)** は弱い通常光下（約10 lux）で撮影したもの，**写真1(c)** に赤外線を照射して撮影した画像を示します．被写体とカメラとの距離は5 mです．赤外線撮影時は全くの暗闇で，赤外線LEDの光源だけ使っています．この写真を見る限り，暗視カメラとして最低限実用になるかと思います．**写真2(a)〜(c)** は屋外で同様な撮影を行った画像です．

OV7670の感度

OV7670はCMOSイメージ・センサですが，感度としてはそんなに高いものではありません．仕様書では1.3 V/lx・sと書かれていますが，これは単位時間，単位光量当たりの出力電圧を示します．1 lxで1秒間露光すると，出力電圧が1.3 Vになるということです．これはアナログ出力だったCCDのころ使われた指標です．ディジタル出力が主流な現在はデジット値で示されるべきです．

通常仕様書に電圧とデジットの換算値が記載されているはずなのですが，OV7670の仕様書にはその記載がありませんでした．電源電圧が3 Vですので，内蔵ADCの入力レンジは1 V程度だと思われます．1 V時にデジット値が255になると仮定すると，通常の露光時間はフレーム・レートから1/30になりますので，30 lxの光量でほぼ最大出力が得られる計算になります．実際に使っているときの感覚とちょっと合いませんが，感度の定義にゲイン設定が記載されていませんでしたので，ゲインをある程度上げた状態での値だと推測されます．

カメラ・モジュールの加工

● IRCFの取り外し

通常のイメージ・センサはCCDでもCMOSでも，赤外線領域での感度を持っています．OV7670の仕様書には分光感度特性の記載はありませんでしたが，多少の違いはありますがメーカや型名が違っても大体似たような特性になります．**図2** に分光感度特性の例を示します．図中に記載しましたが，人間の目の可視範囲は380 nm〜770 nmです．それに対してイメージ・センサは750 nmより長い赤外線領域に感度を持っています．実際にカメラとして使う場合，赤外線の感度は色再現が悪化するなど弊害が多いために赤外線カット・フィルタ（IRCF）というものが使われています（人間の目の特性に合わせるために「視感度補正フィルタ」とも呼ばれています）．

IRCFの通過波長領域は400 nm〜700 nmで人間の可視範囲より若干狭くなっています．また一部の監視カメラや天文用途など特殊な用途以外は，ほぼすべて

のカメラに装着されており，暗視カメラとして使う場合には弊害になりますので取り外して使います．今回使用するOV7670にも当然使われており，レンズ部分に装着されています(**写真3**)．

今回レンズ部分を流用しようとしたのですが，構造的にIRCFと一体になっており分離が難しかったためにレンズの流用を諦め，別のレンズを使用することにしました．

● レンズを交換する

レンズにはさまざまな種類のものがありますが，今回は入手性に優れ，加工もしやすく，明るいレンズという観点で探したところ，秋月電子通商で取り扱っている，Cマウント用レンズ F1.6/16 mmレンズを使用することにしました．

Cマウントというのは主に監視カメラで使われているレンズ・マウントの規格で，フランジ・バック(レンズ・ネジ部分とイメージ・センサとの距離)が17.526 mmと規格化されているものです．F値は1.6ですが，もともとのレンズのF値2.8(これも仕様に記載がないので推定です)に対して2.66倍明るい計算になります．焦点距離16 mmですが，OV7670のイメージ・サイズで計算すると水平画角が8度になり，これは35 mm換算で250 mmと望遠レンズになってしまいます．実際に使用する場合は，もっと広角にする必要があり，焦点距離の短いレンズにするか，光学サイズの大きなイメージ・センサを使う必要があります．今回

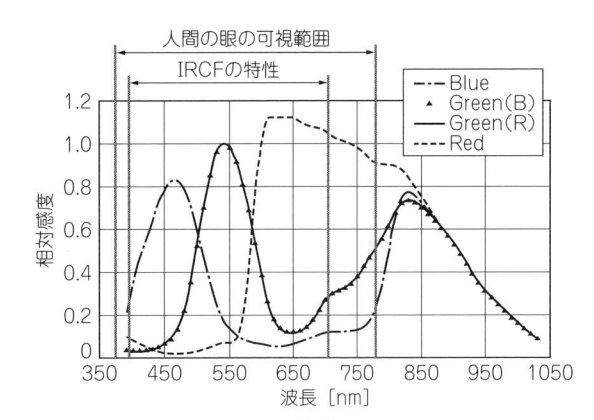

図2[(3)] CMOSセンサの分光感度特性例

はこの組み合わせで実験しています．

● 加工

新レンズを取り付けるために**写真4**のようなプレートを作成しました．おのおのプレートをレンズ，OV7670のレンズ鏡筒に取り付けます(**写真5**)．

その後スペーサを介して二つのプレートを組み立てます(**写真6**)．この時点でフランジ・バックのラフ調整をします．レンズ，センサ間が17.5 mmになるようにスペーサの長さを調整します．ここで一度画出しを行い，フランジ・バックを正しい位置になるように調整します．具体的な方法は，レンズのフォーカス位置を被写体位置に固定します．今回は0.5 mにレンズを設定して0.5 mの距離の被写体を撮影します．次にフ

写真3 OV7670カメラに標準で付属しているレンズ
IRCFがレンズ・バレルに内蔵されている．

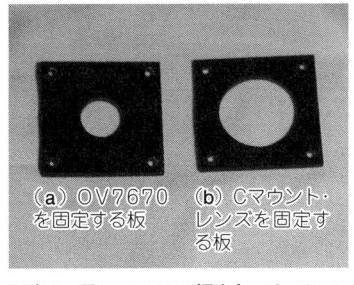

写真4 黒いアクリル板を加工してレンズ・ホルダを製作した

写真5 ホルダに部品を装着したもの
(b)のCマウント・レンズはアクリル側にネジを切れなかったので穴を若干小さく作り圧入構造にした．

写真6
二つの部品をスペーサでつなぐ
フランジ・バック距離が約17.5 mmになるように，ワッシャ等で調整．

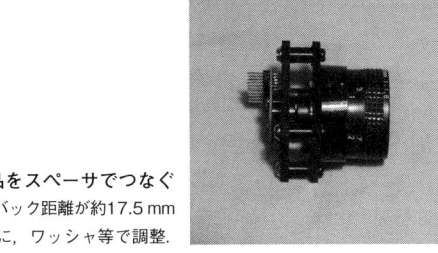

写真7
外部からの光を防ぐために遮光テープで板間を覆う

ォーカスぼけが出ないように，フランジ・バック位置をワッシャなどで調整します．正確に合わせられなくても，多少レンズのフォーカス位置を前後にずらすことで調整ができるので，そんなに正確に位置合わせしなくても大丈夫です．フランジ・バックの調整ができたら，外部から余計な光が入らないようにプレート間を遮光テープなどで覆います（**写真7**）．

IR補助光の製作

今回はアクティブ型なので赤外線補助光ユニットを製作します．赤外線光源として秋月電子通商で取り扱っている赤外線LED OSI5LA5113A（OptoSupply製）を使用します．

順方向電圧が1.35 V，順方向電流は標準50 mAです．5 V電源で使おうとすると，3個直列で電流制限抵抗を18 Ωとしました．3並列で合計9個使用します．回

Column 軍用の暗視スコープ

暗視スコープはもともと軍用として開発されました．古くは第2次世界大戦時より使用され，さまざまなタイプのものがありますが，大きく分けると以下のように分類できます．

第0世代
アクティブ型と言われている，本章で紹介しているものと同じ方式です．赤外線投光器と赤外線センサの組み合わせで暗視を実現しています．赤外線を投光しているので人間には見えませんが，同じ装置を使っていると存在が分かってしまうので軍事用には向いていません．

第1世代
パッシブ型と呼ばれる最初のタイプです．赤外線投光器を使わず，その環境下の光を増幅して映像化します．投光器が不要になる分システムが小型化できるのと，相手が赤外領域に感度を持つセンサ類を使っていても気がつかれることはなくなりますが，実際の光を増幅するため，全く光のない暗闇では使用できません．光を増幅するにはイメージ・インテンシファイアと呼ばれる素子を使用します．光から電子に変換後電子的に増幅し蛍光面に照射して映像化します．光増幅率は100倍程度です．

第2世代
第1世代と比べると，イメージ・インテンシファイアがマイクロチャネル・プレート（MCP）方式に変更されており，より高感度になっています．また装置も小型化されています．光増幅度は1万倍以上得ることができ，星の明かりでも十分に見え，数百メートルの遠方でも見ることができます．構造を図Aに示します．入射した光は光電面で電子に変換後MCPを通り蛍光面で再度光に変換されます．MCP部分が電子を増幅しますが，アバランシェ効果により指数関数的に増幅することにより，1万倍以上の高い増幅率が得られます．

第3世代
第2世代と比べ，イメージ・インテンシファイアの光電面の電極を従来のアルカリ金属からGaAsに変更して光電面感度が高くなっているのに加えて，赤外線領域での感度も向上させています．またセンサを遠赤外線にも反応するものを用いて人体から発生する熱を映像化して捕らえることができるものもあります．第3世代の暗視スコープは高性能であるがゆえに輸出規制がかけられており，生産国以外での入手は困難です．また生産国内でも一般的には流通しておらず，通常は入手できません．

◆参考文献◆
▶ http://www.hamamatsu.com/resources/pdf/etd/II_TII0004J04.pdf

図A　イメージ・インテンシファイアのしくみ

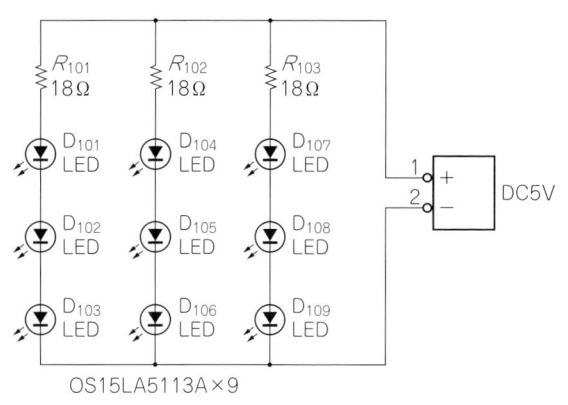

図3 赤外線照射ユニットの回路

路図を図3, 製作基板を写真8に示します. ピーク波長は940nm, 半減角が15°なので, ちょうど今回のカメラにマッチします. 画角の広いカメラを使う場合はこのユニットを複数作成して, 画角をカバーするようにすれば良いと思います. 例えば水平画角が45°のレンズならば, このユニットを3台使うことでカバーできると思います.

画像取り出し環境

今回は, 画像取り出し環境は㈱ネットビジョンのSVI-03(Column, p139)を使用しました. またI²C制御部分はArduinoを使ったUSB書き込み器(Appendix A, p.27参照)を使用しました. 各ユニットの接続図を図4に示します. 組み上げた装置全体は先の写真9です. 暗視カメラとして考えると持ち運びに便利な方が良いので, ポータブル化して小型液晶に表示させるなどの改良も考えています.

● レジスタ設定

基本的なレジスタ設定は第1章を参照してください. それに追加する形で以下の設定を行いました.

- AWB Enable=0   COM8[1] (0x13)=0
- BLUE=0x80   BLUE(0x01)=0x80
- RED=0x80   RED(0x02)=0x80

この三つのレジスタはホワイト・バランスを固定しています. 分光感度特性を見ると分かりますが, 今回使用する赤外線LEDの波長940nm付近ではR,G,Bどの画素ともに感度を持ちます. また単一波長なので色が付きません. 従ってAWBが誤動作しないように動作を停止させて, BとRのゲインも固定値を書き込んでいます.

- ナイト・モードON   COM11[7] (0x3B)=1

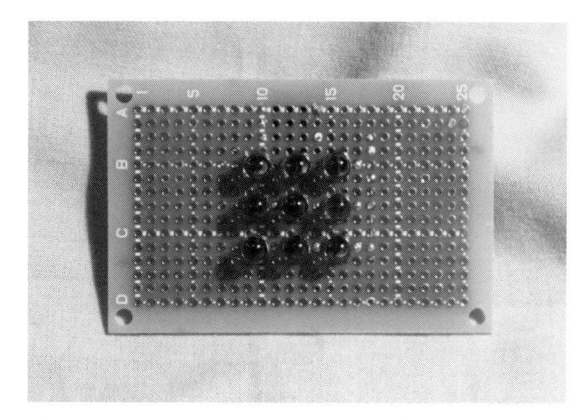

写真8 赤外線LEDを使った赤外線補助光照射ユニット
反射板がないが, もともとLEDの特性として, ビーム角が15°なのでなくても問題ない.

- ナイト・モード時のフレーム・レート 1/4
  COM11[6:5] (0x3B)=10

暗い場所で, フレーム・レートを自動的に落とすナイト・モードをONにしています.
1/8なら3.75fpsで遅すぎますので, 下限を7.5fpsにしています.

- ADCリファレンス設定 ADCCTR0[2:0] (0x20)=0

ADCリファレンスを0.8倍にすると, 見かけ上ADCのゲインが1.25になりますので, ゲインが上がったことになります.

- AGC最大値設定   COM9 [6:4] (0x14)= 110

AGCの最大値を設定上限の×128倍にします. ただ実験してみた感じならあまり変化は感じられませんでした.

Tera Termで使用できるマクロファイルを作成しました. トランジスタ技術SPECIALホームページからダウンロード可能です.

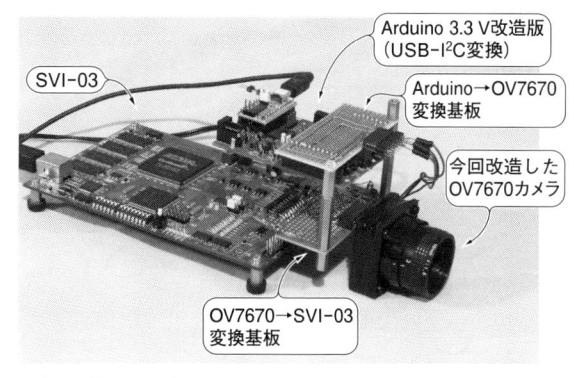

写真9 製作した暗視カメラ
図1の各パーツとそれらをつなぐ図4の回路基板から構成されている.

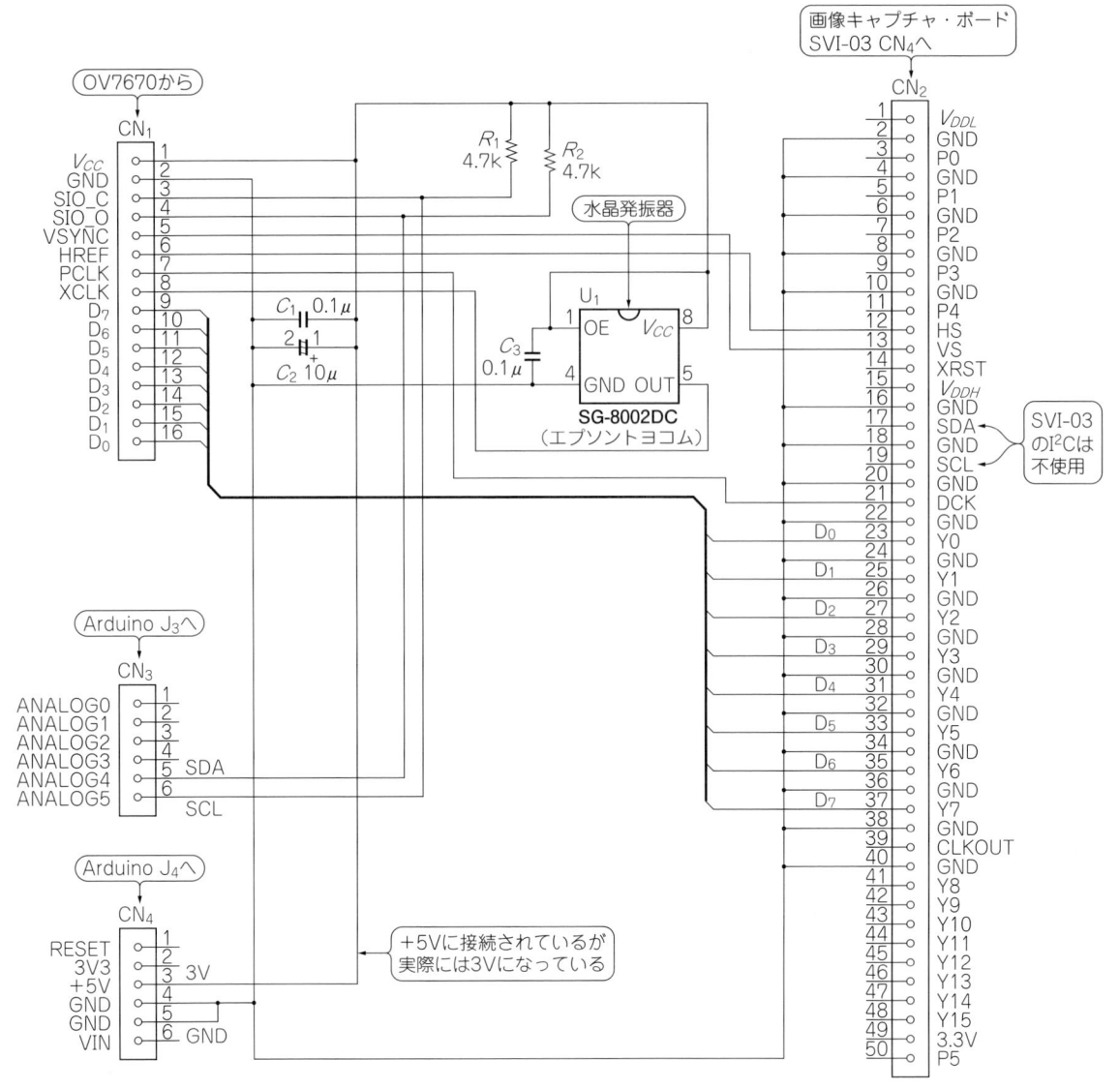

図4 製作した暗視カメラのシステムの配線図

● 今後の課題

　今後の改善として，まずはレンズの広角化が必要です．Cマウント・レンズを使う場合は最低でも焦点距離5mm以下のものを使わないといけないと思います．レンズは容易に外れるように作っているので，今後良いレンズが入手できた際には交換したいと思います．表示装置は現状はUSBでPCにつないで見ていますが，屋外での使用などを考えると，小型液晶に表示させるポータブル型への改造が必要だと思います．今回は時間の関係でできませんでしたが，引き続き改善していきたいと思います．

◆参考・引用＊文献◆

(1) OSI5LA5113A仕様書，Optosupply Electronics.
http://akizukidenshi.com/download/ds/optosupply/OSI5LA5113A.pdf
(2) OV7670仕様書
http://www.dragonwake.com/download/camera/OV7670/SCCB/OV7670_DS.pdf
(3)＊ MT9V111仕様書（分光感度特性の例）
http://www.dragonwake.com/download/camera/mt9v111/mt9v111.pdf
(4) エンヤ ヒロカズ；きれいな画を取り出すためのカメラ設定，トランジスタ技術2009年7月号，pp.103～112，CQ出版社．

SVI-03について

Column

㈱ネットビジョンのSVI-03は，CMOSカメラなどディジタル画像出力を検証する画像キャプチャ・ボードと画出しソフトウェアで構成されるシステムです．画像キャプチャ・ボードとPC間の接続はUSB 2.0で接続します．

いわゆるPC用のビデオキャプチャ・ボードとの違いは，入力がディジタル・パラレル8/16ビットに対応しており，画像サイズやフレーム・レートの自由度が高いということです．評価できる画像はCIF～4000 Mピクセル超まで，カメラ・データレート最大200 Mbyte/s，RGB，YCbCrのカラー画像からRawデータまで，多くのディジタル画像フォーマットに対応しています．またカメラ・コントロール用のI^2C，SPIシリアル・インターフェースやペリフェラル・コントロール用のGPIO，PLLクロック・ジェネレータ，カメラ用電源回路等を搭載しています．

● ハードウェア

SVI-03のブロック図を**図B**に示します．入力されたディジタル・ビデオ信号は，FPGAを介してSD-RAMにバッファリングされ，USB転送に合わせて読み出され転送されます．またマイコンは全体のシステム・コントロールや転送制御を行います．USB 2.0の転送レートは480 Mbpsですが，実際はフロー制御やソフトウェアのオーバーヘッドで実効転送レートは落ちます．

USB転送レートを超えるデータが入力された場合はSD-RAMにバッファリングされ，メモリ・オーバーフローの場合はフレーム単位でボード内部で間引きされます．

● ソフトウェア

画出しソフトウェアによるディジタル画像のリアルタイム表示が可能です(表示のフレーム・レートはPCのCPU性能に依存する)．

また録画機能も搭載しています．スナップ・ショットの静止画記録のほかに，動画記録も可能です．記録時間はボード上のメモリ容量が上限になります．

画像を表示するためだけではなく，基本的な画像評価機能(ベクトル・スコープ，ウェーブ・モニタ，ヒストグラムなど)が搭載されていますし，APIが公開されていますので独自のプラグインを作成することも可能です．I^2Cコントロール機能も搭載していますが，今回はArduinoを使用したUSB-I^2C変換を使用したので，SVI-03のI^2C機能は使用しておりません．

● 参考URL

▶ http://www.net-vision.co.jp/sv/products/svi-03.html

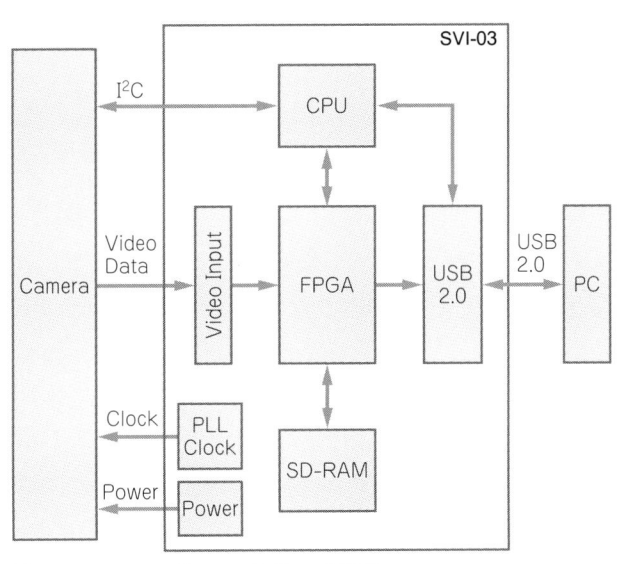

図B SVI-03ハードウェアのブロック構成

暗視カメラで通常風景を夜間撮影してみると　　　　　　　　Column

　暗視カメラといっても，もともとはカラーカメラですので，通常光源下では色が付きます．そこで夜間の屋外などの低照度シーンでカメラ撮影してみました．

　写真Aは道路標識を撮影したものです．街灯がない道路で光源は近所の家から漏れる光のみです．カメラからの距離は約20mです．画面左側にアパートの階段が見えますが，その二階部分からの漏れる光で映りました．本文中でフレーム・レートはナイト・モードで7.5 fpsまで落ちる設定にしていますが，この写真は30 fpsでの画像です．

　次に空を撮影しました(**写真B**)．ちょうど雲に月が隠れる形になってしまいましたが，隣家のTVアンテナがはっきり分かりますし，雲も非常に明るく撮れています．これも同じく30 fpsでの撮影です．

　安価で入手できるCMOSカメラは感度が悪く，低照度下での撮影には向かないことが多いですが，明るいレンズを使いIRカット・フィルタを取り除くことにより，ある程度実用になるカメラを作ることができそうです．

写真A　夜間の屋外撮影例1～道路標識

写真B　夜間の屋外撮影例2～月夜の空とアンテナ

● 各ボードや部品の参考文献
（1）SVI-03について
トランジスタ技術2009年7月号　p103～p112，CQ出版社．
Net Vision社
▶ http://www.net-vision.co.jp/sv/products/svi-03.html
OV7670仕様書
▶ http://www.dragonwake.com/download/camera/OV7670/SCCB/OV7670_DS.pdf

● 部品入手先
▶ OSI5LA5113A，赤外発光ダイオード（OptoSupply製）
秋月電子通商，http://akizukidenshi.com/catalog/g/gI-04311/
▶ Cマウント用レンズ，F1.6/16mmレンズ，秋月電子通商，
http://akizukidenshi.com/catalog/g/gM-00056/
▶ SVI-03は下記などから入手できます．
http://www.netsea.jp/categ/80?sort=new&seq_user_id=91529&

■本書の執筆担当一覧
- Introduction…編集部
  Column…漆谷 正義
- 第1章…エンヤ ヒロカズ
  Column…漆谷 正義
- Appendix A…エンヤ ヒロカズ
- 第2章…漆谷 正義
  Column…大野 俊治
- 第3章…漆谷 正義
- Appendix B…エンヤ ヒロカズ
- 第4章…漆谷 正義/藤岡 洋一
- 第5章…田中電工
- 第6章…大野 俊治
- Appendix C…大野 俊治
- Appendix D…大野 俊治
- 第7章…エンヤ ヒロカズ
- 第8章…井上 浩/小林 充
- 第9章…岩澤 高広
- 第10章…エンヤ ヒロカズ
- 第11章…エンヤ ヒロカズ

索 引

【数字】
1ショット・レーザ法 ……………………… 112
2ショット法 ………………………………… 112
2値化 ………………………………………… 79
2値画像 ……………………………………… 83

【アルファベット】
AD-128160-UART ………………………… 130
AEC ………………………………… 19, 32, 125
AE値 ………………………………………… 32
AGC …………………………………… 19, 125
AL422B ……………………………………… 57
Arduino ………………………………… 27, 130
Bayer RGB …………………………………… 17
CCD …………………………………………… 96
CIS …………………………………………… 118
CMOS ………………………………………… 96
Cマウント …………………………………… 135
FIFOメモリ ………………………………… 57
I²C …………………………………………… 14
IRCF ………………………………………… 135
JAN 13けたコード ………………………… 73
JD-T1800 …………………………………… 75
LCD …………………………………………… 44
LDS …………………………………………… 112
LVDS ………………………………………… 105
MID …………………………………………… 108
MIPI ………………………………………… 106
NDフィルタ ………………………………… 126
NOKIA6100 ………………………………… 44
OV7670 …………………………… 6, 122, 133
PIC16F1938 ………………………………… 66
PIC16F627A ………………………………… 34
PIC18F46J50 ………………………………… 59
PIC18LF4620 ………………………………… 41
RGB444 ……………………………………… 16
RGB555 ……………………………………… 16
RGB565 ……………………………………… 17
RNMS03D2V ……………………………… 119
SAM3S4B …………………………………… 74
SCCB …………………………………… 14, 34
SMIA ………………………………………… 106
SOC …………………………………………… 118
SPI …………………………………………… 45
SVI-03 …………………………………… 120, 139
YUV …………………………………… 16, 77
ZY-FGD144270 ……………………………… 60

【あ・ア行】
明るさ検出器 ………………………………… 31
アクティブ型 ………………………………… 133
アクティブ・ピクセル ……………………… 97
暗視カメラ …………………………………… 133
移動量 ………………………………………… 63
イメージ・インテンシファイア …………… 136
色合い ………………………………………… 37
色温度 ………………………………………… 123
色の積算値 …………………………………… 39
ウインドウ機能 ……………………………… 78
埋め込みフォト・ダイオード ……………… 97
エッジ数 ……………………………………… 54
オン・チップ・レンズ ……………………… 98

【か・カ行】
重ね合わせ法 ………………………………… 87
可視光カメラ ………………………………… 89
画像モーメント・センサ …………………… 107
画素クロック ………………………………… 41
画素サイズ …………………………………… 97
画素数 ………………………………………… 97
カメラ・モジュール …………………… 46, 109
カラー・バー ………………………………… 44
カラー・フィルタ …………………………… 103
感度 …………………………………………… 134
輝度 …………………………………… 82, 123
輝度の総和 …………………………………… 55
距離センサ …………………………………… 92
切り捨て ……………………………………… 86
空間周波数 …………………………………… 52
グレー・スケール画像 ……………………… 79
ゲイン ………………………………………… 19

【さ・サ行】

彩度	19
差分	51, 70
ジーメンス・スター・チャート	121
シェーディング補正	120
視感度補正フィルタ	135
色彩計	122
システム・オン・チップ	97
指紋認証モジュール	112
シャッタ速度	19
小数点演算	59
焦電型赤外線センサ	50
照度	123
照度計	31, 122
シングル・スロープ型	102
人体検出センサ	109
垂直1ライン	64
水平1ライン	51
数字化	79
数字認識	83
数字判別	87
スピード検出	63
赤外線	133
赤外線LED投光基板	90
赤外線暗視カメラ	89
赤外線カット・フィルタ	135
赤外線透過フィルタ	95
赤外線フィルタ	90
赤外線補助光	136
セラミックス	115
センタ・バー	74

【た・タ行】

ダイナミック・レンジ	105
ダミー・ライン	19
チェック・ディジット	81
データ・キャラクタ	81
デコード	79
動作電圧	87
特殊効果	90

【な・ナ行】

ナイト・モード	20
ナンバープレート	82

【は・ハ行】

バーコード・リーダ	72
パッシブ型	133
パラレル・キャプチャ	76
パリティ並び	81
ビジョン・チップ	106
ヒストグラム	79
人検出センサ	50
ピント	33
部分画像	83
フランジ・バック	135
フリップ・チップ	114
フレーム画像	69
フレーム数	91
フレーム・レート	19
プレフィックス文字	81
フローティング・ディフュージョン	100
分光感度特性	103, 134
ベア・チップ	114
ベイヤー配列	103
ホワイト・コーディング	104

【ま・マ行】

マイクロチャネル・プレート	136
モジュール	74
モニタ用ディスプレイ	44
モノクロ画像	79

【や・ヤ行】

夜間撮影	140
夜景モード	91
山登り検出	53
有機イメージ・センサ	106

【ら・ラ行】

ライト・ガード・バー	74
ライト・マージン	74
ライン・トレース	22
ライン・バッファ	41
ラベル付け	86
裏面照射型CMOSセンサ	99
レフト・ガード・バー	74
レフト・マージン	74
レベル差	54
ローリング・シャッタ	102
露光時間	91
ロジック積載型イメージ・センサ	104

【わ・ワ行】

割り込み処理	42

- ●本書記載の社名,製品名について ── 本書に記載されている社名および製品名は,一般に開発メーカーの登録商標または商標です.なお,本文中では ™, ®, © の各表示を明示していません.
- ●本書掲載記事の利用についてのご注意 ── 本書掲載記事は著作権法により保護され,また産業財産権が確立されている場合があります.したがって,記事として掲載された技術情報をもとに製品化をするには,著作権者および産業財産権者の許可が必要です.また,掲載された技術情報を利用することにより発生した損害などに関して,CQ出版社および著作権者ならびに産業財産権者は責任を負いかねますのでご了承ください.
- ●本書に関するご質問について ── 文章,数式などの記述上の不明点についてのご質問は,必ず往復はがきか返信用封筒を同封した封書でお願いいたします.勝手ながら,電話でのお問い合わせには応じかねます.ご質問は著者に回送し直接回答していただきますので,多少時間がかかります.また,本書の記載範囲を越えるご質問には応じられませんので,ご了承ください.
- ●本書の複製等について ── 本書のコピー,スキャン,デジタル化等の無断複製は著作権法上での例外を除き禁じられています.本書を代行業者等の第三者に依頼してスキャンやデジタル化することは,たとえ個人や家庭内の利用でも認められておりません.

R 〈日本複製権センター委託出版物〉
本書の全部または一部を無断で複写複製(コピー)することは,著作権法上での例外を除き,禁じられています.本書からの複製を希望される場合は,日本複製権センター(TEL:03-3401-2382)にご連絡ください.

カメラ・モジュールの動かし方と応用製作

編　集	トランジスタ技術SPECIAL編集部
発行人	寺前 裕司
発行所	CQ出版株式会社
	〒170-8461　東京都豊島区巣鴨1-14-2
電　話	編集 03-5395-2148
	広告 03-5395-2131
	販売 03-5395-2141
振　替	00100-7-10665

2013年10月1日発行
©CQ出版株式会社 2013
(無断転載を禁じます)

定価は裏表紙に表示してあります
乱丁,落丁本はお取り替えします

編集担当者　鈴木 邦夫
DTP・印刷・製本　三晃印刷株式会社
Printed in Japan